DIE —— FLUG BEGLEITER

VON EINEM GEIER, DER FRIEDEN STIFTET, HIGHTECH-STÖRCHEN UND ANDERE REPORTAGEN ÜBER VÖGEL UND MENSCHEN

CHRISTIAN SCHWÄGERL (HRSG.)

KOSMOS

INHALT

GEFAHREN ERKENNEN, SICH SORGEN MACHEN

VORWORT

Von Christian Schwägerl

Haubenlerchen auf dem Schulhof, ein Neuntöter, der eine Maus aufspießt, Streifzüge durch die Landschaft auf der Suche nach Wiesenpieper und Bachstelze – für die meisten von uns im Team der „Flugbegleiter“ hat die Faszination für die Vogelwelt schon früh im Leben begonnen. Ein Fernglas und ein Bestimmungsbuch können einem als Kind eine ganz neue Dimension des Lebens erschließen. Vogelbeobachtung hat etwas von Alice im Wunderland: Wer zum ersten Mal einen Pirol hört, versehentlich eine Waldschnepfe aufscheucht oder einer Eule in die Augen blickt, dem eröffnet sich eine eigene Welt. Zauberhaft und doch ganz real. Und zugleich hängt über dieser Welt die Gefahr, die Bedrohung. Die Populationen vieler Vogelarten schrumpfen, die Naturzerstörung hält an.

Deshalb haben wir uns zusammengefunden – Autorinnen und Autoren, die gemeinsam Natur und Vogelwelt in die Öffentlichkeit bringen, die Debatten darüber mit sachkundigem und lebendigem Journalismus bereichern wollen. Ganz zu Beginn unserer Zusammenarbeit waren wir zusammen im Havelland wandern und Vogelbeobachten. Seither sind wir ein geographisch weit verstreutes Team, vereint unter dem Namen „Die Flugbegleiter“.

Wunderwelt der Vögel

Wir arbeiten für viele Redaktionen, vom Deutschlandfunk über GEO und die FAZ bis zum Schweizer Rundfunk. Aber unsere gemeinsame journalistische Heimat als „Flugbegleiter" ist die RiffReporter-Genossenschaft geworden. Unter www.riffreporter.de berichten wir über Erlebnisse in der Vogelwelt, über aktuelle Ornithologie, über Vögel in unserer Kultur und in unserem Alltag, und über Menschen, die sich wie wir für Vögel begeistern – als Wissenschaftler, Beobachterinnen, Naturschutz-Aktivisten, Künstler und Autorinnen. Zugleich geht es um die Sorge, die uns seit Kindesbeinen nicht mehr loslässt: dass die Wunderwelt der Vögel bedroht ist, weil die Habitate schrumpfen, dass Rachel Carsons „Stummer Frühling" sich von einer Horrorvision in Wirklichkeit verwandelt.

Es gibt im Naturschutz nicht nur Schreckensnachrichten, sondern auch erfreuliche Erfolge zu verzeichnen. Kraniche, Seeadler, Wanderfalken – die Bestände mancher Vogelarten haben sich durch Naturschutzanstrengungen in den vergangenen Jahren erholt. Auch dahinter verbergen sich spannende Geschichten, die zu selten erzählt werden – vor allem die Geschichten der Menschen, deren Engagement hinter diesen Erfolgen steht.

Für eine weit größere Zahl von Arten geht es bergab: Birkhuhn, Kornweihe, Haubenlerche und Bekassine gelten laut der Roten Liste der Brutvögel Deutschlands als akut vom Aussterben bedroht. Rebhuhn, Braunkehlchen und zu viele andere sind „stark gefährdet". Im weltweiten Maßstab sieht es für die Lage der Natur und unserer Lebensgrundlagen noch bedrohlicher aus: Ausbleichende Korallenriffe, gigantische Waldbrände und der Schwund von Insekten sind Menetekel einer existenziellen ökologischen Krise. Wenn der UN-Biodiversitätsrat warnt, dass in diesem Jahrhundert jede achte Art aussterben könnte, dann ist Alarmstufe Rot angesagt. Auch die Corona-Pandemie gehört zu den Warnzeichen dazu. Ökologen sind überzeugt, dass das Vordringen des Menschen in die letzten Wildnisgebiete und eine rücksichtlose Ausbeutung von Wildtieren die Ursache für die nächste Pandemie sein können. Gerade deshalb beschäftigen wir uns auch mit politischen Fragen – vom Naturschutz in Deutschland bis zu den großen Konferenzen der Vereinten Nationen, bei denen um Wohl oder Wehe unseres gemeinsamen Planeten gerungen wird.

Humboldts Weltorganismus live

Ursachen für die Gefahr kommen in abstrakten Begriffen daher: „Lebensraumzerstörung", „Nutzungsänderungen", „industrielle Landwirtschaft", „Zersiedelung". Doch für uns „Flugbegleiter" sind das harte Realitäten, die wir mit Liebe zur Wissenschaft, aber auch in sinnlicher Beziehung zur Natur erleben. Für uns sind ausgeräumte Landschaften so schlimm wie „Geisterspiele" für Fußballfans.

Unsere Zeit ist von einem Wiedererstarken von Nationalismus und Fremdenfeindlichkeit geprägt. Wir sind auch deshalb von Vögeln fasziniert, weil sie mit ihren Wanderungen zeigen, wie sehr die ganze Welt verbunden ist. Sie leben das, was Alexander von Humboldt den „Weltorganismus" nannte. Die Wanderungsbewegungen der Vögel werden uns heute durch Hightech-Verfahren immer genauer vor Augen geführt. Beim Projekt „Icarus" werden Zugvögel mit winzigen Sendern ausgerüstet, deren Signale von der Internationalen Raumstation ISS empfangen und anschließend am Max-Planck-Institut für Ornithologie ausgewertet werden – das ist hoch spannende Forschung, die wir begleiten und vermitteln wollen. Vögel sind eben weit mehr als akustische Hintergrundkulisse im Frühling oder Datenpunkte, die Vogelbeobachter erfassen. Die Vogelwelt ist groß und vielfältig – ein herrliches Terrain für guten Umwelt- und Wissenschaftsjournalismus.

Dieses Buch versammelt eine handverlesene Auswahl von Beiträgen, die wir als „Flugbegleiter“ publiziert haben. Sie finden darin Essays und Reportagen, die Ihnen einen frischen, vertieften und besonderen Blick auf Natur und Tierwelt bieten. Wir leben die Botschaft, die in unserem Namen „Flugbegleiter“ steckt: Begleiter der Vögel sein – nicht nur, um über sie zu schreiben, sondern auch, um zu ihrem Schutz beizutragen.

Christian Schwägerl,
im Mai 2020

Neuntöter

BEOBACHTEN UND STAUNEN

ICH FREUE MICH ÜBER JEDEN VOGEL

WARUM ES MIR GERADE DIE HÄUFIGEN ARTEN ANGETAN HABEN.

Von Johanna Romberg

Vor einiger Zeit habe ich einen Nonnensteinschmätzer gesehen. Er saß am Strand von Helgoland und pickte Fliegen aus angeschwemmtem Seetang. Nonnensteinschmätzer (*Oenanthe pleschanka*) leben normalerweise in steinigen Steppen und Bergregionen zwischen Ostrumänien, der Mongolei und Afghanistan. Dass sie in Westeuropa auftauchen, noch dazu auf einer Nordseeinsel, ist die absolute Ausnahme; seit der Jahrtausendwende sind etwa ein halbes Dutzend Exemplare in Deutschland gesichtet worden.

Deshalb war ich, als ich den Vogel sah, auch nicht allein. Rechts und links neben mir reihten sich ein gutes Dutzend Stative mit Kameras und Spektiven. Dahinter andächtig schweigende Beobachter, fast alle männlich. Der Vogel, ein junges, noch nicht voll ausgefärbtes Männchen, zeigte sich nicht nur unbeeindruckt von so viel Aufmerksamkeit – er schien sie sogar zu genießen. Er hockte sich nur fünf Meter entfernt von den Objektiven auf einen Stein und präsentierte sich gut drei Minuten lang von allen Seiten, wie ein Hollywoodstar auf dem roten Teppich: die dunkel geschuppte Kehle, die ockerfarbene Brust, den tintenschwarzen Schwanz mit weißem Bürzel. Die Kameras ratterten. Ab und zu löste sich einen leises *Ah!* oder *Wow!* aus der schweigenden Phalanx.

Ich fand es natürlich auch aufregend, diesen Vogel zu sehen. Er war für mich ein „Lifer", wie man im Beobachter-Jargon sagt, also eine erstmals gesichtete Art. Und wenn ich ein echter „Birder" wäre, also eine nicht nur passionierte, sondern auch systematische Beobachterin, dann hätte ich seinen Namen natürlich meiner „Lebensliste" hinzugefügt. Habe ich aber nicht. Zwar habe ich, vor zig Jahren, mal eine solche Liste angelegt, aber nie konsequent genug geführt.

Buchfinken – nicht schon wieder?

Das liegt auch daran, dass ich zu der Sorte von Vogelfreundinnen gehöre, denen Ringeltauben genauso lieb sind wie Nonnensteinschmätzer und andere Raritäten. Wobei „Ringeltaube" hier stellvertretend für alle die Vögel steht, die für gewöhnlich als Allerweltsarten bezeichnet werden. Die Sorte, die man als erfahrene Beobachterin im Vorübergehen bestimmt, oder nach einem flüchtigen Blick durchs Fernglas: Ach, bloß 'ne Kohlmeise. 'Ne Amsel. 'Ne Krähe. Buchfinken, nein, nicht schon wieder! Wie viele haben wir heute schon gesehen – ein, zwei oder drei Dutzend?

Der Buchfink ist, zusammen mit der Amsel, die häufigste Vogelart in Deutschland. Es gibt davon, laut Zählungen des Dachverbands Deutscher Avifaunisten (DDA), bis zu 8,9 Millionen Brutpaare. Auf den Plätzen danach folgen Kohlmeise, Haussperling, Mönchsgrasmücke und Rotkehlchen mit Bestandszahlen, die sich zwischen sechseinhalb und gut drei Millionen Brutpaaren bewegen. Die Schwankungsbreite ist natürlich groß, nicht zuletzt, weil selbst Tausende aufmerksamer Beobachter und Beobachterinnen die Bestände kaum flächendeckend erfassen können. Insgesamt gibt es 22 Vogelarten, die bei uns in Millionenstärke vertreten sind; bei der Gartengrasmücke liegt die Mindestschätzung immerhin noch bei 930.000 Paaren.

Ich habe diese Statistik vor kurzem in einem Jahresheft des DDA gelesen, mit Freude, aber auch mit Staunen: Darüber, dass es hierzulande immer noch Vögel gibt, die in Massen vorkommen, trotz allem, was ihnen und der Natur insgesamt seit Jahrzehnten angetan wird – durch Bejagung, Zerstörung von Lebensräumen, und, allem voran, den Vernichtungsfeldzug, den die „moderne" Landwirtschaft gegen Wildkräuter und Insekten ebenso wie die Mikrofauna des Bodens führt. Angesichts dieser Zustände finde ich, dass jeder, wirklich jeder Vogel, der einem über den Weg fliegt, ein Grund zur Freude ist.

Das Tschilpen von Spatzen, die Koloraturen der Feldlerche

Aber nicht nur deshalb sehe ich Buchfinken, Amseln, Ringeltauben & Co. immer wieder gern. „Vögel beobachten" ist ja, in meinen Augen jedenfalls, vor allem eine Kombination aus Entdecken und Wiedererkennen, und das zweite ist mir fast noch lieber als das erste. Ich mag es, durch irgendeine Landschaft zu laufen, vor meiner Haustür oder auch weiter weg, und dabei lauter guten Bekannten zu begegnen; Stimmen, Gestalten und Bewegungsmuster wahrzunehmen, die mir seit Jahrzehnten vertraut sind: das Tschilpen von Spatzen, die Koloraturen der Feldlerche, die typische Spindelform fliegender Stare, die charakteristischen Blau-Gelb-Schwarz-Kombinationen der verschiedenen Meisenarten, den Berg- und Talflug balzender Ringeltauben, die Silhouette eines segelnden Mäusebussards.

Und ich mag es auch, an den Bekannten immer wieder neue Seiten zu entdecken: dass das Blau der Blaumeisen bei bestimmter Beleuchtung besonders intensiv strahlt, dass Singdrosseln nicht nur schön singen, sondern auch Wachteln imitieren können, dass Elstern Einschlafrituale haben, die sich über eine Stunde hinziehen können, und dass Kolkraben im Flug Sachen anstellen, die in keinem Vogelbestimmungsbuch stehen.

Natürlich freue ich mich, wenn sich der Kreis der Bekannten im Laufe der Zeit erweitert. Im vergangenen Frühjahr habe ich zum Beispiel endlich gelernt, Winter- und Sommergoldhähnchen am Gesang zu unterscheiden, ich kann jetzt Goldregenpfeifer im Schlichtkleid erkennen und werde keinen Habicht mehr mit einem Bussard verwechseln, weil ich mir, mit Nachhilfe eines Greifvogelexperten, seinen charakteristischen Flugrhythmus eingeprägt habe. Und natürlich bin ich jedes Mal hingerissen, wenn ich eine (für mich) neue Art entdecke. Oder eine Rarität, die ich vor Jahren und Jahrzehnten zuletzt gesehen habe.

Nonnensteinschmätzer

Aber, ganz ehrlich: Den Nonnensteinschmätzer muss ich kein zweites Mal sehen. Jedenfalls nicht hier in Westeuropa. Denn so aufregend solche Irrgäste für Beobachter sind – es handelt sich bei ihnen um „lost souls“, wie manche britischen Vogelkundler sie nennen, um Vögel, die beim Zug vermutlich aufgrund einer genetischen Fehlprogrammierung eine falsche Route eingeschlagen haben. Solche Vögel sind tatsächlich „verlorene Seelen“, denn sie werden nie wieder in ihr angestammtes Brut- oder Überwinterungsrevier zurückfinden. Und selbst wenn sie ihre Reise ein paar Monate oder auch Jahre überleben, werden sie nie wieder einen Partner der eigenen Art finden.

Das wünsche ich eigentlich keinem Vogel. Und auch sonst niemandem.

KOMMT DER MAUERLÄUFER ODER KOMMT ER NICHT?

DAS GUTE AM VOGELBEOBACHTEN: WARTEN ZU LERNEN.

Von Christian Schwägerl

Vor eineinhalb Jahren besuchte ich Freunde in Heiligenblut im Mölltal. Der kleine Ort im Kärntner Teil des Nationalparks Hohe Tauern ist nach einer alten Legende benannt. Der Großglockner, Österreichs höchster Berg, scheint an Tagen mit klarem Wetter von hier aus zum Greifen nahe zu sein. Die Vogelwelt des Nationalparks ist legendär. Hier können einem majestätische Arten wie Bartgeier, Steinadler und Auerhuhn begegnen.

An diesem Tag sollte mein Glück als Vogelbeobachter nur 17 Zentimeter groß sein. Für einen Sonntagnachmittagsspaziergang hatten wir uns den Gößnitzwasserfall als Ziel gewählt. Nachdem die Gößnitz neun Kilometer durch ein kaum genutztes Hochtal geflossen ist, bricht der kleine Fluss hier durch eine senkrecht aufragende Steilwand und fällt mehr als siebzig Meter in die Tiefe. Wenn Schmelzwasser die Berge herabkommt oder es stark geregnet hat, schwillt dieser Wasserfall zu einem gewaltigen Tosen an.

Ich war noch ganz überwältigt vom Rauschen des Wassers, das in einen tiefgrünen Kessel fällt, aus dem Gischt heraufteibt, als ich an der Felswand direkt neben der Spitze des Wasserfalls einen kleinen, quirligen Punkt wahrnahm. Als ich den Punkt mit dem Fernglas gefunden hatte, leuchtete mir eine Farbe entgegen, die es im Gebirge und auch sonst in der Natur nicht allzu oft gibt: ein leuchtendes Rubinrot.

Das Grau seines Gefieders verschmolz mit dem Gestein

Eigentlich gehöre ich nicht zu den Vogelbeobachtern, die ihre Erstbeobachtungen zelebrieren. Doch die Seite mit dem Mauerläufer war in meinem vom Blättern arg mitgenommenen Bestimmungsbuch immer etwas Besonderes gewesen, eine papierne, aber doch irgendwie reale Verheißung von Bergwelt, klarer Luft und steilen Felsen. Nun hatte ich den Vogel direkt vor mir. Er flatterte die Felswand beständig hinab und hinauf, ganz offensichtlich auf der Suche nach Nahrung, die er auch fand. Das Grau seines Gefieders verschmolz mit dem Gestein, sodass ich den Vogel aus den Augen verlor, nur um Sekunden später die Sensation des leuchtenden Rots umso intensiver wahrzunehmen. Jedes Mal, wenn der Mauerläufer seine Flügel ausbreitete, setzte mein Gehirn Freudenmoleküle frei. Die Bergwelt scheint zu karg zu sein für dieses Rot, das dem von Palästen, Edelsteinen und feinen Gewändern ähnelt. Und doch hat sie den Mauerläufer hervorgebracht.

Mauerläufer

Viele Wochen wirkte das Erlebnis nach. Begegnete mir im Alltag ein ähnliches Rot wie das auf den Mauerläuferflügeln, fühlte ich mich wie hinaufgebeamt in das Mölltal, zum Gößnitzwasserfall. Und deshalb schoss es mir am vergangenen Samstag, als ich mich auf der Großglockner Hochalpenstraße von Salzburg her dem Mölltal näherte und ich nachdachte, welche Wanderung ich an einem freien Sonntag wohl unternehmen könnte, durch den Kopf: als erstes zum Mauerläufer.

Ich lief den Weg am Fluss entlang über Wurzeln und Steine hinweg mit großer Vorfreude hinauf in Richtung Gößnitzwasserfall, ließ mich vom Rauschen des Flusses einfangen und war mir sicher, gleich mit einem wunderbaren Anblick belohnt zu werden.

Warten gilt in unserer durchgetakteten Zeit als Verschwendung. Wer beim Arzt warten muss, hat nicht genug Geld, sich privat zu versichern. Wer als Firma seine Kunden in der Warteschleife hängen lässt, wird in sozialen Medien mit negativen Bewertungen bombardiert.

Während in vielen Religionen das Warten – etwa auf die Erlösung – eine Art Grundhaltung darstellte, ist es, seit Frederick Winslow Taylor die Arbeitsschritte von Fabrikarbeitern mit der Stoppuhr vermessen und Prozesse so optimiert hat, dass keine Wartezeiten entstehen, so etwas wie eine Sünde. Längst ist das Synchronisieren und das Ausmerzen von Wartezeiten zu einem der wichtigsten Ziele geworden, die Industrialisierung der Zeit ist in vollem Gang. Zu warten und dabei nichts zu tun, also auch nicht das Handy zu zücken und die Leere der Zeit mit den geballten Gedanken und Bildern aus aller Welt zu füllen, das ist auch im Alltag schwer erträglich geworden. Wir sind darauf eingestellt, dass eins auf das andere folgt, dass es Belohnungen möglichst sofort geben muss. Wir packen die Lehrpläne und Nachmittagsstunden der Kinder und unsere eigenen Kalender so voll, dass möglichst keine ungenutzten Zwischenräume bleiben.

Genau deshalb zählt es zu den vielen guten Seiten des Vogelbeobachtens, dass es fast immer mit Warten verbunden ist. Natürlich gibt es auch überraschende Sofort-Belohnungen, wenn man in der Natur unterwegs ist. Es kann einem passieren, dass man schon nach den ersten Schritten im Wald oder am Tümpel von einem Anblick, einer Begegnung, einem Ruf komplett überrascht wird.

In der Regel aber setzt das Beobachten voraus, dass man wartet. Und wer dabei auf sein Handy schaut, um sich die Zeit zu vertreiben, wird nie etwas Interessantes zu Gesicht bekommen. Es geht darum zu warten, während nichts passiert. Oder genauer: während nicht das passiert, worauf man hofft, womit man rechnet, was man am liebsten erzwingen würde. Vogelbeobachtend unterwegs zu sein bietet eine Chance: bedingungsloses Warten zu üben.

Eine fast kindliche Erwartung

Und so stand ich am Sonntag am Gößnitzwasserfall und wartete. Ich lehnte mich gegen eine Lärche, von deren Stamm exakt die Hälfte von der Gischt fast schwarz eingefärbt war, während die andere Hälfte trocken-braun blieb, zückte mein Fernglas und begann, die Felswand abzusuchen. In regelmäßigen Bahnen führte ich meinen Blick über die grauen, hellbraunen und grünlichen Felsen, hielt hier und dort inne, immer und immer wieder. Ich merkte, wie mein Atem zuerst ruhiger wurde, weil mein Kreislauf sich vom Aufstieg erholte, dann wieder kürzer, weil Ungeduld in mir aufstieg. Und je länger ich da stand, desto mehr musste ich über mich selbst schmunzeln: über meine fast kindliche Erwartung, dass der Mauerläufer von vor eineinhalb Jahren ganz bestimmt exakt an diesem Tag zu dieser Stunde an diesem Ort auftauchen würde, um mich mit dem Rot seiner Flügel zu erfreuen.

Je mehr ich mich amüsierte, desto schöner fand ich das Warten. Wie die Gischt – das Wasser, das gerade noch im Fluss nach unten gerauscht war und nun in Tröpfchen wieder nach oben strebte – sich nicht nur auf Bäume und Steine, sondern auch auf mein Gesicht legte. Wie mir Insekten auffielen, die dem Luftstrom widerstanden und talaufwärts flogen. Wie die Formen der Steilwand, die sich vor mir auftürmte, immer vertrauter wurden. Wie ich der Versuchung widerstand, mein Handy aus der Tasche zu ziehen und ein Bild der Szene in einen Tweet zu packen. Eine Ruhe machte sich in mir breit, wie ich sie schon lange nicht mehr erlebt habe: die ausgedehnte und sich immer weiter ausdehnende Zeit. Die herrliche Absurdität, einen ganzen Nachmittag eines kleinen grau-roten Punkts zu harren. All das kam mir nun vor wie der größte Luxus überhaupt. Schließlich die wachsende Einsicht, dass sich der Mauerläufer wohl nicht einfinden würde. Ich genoss den Luxus kompletter Ineffizienz.

Eigentlich wollte ich nach dem Besuch beim Mauerläufer meine Wanderung fortsetzen, hinauf zu einer der vielen Almen des Gebiets. Ich bin an diesem Nachmittag einfach geblieben, habe den grellgelben Bewuchs der benachbarten Lärche bestaunt, meinem Herzklopfen zugehört, dem Spiel von Sonne und Wolken auf den Felsen zugeschaut. Und sogar einen Vogel gesehen: eine Haubenmeise, den Punker unter den Singvögeln, dessen schwarz-weiß gesprenkelter Kopf mir gänzlich neu erschien, so als hätte ich ihn noch nie gesehen. Die Meise kam mir bis auf einen Meter nahe – vielleicht, weil ich so still stand, dass der Vogel mich nicht bemerkte. Vielleicht, weil er bemerkte, wie wenig Gefahr von mir ausging.

Ich habe den Mauerläufer an diesem Nachmittag kein zweites Mal zu Gesicht bekommen. Das Warten hat sich gelohnt.

„VÖGEL WAREN EIN ANKER DER VERLÄSSLICHKEIT“

HILFE IN LEBENSKRISEN, ERINNERUNGSSTÜTZE FÜR DEMENZKRANKE

Thomas Krumnacker über die heilsame Wirkung des Vogelbeobachtens und über wegweisende Projekte

Irgendwann ging es einfach nicht weiter für Joe Harkness. Seine Angststörungen und depressiven Schübe trieben ihn immer häufiger zum unmäßigen Alkohol- und Drogenkonsum und zudem in eine schier unendliche Verzweiflung. Eines Tages beschloss er, seinem Leben ein Ende zu setzen. „Ich wollte nicht mehr hier sein, ich wollte nirgendwo sein“, erinnert er sich.

Er legte ein zu einem Strang gebundenes Betttuch um seinen Hals. „Es war weich und warm, welch ein Kontrast zur steinernen Kälte in meinem Kopf“, schreibt Harkness in seinem Buch (auf Deutsch unter dem gleichen Titel im Nymphenburger Verlag). Ein ihm nahestehender Mensch entdeckte den Suizidversuch in letzter Sekunde, überredete ihn zum Aufgeben und rettete Harkness so das Leben. Doch mit dem durch glückliche Umstände gerade noch einmal verhinderten Freitod sind die Probleme nicht gelöst. Für Harkness beginnt ein mühsamer und langwieriger Kampf um die Rückkehr ins Leben. Ihm helfen Ärzte, Medikamente, verschiedene Therapieformen.

Wege aus dem Chaos im Kopf

Die entscheidende Hilfe kommt für ihn aber durch etwas ganz anderes: Es sind die Vögel, die ihm neuen Lebensmut geben. „Die Entdeckung des Vogelbeobachtens hat mein Leben grundlegend zum Besseren verändert", erzählt Harkness im Gespräch. „Vögel gaben mir eine Art Ausstiegsklausel. Sie wurden mein Weg, dem Chaos in meinem Kopf und der Überforderung mit der Bewältigung meines Alltags zu entkommen."

Vor allem aber, erinnert Harkness sich, waren Vögel ein „Anker der Verlässlichkeit" inmitten eines in Trümmer gefallenen Lebens. „Egal, wie negativ ich alles sah, die Vögel waren immer da. Sie sind verlässlich, wie es Menschen fast nie sind." Harkness ist sich sicher, dass er ohne die Wiederentdeckung seiner Leidenschaft für Vögel – die Saat hatte sein Großvater in der frühen Kindheit gelegt – kaum aus seiner Lebenskrise gekommen wäre.

„Je mehr ich über die Vögel gelernt habe, desto mehr lernte ich auch über mich selbst", bilanziert Harkness. „Langsam gelang es mir, die Jahre als alkohol- und drogenabhängiger Selbstbetrüger hinter mir zu lassen." Seit mehreren Jahren schreibt Harkness inzwischen bereits in seinem gleichnamigen Blog über seine „Bird Therapy". Vor kurzem legte er sein autobiografisches Buch vor, das seitdem in Großbritannien auch außerhalb der Szene der Vollblut-Birder hinaus diskutiert wird.

Kontakt mit Natur und Vögeln als Therapie – Harkness' autobiografischer Bericht über seine psychische Erkrankung und seinen Weg aus der Krise markiert ein Extrembeispiel dafür, wie wichtig, ja existenziell, der Kontakt mit der Natur und speziell mit frei lebenden Vögeln für Menschen sein kann.

„Menschen sind auch in unserer modernen Zeit Teil der Natur", erklärt die Sozialpsychologin Elisabeth Kals. „Wenn wir auch vielfach ein stark entfremdetes Verhältnis haben, so bleiben wir doch nach wie vor Teil der Natur und fühlen uns ihr – der Flora, der Fauna, dem, was wir gemeinhin noch als Natur bezeichnen – tief emotional verbunden. Diese Verbundenheit wirkt sich positiv auf die Gesundheit aus und kann vielleicht sogar heilen“, ist sich die Professorin an der Katholischen Universität Eichstätt-Ingolstadt sicher.

Auch zahlreiche Studien belegen die „Wirksamkeit“ von Natur als Medizin. So wies die US-Forscherin Mary Carol Hunter von der Uni Michigan in einer kürzlich veröffentlichten Studie nach, dass schon zwei bis drei jeweils 20- bis 30-minütige Naturaufenthalte pro Woche den Stress-Pegel von Probanden signifikant um 20 bis 28 Prozent senkten. Die Studienautorin spricht von einem Aufenthalt im Grünen sogar als „Naturpille“.

Dass auch der Kontakt mit der Natur bereits im Kindesalter weitreichende positive Auswirkungen auf die psychische Gesundheit als Erwachsener hat, belegte die dänische Forscherin Kristine Engemann Jensen in einer Untersuchung. Sie verglich auf Basis von Satellitenfotos den Vegetationsgrad in unterschiedlichen Wohnorten Dänemarks und glich diesen mit Statistiken zu psychischen Erkrankungen Erwachsener ab.

Die Studie ergab, dass Menschen, die von Geburt bis zu ihrem zehnten Lebensjahr (oder auch länger) in einer von Wäldern, Parks oder anderen großflächigen Grün- oder Naturflächen dominierten Umgebung aufwuchsen, als Erwachsene ein deutlich geringeres Risiko einer psychischen Erkrankung haben. „Das Risiko für spätere psychische Erkrankungen für diejenigen, die in der Kindheit mit dem niedrigsten Grünflächenanteil lebten, war … bis zu 55 Prozent höher als bei denen, die mit dem höchsten Grünflächenanteil lebten“, fasst die Forscherin ihre Studienergebnisse zusammen.

Natur wirkt also – aber was ist es genau, das die positive Wirkung ausmacht? Die bessere Luft? Die Abwesenheit der täglichen Reizüberflutung? Die Möglichkeit, sich gehen lassen zu können?

Jeder dieser Faktoren für sich und alle zusammen, lautet die Antwort vieler Studien. Immer stärker zeichnet sich aber ab, dass Natur dann besonders stark wirkt, wenn sie wahrnehmbar und erlebbar ist. Deshalb kommt Vögeln offenbar eine besondere Bedeutung zu. Sie singen und fliegen herum und sind damit die sichtbarsten Verkörperungen von Natur selbst in Großstädten.

Grünfink

Vogelbeobachtung im Pflegeheim

Diesen Gedanken greift auch ein Modellprojekt des bayerischen Landesbunds für Vogelschutz (LBV) auf. Beim Projekt „Alle Vögel sind schon da – Vogelbeobachtung in vollstationären Einrichtungen" geht es darum, Futterstationen bereitzustellen und die stark eingeschränkten Bewohnerinnen und Bewohner in Pflegeheimen zum Vogelbeobachten anzuleiten.

In mittlerweile mehr als 40 Pflegeeinrichtungen hat Projektmanagerin Kathrin Lichtenauer Vogelfutterhäuschen installiert und die Heimbewohner über Grünfink, Spatz und Co. aufgeklärt. „Es geht darum, Naturerlebnisse zu schaffen und damit dem Verlust von Lebensqualität entgegenzuwirken", erklärt Lichtenauer.

Sie reist für das Projekt nun schon im zweiten Jahr kreuz und quer durch Bayern und hat neben Futterstationen und Vogelfutter auch stets ein eigens für das Projekt konzipiertes „Bestimmungsbuch" im Gepäck. Es ist im Stil eines Kinderbuchs gehalten, mit extradicken Seiten und abwaschbar beschichtet. Darin finden sich in einfacher Sprache einige grundlegende Informationen über Kleiber, Amsel, Meisen und Co. Realitätsnah aussehende Vogelpuppen und ein Vortrag über die sieben gängigsten gefiederten Fenstergäste gehören ebenfalls zur Standardausrüstung Lichtenauers.

Die emotionale Kraft, die die Begegnung mit wild lebenden Vögeln freisetzen kann, erlebt Lichtenauer beinahe täglich. „Die Beschäftigung mit den Vögeln weckt häufig verschüttete Erinnerungen", hat sie bei ihren Besuchen festgestellt. Wie bei jener älteren Dame, die nach dem Vortrag der LBV-Frau zu ihr kommt, ihr die Hand gibt und sich dafür bedankt, dass sie wieder einmal eine Amsel hören durfte, wenn auch nur vom Band.

Lichtenauer sieht bei ihren Besuchen in den Pflegeheimen auch die oft wenig bekannten Seiten der stationären Pflege. Sie ist auch in den sogenannten beschützten Bereichen auf Demenzstationen unterwegs, dort wo die Menschen in ihrer Bewegungsfreiheit eingeschränkt sind. Auf einer solchen Station begegnete ihr Walter, der, motiviert durch ihren Vogel-Vortrag, ausdauernd pfiff wie ein Vogel.

Erinnerungsblitze auf der Demenzstation

Dieses Erlebnis ließ sie lange Zeit nicht mehr los. Sie begegnete auch jener Frau, die beim Gedächtnistraining nie etwas sagte, als aber das Angebot zur Vogelbeobachtung kam, zum Erstaunen der Betreuer von über Jahre zurückliegenden eigenen Erlebnissen berichtete. „Es gibt viele emotionale Momente", sagt Lichtenauer. Eva Lychen, Bewohnerin eines Pflegeheims in München, bringt ihre Leidenschaft für Vögel so auf den Punkt: „Wenn ich einen netten Vogel beobachten kann, dann ist für mich eigentlich der Tag schon gerettet."

„Vögel berühren Menschen auf eine besondere Art", glaubt Lichtenauer. „Das geht auch mir ja nicht anders. Eine Amsel, die hört sich nach Frühling, nach frischem Regen auf warmen Pflasterstein an. Wir verknüpfen viel mit manchen Dingen, bei Musikstücken ist das ja nicht anders."

Das Ziel des Projekts „Alle Vögel sind schon da“ geht aber darüber hinaus, den Menschen in den Pflegeheimen ein paar schöne Stunden zu schenken. „Vogelbeobachten als aktive Gesundheitsprävention“ lautet die Philosophie hinter dem Projekt des Vogelschutzverbands, das hauptsächlich von den Pflegekassen AOK, BKK classic, IKK, Knappschaft, der Sozialversicherung für Landwirtschaft, Forsten und Gartenbau sowie der Stiftung Bayerisches Naturerbe des LBV finanziert wird.

Um die Wirksamkeit wissenschaftlich zu überprüfen, wird das Projekt von Sozialpsychologin Kals und ihren Mitarbeiterinnen Susanne Freund und Patricia Zieris begleitet. Kann Vogelbeobachtung die psychosoziale Gesundheit, die Mobilität und die geistige Leistungsfähigkeit von Menschen in Pflegeheimen fördern und so zu einem besseren Wohlbefinden und mehr Lebensqualität beitragen? So lautet die Fragestellung an das Forscherinnenteam. „Eine wissenschaftliche Begleitung ist zentral, damit Initiativen wie diese fundiert bewertet werden und damit auch ernst genommen werden“, betont Kals. „Es gibt Effekte, die man zeigen kann, und das ist wichtig sowohl für die Akzeptanz solcher Projekte wie auch für ihre Verbreitung.“

„Vogelbeobachtung kann glücklich machen“

Nach eineinhalb Jahren Begleitforschung zum LBV-Projekt – bis Studienende soll die Wirkung der Maßnahmen in sechs Pflegeeinrichtungen umfassend untersucht und in 70 weiteren per Fragebogenstudie erforscht werden – haben die Wissenschaftlerinnen kürzlich einen Zwischenbericht vorgelegt, in dem sie zu einem erstaunlich eindeutigen Ergebnis kommen: „Die Annahme, dass Vogelbeobachtung das Potenzial hat, Menschen gesünder und glücklicher zu machen, ist völlig richtig“, sagt Studienleiterin Kals.

Die Wissenschaftlerinnen messen die Wirksamkeit der Vogelbeobachtung als Therapie gegen den Verlust von Lebensqualität und zur Erhaltung der geistigen Fitness anhand verschiedener sogenannter Präventionsziele, wie sie der Krankenkassen-Spitzenverband GKV für Pflegeheime entwickelt hat.

Fünf solcher Ziele haben die Kassen festgelegt, deren Erreichen den Maßstab guter Pflege bildet. „Alle Vögel sind schon da" will gleich drei davon erfüllen: Den Erhalt der psychosozialen Gesundheit, die Stärkung kognitiver Ressourcen, sprich mentaler Leistungsfähigkeit, und die Steigerung von körperlicher Aktivität und Mobilität der Heimbewohner. Der 33-seitige Zwischenbericht der Wissenschaftler attestiert dem LBV-Projekt eine erfolgreiche Arbeit: „Bislang bestätigen die Daten die präventive Kraft des Projekts", heißt es darin.

Die psychosoziale Gesundheit etwa – in der Begleitstudie durch Befragungen gemessen anhand von Variablen wie „emotional positives Empfinden", „soziales Wohlbefinden" oder die „Abwesenheit von negativen Gefühlen" sei durch Vogelbeobachtung deutlich positiv beeinflusst worden, schreiben die Wissenschaftlerinnen.

„Durch das Angebot der Vogelbeobachtung, der Anregung zur Bewegung und zum Nachdenken über die beobachteten Vögel kann das soziale Wohlbefinden direkt gesteigert werden." Auch habe sich die Vogelbeobachtung fördernd auf die „kognitiven Ressourcen" ausgewirkt, sprich: Die mentale Leistungsfähigkeit der meist betagten oder durch Krankheit früh zum Pflegefall gewordenen Bewohner wurde gestärkt. Bei allen angestrebten Präventionszielen zeigten sich Veränderungstendenzen. Endgültige Aussagen seien aber erst nach Studienende im kommenden Jahr möglich.

„Naturbegegnung gesellschaftlich relevant"

Mit Haustieren ließe sich nach Meinung der Forscherinnen ein ähnliches Ergebnis wohl nicht erzielen. Diese seien zwar als Therapietiere bewährt. Das Vogelbeobachten entfalte seine Wirkung aber womöglich gerade deshalb, weil freie, wild lebende Tiere freiwillig eine kurze Bindung zum Menschen eingingen. „Das eröffnet uns viele Projektionsmöglichkeiten."

LBV-Chef Norbert Schäffer verweist auch auf die gesellschaftspolitische Bedeutung des Projekts. Einerseits gehe es um soziale Verantwortung, den Menschen in den Heimen etwas Gutes zu tun, wenn dies mit Mitteln des Vogelbeobachtens möglich sei, begründet er das Engagement seines Verbands in den Pflegeheimen.

„Wenn es uns mit den begleitenden Studien zudem gelingt zu zeigen, dass sich Vogelbeobachtung als Beispiel für Naturbegegnung positiv auf das Lebensglück von Bewohnerinnen und Bewohnern von Pflegeheimen auswirkt, können wir davon ausgehen, dass dies auch für andere Menschengruppen der Fall ist", sagt Schäffer. „Damit hätten wir den Beweis, dass Naturbegegnung auch gesellschaftlich relevant ist."

WIE SIE SICH VIELE NEUE VOGELSTIMMEN MERKEN KÖNNEN

VIELEN MENSCHEN FÄLLT ES SCHWER, SICH DIE MELODIEN ZU MERKEN. HIER BEKOMMEN SIE TIPPS AUS GEBALLTER BEOBACHTER-ERFAHRUNG.

Herrlich, dieses Vogelkonzert! Aber halt, wer singt da eigentlich?

Jedes Frühjahr nehmen es sich viele Menschen fest vor, jedes Frühjahr verzweifeln viele daran und geben wieder auf: Vogelstimmen auseinanderzuhalten, sie sich einzuprägen und beim nächsten Mal wiederzuerkennen – das ist keine einfache Sache.

Bei einigen Dutzend häufigen Vogelarten und insgesamt 254 Spezies, die bei uns als heimisch gelten, erscheint es Anfängern nahezu unmöglich, Land zu gewinnen. Die Rufe vieler Arten ähneln einander sehr. Andere Vögel singen wiederum so variantenreich, dass es unmöglich ist, sich eine klare Melodie zu merken.

Aber es lohnt sich, Vogelstimmen zu kennen. Das anfangs verwirrende Durcheinander wird zu einem echten Konzert, wenn man die einzelnen Rufe der richtigen Art zuordnen, wenn man Alarm von Balz und zum Beispiel die Singdrosseln von den Amseln unterscheiden kann.

Wer Vogelstimmen kennt, für den bekommt die Landschaft eine neue Tiefe: In der Ferne ruft ein Schwarzspecht, da muss ein alter Wald sein, dort ruft ein Wendehals, es gibt alte Obstbäume. Manche Arten, etwa Zilpzalp und Fitis, sind kaum anhand des Aussehens, aber sehr leicht anhand des Gesangs zu unterscheiden. Mit dem Gehör lässt sich eine ganze Landschaft im Nu kartieren, und man bemerkt Arten, die man kaum zu sehen bekommt.

Wie aber geht man vor, wenn man noch keine oder kaum Vogelstimmen kennt? Wie haben sich Vogelbeobachter diese Kenntnis erarbeitet, die den Gesang von Dutzenden oder allen Arten bei uns wie nebenher auseinanderhalten können? Braucht man dazu ein Elefantengedächtnis? Oder gibt es Kniffe, die helfen? Es gibt sie – und hier sind sie:

Christiane Habermalz: „Es gibt Dur- und Mollvögel"

Christiane, wie merkst Du Dir Vogelstimmen?

Über alle möglichen Eselsbrücken, und dabei ist mir keine Merkhilfe zu peinlich. Das mag daran liegen, dass ich meine ersten Vogelstimmen als Kind von meiner Großmutter gelernt habe, die ganz groß war in Sinnsprüchen. Seitdem kann ich gar nicht mehr anders, als bei jedem Buchfinken glasklar das „Fritze, Fritze, magste Grützebeeren?“ rauszuhören. Obwohl ich eigentlich bis heute nicht weiß, was Grützebeeren eigentlich sind. Die Goldammer singt natürlich „Wie wie wie hab ich dich lieeb!“. Die Dorngrasmücke ruft aufgeregt: „He da, du da, ja du da, was willstu?“ und der Karmingimpel sehr höflich „Nice to meet you!“ Das stammt natürlich nicht von meiner Großmutter, denn damals gab es noch keine Karmingimpel bei uns.

Hast Du einen besonderen Kniff oder Tipp, der anderen helfen könnte?

Ja, das Vogelkonzert wie menschgemachte Musik wahrzunehmen. Es gibt Dur- und Moll-Vögel. Die Dorngrasmücke ist ein klarer

Dur-Vogel. Und der Fitis singt genau wie der Buchfink nur in Moll. Das Rotkehlchen singt immer im zitternden Vibrato, und das scharfe „Zick“ des Kernbeißers, immer ganz hoch oben in den Baumwipfeln, ist ein klarer Stakkato-Laut. Bei manchen Vögeln spielt auch die Persönlichkeit eine Rolle. Das keckernde Lachen von Grün- und Grauspecht klingt zum Beispiel sehr ähnlich – der Grünspecht jedoch ist ein klarer Optimist, der Grauspecht dagegen ein Pessimist, dessen Rufe am Ende ganz traurig verebben.

Gibt es Arten oder Gattungen, mit deren Stimme Du Dich immer noch schwertust?
Der Vogel, der mich regelmäßig zur Verzweiflung bringt, ist der Kleiber. Er ist so variantenreich, dass ich immer wieder scheinbar unbekannten, seltenen Vogelrufen hinterherlaufe, nur um am Ende wieder vor einem Kleiber zu stehen. Manchmal denke ich, er denkt sich extra für mich noch was Neues aus, nur damit ich wieder blöd dastehe. Ein kleiner Fiesling unter den Vögeln. Das nur zum Thema Persönlichkeit.

Markus Hofmann: „Ich höre beim Joggen Aufnahmen an"
Markus, wie merkst Du Dir Vogelstimmen?
Ein Geheimrezept gibt es leider nicht oder zumindest keines, das mir geholfen hätte. Wichtig aber ist: sich nicht zu überfordern. Ein Stimmenkonzert an einem Frühlingsmorgen kann einen Anfänger zur Verzweiflung treiben. Vor lauter Vogelgesang hört man gar keinen mehr. Also: Sich zunächst lediglich einen Piepmatz vornehmen und versuchen, sich diesen einzuprägen – zum Beispiel den häufigen und stimmfreudigen Zaunkönig, für den zudem eine einfache Eselsbrücke besteht: Der Kleinste ist der lauteste. Wie beim Lernen einer Fremdsprache lassen sich mit der Zeit die Worte beziehungsweise die Vogelstimmen voneinander unterscheiden und zuordnen. Und wie

bei der Fremdsprache gilt auch bei den Vogelstimmen: repetieren, repetieren, repetieren.

Hast Du einen besonderen Kniff oder Tipp, der anderen helfen könnte?
Auf meinem Handy habe ich dank einschlägiger Apps das Vogelstimmen-Repertoire stets bei mir (z.B. „Zwitschern!", „Kosmos Vogelführer", „Die Flugrufe der Vögel Mitteleuropas"). So kann ich Wartezeiten oder langweilige Bahnfahrten bestens überbrücken. Manchmal höre ich sogar Vogelstimmen beim Joggen mit dem iPod. Ebenso gibt es gute, kostenlose Trainingsmöglichkeiten im Internet. Das Stimmentraining von Avimonitoring.ch ist außerhalb meiner Heimatstadt Zürich möglicherweise noch nicht bekannt. Umfassend und zum Üben ebenfalls sehr gut ist „Die große Kosmos Vogelstimmen DVD". Allerdings: Keine Aufnahme, und sei sie noch so gut, ersetzt das Beobachten und Hören im Freien.

Gibt es Arten oder Gattungen, mit deren Stimme Du Dich immer noch schwertust?
Oft verbinde ich mit einer bestimmten Vogelstimme ein Erlebnis, einen Sinneseindruck oder eine Landschaft. So hatte ich wie Christiane zu Beginn Mühe mit dem variantenreichen Kleiber. Während eines Waldspaziergangs erzählte mir eine äußerst erfahrene Vogelbeobachterin, dass sie sich auch sehr lange schwertat mit dieser Vogelart. Genau in diesem Moment rief ein Kleiber – seit diesem Moment habe ich ihn im Ohr. Auch kann ich mich zum Beispiel gut an die Stelle – ein abschüssiges Waldstück – erinnern, an der ich zum ersten Mal die Melancholie des Misteldrossel-Gesangs bewusst hörte und mir einprägen konnte. Watvögel bereiten mir allerdings weiterhin ziemliche Schwierigkeiten. Aber als Schweizer und Binnenländer habe ich ja eine gute Ausrede: Die sind hier halt selten zu hören.

Cord Riechelmann: „Bussard oder Star?“

Cord, Du hast auf unsere Umfrage im Flugbegleiter-Team, wer Tipps zum Stimmenlernen geben mag, ganz anders als alle anderen reagiert ...

Ja, denn wer einmal nachts um zwei Uhr eine Nachtigall gehört hat, die exakt, megaexakt wie eine Amsel singt, und dann einmal im Winter in einem Forschungsinstitut, in dem Nachtigallen gehalten wurden, ebenfalls nachts Alarm geschlagen hat, weil draußen auf dem Dach im Schnee hörbar eine Nachtigall sang, die sich dann aber als ein Zaunkönig entpuppte, und wer dann gerade aktuell in einem Park, in dem Bussarde ihr Nest bauen, diese Bussarde morgens suchte und dabei dem Kontaktruf der Bussarde folgte, bis er feststellen musste, dass die Superbussardrufe von zwei Staren vor ihrer Höhle gerufen wurden, um eben mich zu verarschen, der glaubt nicht mehr daran, dass man Vögel über ihre Laute identifizieren kann! Jedenfalls nicht übers Gehör allein.

Buchfink

Johanna Romberg: „Der Grünfink klingt wie ein frisch polierter Goldteller"

Johanna, wie merkst Du Dir denn Vogelstimmen?

Ich lasse in meinem Kopf Bilder entstehen.

Was heißt das genau?

Es passiert mir nicht mehr so oft, aber vor einiger Zeit hörte ich im Wald einen Vogelruf, den ich nicht kannte. Vier scharfe, schnurgerade Schnitte auf einem schwarzen Vorhang, durch die sehr helles Licht fiel. Alle gleich lang und in gleichem Abstand voneinander.

Die Beschreibung bezieht sich auf das Bild, das in meinem Kopf auftauchte, während ich dem Vogel zuhörte. Ich habe bei vielen, eigentlich den meisten heimischen Vogelstimmen solche Bilder vor Augen; sie entstehen von ganz allein, wenn man dem Vogel nur lange genug aufmerksam zuhört. Der Grünfink klingt wie ein frisch polierter Goldteller, der im Sonnenlicht glänzt. Das Rotkehlchen: wie ein Wassertropfen, der eine Glasscheibe hinunter rinnt. Der Fitis: wie ein Blatt, das langsam, hin- und hertrudelnd, auf den Waldboden herabschwebt.

Sind solche Bilder nicht total subjektiv?
Ja, aber sie helfen, sich Stimmen so nachhaltig einzuprägen, dass man sie sich hinterher im Idealfall zu Hause im Kopf abspielen kann. Was unerlässlich ist, um sie zu identifizieren. Ich tue das am liebsten mithilfe der großartigen Datenbank „xeno-canto.org", in der so ziemlich sämtliche Gesänge und Laute abgespeichert sind, die jemals irgendein Vogel irgendwo auf der Welt von sich gegeben hat. Man braucht natürlich einen Anfangsverdacht, um in diesem Klangmeer die zum Kopf-Bild passende Stimme zu finden. Aber beim Biotop norddeutscher Mischwald ist die Zahl der möglichen Kandidaten überschaubar.

Und wenn Dir zu einer Vogelstimme kein Bild einfällt?
Wenn ich draußen eine Vogelstimme höre, zu der mir gerade kein Bild einfällt, notiere ich ihre Lautfolge auf Papier – in Punkten für kurze, in Strichen für lange Töne, beides auf- und absteigend je nach Tonhöhe. Das funktioniert hervorragend als Gedächtnisstütze, außer bei Meisen. Ich kann Sumpf-, Weiden-, Hauben- und Kohlmeisen bis heute nicht immer sicher unterscheiden, weil deren Lautrepertoire so groß ist und die Klangfarbe ihrer Stimmen so ähnlich – meisig eben.

Und, konntest Du das Rätsel im Wald lösen?
Die vier Schnitte auf dem schwarzen Vorhang habe ich mithilfe des wunderbaren Vogelstimmenarchivs „xeno-canto" eindeutig identifiziert: als Ruf des Waldbaumläufers.

Danke, Johanna. Wen wir unbedingt noch fragen müssen, ist Franz Lindinger aus Köln. Er war bei uns schon Protagonist einer Geschichte über Vogelmonitoring, hat uns schon tolle Bilder zur Verfügung gestellt – und wie sich beim gemeinsamen Brettspielen in Köln herausgestellt hat, hat er sich die Vogelstimmen in sehr kurzer Zeit angeeignet.

Franz Lindinger: „Das Wintergoldhähnchen singt wie ein W"
Franz, Du hast als Kind schon mal viele Vogelstimmen gekannt, aber dann erst vor einigen Jahren wieder damit angefangen – und jetzt bietest Du selbst in Köln Exkursionen an, auch mit uns Flugbegleitern. Du bist also in relativ kurzer Zeit zum echten Kenner geworden. Welche Tipps hast Du?
Ich habe für Euch eine Tippliste gemacht.

Na dann her damit!
Tipp 1: Geht mit Leuten raus, die Vogelstimmen kennen und lernt von ihnen.
Tipp 2: Nehmt Euch am Anfang wenige Arten vor und insbesondere die, die direkt im Garten, vom Balkon aus, auf dem Weg zur Arbeit etc. zu hören sind.
Tipp 3: Benutzt Quiz-Apps!
Tipp 4: Wenn man Apps benutzt, verwendet mehrere Apps, damit man sich nicht an eine spezielle Aufnahme gewöhnt.
Tipp 5: Versucht, Euch eigene Eselsbrücken zu bauen.

Tipp 6: Vergebt Kategorien: flötend, näselnd, laut, fein, hart, weich, metallisch, Triller und so weiter.
Tipp 7: Wiederholen, wiederholen, wiederholen.

Danke! Und auch an Dich die Frage: Hast Du einen besonderen Kniff oder Tipp, der anderen helfen könnte?
Es gibt bei mir nicht die eine Methode. Merksprüche sind weniger dabei, die gibt es ja eher für häufige Arten und die hat man dann eh bald drauf. Außerdem wirken sie oft ein wenig altertümlich, wie „ich, ich bin ein Gardeoffizier". Allenfalls die Unterscheidung, dass der Gelbspötter „Doktor Knie, Doktor Knie" singt und der Orpheusspötter nicht, versuche ich heranzuziehen. Aber beide bekomme ich nicht wirklich oft zu hören. Was ich manchmal mache, sind Buchstaben im Namen mit den Gesängen zu verknüpfen: F*e*ldschwirl = schn*e*ll; Schl*a*gschwirl = l*a*ngsam. Oder das *W*intergoldhähnchen – es hat einen *w*ellenförmigen, *w*-förmigen Gesang.

Christian Schwägerl: „Der Gelbspötter klingt wie eine Flippermaschine aus den Achtzigern"

Christian, was denkst Du über die Tipps der anderen?
Ich bewundere Christiane für ihre Toleranz gegenüber Reimen, Merk- und Sinnsprüchen. Wenn ich mir aber vorstelle, durch die Landschaft zu gehen und von überall her „Fritze, Fritze, magste Grützebeeren?" oder „He da, du da, ja du da, was willstu?" zu hören, dann würde mich das ziemlich schnell in den Wahnsinn treiben. Vorher wäre es aber wohl mit der Vogelbeobachtung vorbei. Außerdem höre ich überhaupt nicht, was Christiane hört. Der Buchfink soll „Fritze, Fritze, magste Grützebeeren?" rufen? Das entzieht sich schlicht meiner Wahrnehmung, beziehungsweise entzieht es sich meiner schlichten Wahrnehmung, oder was auch immer: Ich höre Vogelgesang und keine Sätze. Völlig blank bin ich auch bei den sehr analogen Um-

schreibungen von Gesängen, die ich in Vogelbüchern finde. Die Heckenbraunelle soll „TÜtelliTItelletiTÜtellüTOtelitelleTI“ von sich geben? Da könnte genausogut „DummdiDummDiDumm“ oder „Mahna mahna ba dee bedebe“ stehen. Ich glaube, ich habe noch keine einzige dieser Lautmalereien je einem Vogel zuordnen können.

Was spricht Dich an?
Johannas Fähigkeit, metaphorische Bilder zu erzeugen, die aus japanischen Gedichtbänden stammen könnten:

Wie ein Blatt, das langsam, hin- und hertrudelnd, auf den Waldboden herabschwebte, sang der Fitis.
Das könnte von einem Zen-Mönch aus dem 14. Jahrhundert sein. Ich kann damit deutlich mehr anfangen als mit Grützebeeren und Kniedoktoren. Aber bis im Park mein Gehirn solche Bilder erzeugt hätte, ist der Vogel auch schon wieder über alle Berge.
Am ehesten spricht mich eine Mischung von Johannas und Franz' Zeichnungen an, oder anders gesagt: Ich glaube, ich höre Vogelstimmen wie Musiker eine Partitur lesen. Nicht, dass ich dabei irgendwie Spezialist wäre. Aber wenn ich Vogelstimmenwanderungen leite, dann bediene ich mich gern auch des Vokabulars aus der Musik: ansteigend, abfallend, piano, forte. Auch Dur- und Moll-Tonarten, von denen Christiane sprach, finde ich sehr hilfreiche Vergleiche.
Am hilfreichsten aber sind für mich Rhythmen, die sich in meinem Gedächtnis festsetzen. Feldschwirl, Rohrschwirl, Schlagschwirl – sie zu unterscheiden ist kein Problem mehr, wenn man sich drei kleine, höchst unterschiedliche Percussionisten-Combos vorstellt, die diese Töne machen. Der Fokus auf Rhythmen funktioniert bei mir auch bei den melodischeren Arten. Zum Beispiel hat die Mönchsgrasmücke diese unverkennbaren Schlenker in ihrer Strophe, eine ganz besondere Betonung, wie ein Schlag auf die Basstrommel. Der Kleiber

singt zwar auf viele verschiedene Arten, aber in der Regel mit einem ähnlichen Rhythmus, mal schneller, mal langsamer. Was mir auch hilft, ist es, Vogelgesang mit Musikstilen zu assoziieren: Die Meisen klingen klar und rein nach Johann Sebastian Bach, das Rotkehlchen geht in Richtung Chopin, die Rohrsänger in Richtung Schönberg und der Gelbspötter, der klingt wie eine Flippermaschine oder ein Commodore-64-Rechner beim Space-Invader-Spielen aus den 1980er-Jahren, der Wachtelkönig und der Ziegenmelker wie Techno ...
Wahrscheinlich werden jetzt viele denken, dass sie damit genauso wenig anfangen können wie ich mit den Sinnsprüchen. Aber das ist auch der Punkt: Wir nehmen die Welt unterschiedlich wahr, und deshalb liegt auch jedem ein anderer Weg, sich die Vogelstimmen zu merken. Der Trick ist es, diesen Weg überhaupt erst zu finden – und dann zu gehen.
Und damit sind wir bei dem, was Markus geschrieben hat: wiederholen, wiederholen, wiederholen! Und zwar am besten in freier Natur – und noch besser, wenn man den Vogel beim Singen sieht. Diese Kombination hat bei mir noch immer am schnellsten dazu geführt, dass ich mir eine Stimme dauerhaft gemerkt habe. Der Lerneffekt ist es wert, in eine tiefe Rückbeuge zu gehen, um einen Vogel ausfindig zu machen und zu beobachten, der irgendwo oben im Baum sitzt.

Hast Du einen Kniff?
Ja, im Winter das Vogelstimmen-Quiz der Schweizer Vogelwarte Sempach zu spielen oder sich in die unglaubliche Sammlung von Stimmen von Hans-Heiner Bergmann zu vertiefen, die es als App gibt! Das erleichtert den Wiedereinstieg im Frühling ungemein.

Gibt es Arten, mit denen Du immer noch Probleme hast?
Einige Nicht-Singvögel, zum Beispiel Enten. Deren Geräusche, inklusive der Fluggeräusche, sind so faszinierend wie ungewöhnlich.

Das Schöne am Vogelstimmenlernen ist auch: Es gibt immer Neues zu entdecken. Kürzlich haben sich zum Beispiel ein paar vermeintliche Profis länger über ein Video unterhalten, auf dem ein rätselhafter Vogelgesang zu hören war. Am Ende kam heraus: Es war eine Kohlmeise.

Unser grundsätzlicher Rat: Wenn das Vogelkonzert überwältigend wirkt, ist unser ganz einfacher Tipp: Cool bleiben, nicht aufgeben, sondern sich auf nur eine Stimme konzentrieren, den Vogel identifizieren und ihm dann ganz meditativ zuhören. Beim nächsten Mal ist dann ein anderer Vogel dran – samt Merkspruch, Sinnbild, Lautmalerei, Skizze, Partitur oder was auch immer dabei hilft, dass ein Vogelgesang unvergesslich wird.

ICH HABE EINEN SPECHT ERSCHOSSEN

WIE ICH ZUM VOGELSCHÜTZER WURDE

Von Carl-Albrecht von Treuenfels

Meine erste Begegnung mit einem Vogel, an die ich mich erinnern kann, verdanke ich meiner Großmutter. Sie zeigte mir auf einem unserer vielen gemeinsamen Spaziergänge, als ich etwa vier Jahre alt war, einen jungen Kuckuck im Nest eines Singvogels, das dieser in einer der Reihen von Himbeerpflanzen in unserem großen Garten gebaut hatte. Welcher Wirtsvogel es war, der das schon ziemlich große „untergeschobene" Vogelkind großzog, weiß ich nicht. Doch ich kann mir den damaligen Anblick und mein Erstaunen an der Hand von „Mam" auch nach 70 Jahren noch jederzeit ins Gedächtnis zurückrufen. Ebenso die vielen Pferde, Kühe und Schafe auf dem Gutshof, der seit Generationen im Eigentum meiner Familie war.

1945 mussten wir zum Kriegsende unsere mecklenburgische Heimat verlassen, doch – Glück im Unglück – wir kamen bei Verwandten in Schleswig-Holstein, nur rund 20 Kilometer weiter westlich, unter. Wir waren in demselben Landschaftsraum, in dessen Mitte der politisch 45 Jahre lang zweigeteilte Schaalsee liegt, geblieben. Und dort, im heutigen Naturpark Lauenburgische Seen, bin ich auch aufgewachsen. In einem landwirtschaftlich geprägten Dorf. Während meiner Schulzeit packte ich auf dem Siedlungshof meines Vaters bei den Arbeiten auf dem Feld und im Stall regelmäßig mit an. Anfangs hatten wir noch Pferde, Milchkühe, Schafe und Schweine. Meine Mutter zog Hühner, Gänse und Puten auf. Ich kümmerte mich früh um „Stallhasen" und Zwerghühner. Hunde und Katzen gehörten zum selbstverständlichen tierischen Inventar. Unsere Nachbarn waren Flüchtlinge aus dem Osten, die sich auf dem Nebengut meines Onkels ebenfalls neu einrichten mussten. In den vielen Gärten wuchsen Gemüse und Obst zur Selbstversorgung, und es gab überall reichlich Vögel aller Arten.

Zwischen Rohrdommel-Balzruf und Froschkonzert

Die Häuser waren bis Mitte der 1950er-Jahre auch mit vielen Kindern bewohnt. Für mich und meine drei Geschwister bedeutete das, eine Menge Spielkameraden zu haben. Mit einigen meiner Freunde bin ich oft über die Felder, Viehweiden und Heuwiesen und durch die Wälder unserer Umgebung gestreift. Vor allem im Frühjahr und Sommer, wenn es in der Natur so viel zu beobachten gab. Und wenn es Vogelnester zu suchen und zu finden galt.

Kiebitze und Bekassinen brüteten zu Dutzenden, aus dem Schilfgürtel eines nahen Sees mischte sich in jedem Frühling der dumpfe Balzruf der Großen Rohrdommel unter das wochenlange abendliche Froschkonzert. Die knarrenden Rufe der Rebhühner und der „Schlag" der Wachtel waren häufig zu hören, Braunkehlchen, Feldlerchen, Goldammern, Bach- und Wiesenstelzen, Grasmücken und Neuntöter nahmen wir als selbst-

Buntspecht

verständlich wahr, Feldhamster und viele Hasen waren zu beobachten, Schleiereulen, Weißstörche, Garten- und Hausrotschwänze, Feld- und Haussperlinge sowie mehrere Fledermausarten belebten unseren Hof.

Ich muss gestehen, dass ich Eier gesammelt habe – zwar nur jeweils eins von einer Art, aber immerhin. Und da ist noch etwas: Mit dem Luftgewehr, das mir mein gemäßigt jagdbegeisterter Vater zu meinem zwölften Geburtstag geschenkt hatte, habe ich Spatzen (Haussperlinge) geschossen, die es damals in großer Zahl rund um unser Haus gab. Eine Großtante hat sie dann für uns Kinder gerupft und gebraten. Zu meinem Sündenregister als Kind gehört sogar, dass ich bei einer Zielübung versehentlich (wie ich mir einredete) einen Buntspecht erlegt habe. Doch als ich den bunten Vogel tot in der Hand hielt, löste dieses Erlebnis in mir einen regelrechten Schock aus. Fortan hatte ich ein anderes Verhältnis zu Vögeln und zu Wildtieren im Allgemeinen.

Das Luftgewehr wurde, als ich 14 Jahre alt war, durch eine zunächst einfache Kamera ersetzt. Ein Jahr später begann ich, den Vater eines Klassenkameraden auf der Ratzeburger Gelehrtenschule bei seiner nebenberuflichen Arbeit für die Regionalzeitung mit Nachrichten aus unserem Amtsbezirk zu versorgen. Bald darauf schrieben mein Schulfreund und ich die Nachrichten selbst. Und ich lieferte die ersten Fotos. Darunter waren hin und wieder auch bescheidene Tierfotos, nun schon mit der ersten Spiegelreflexkamera der Marke Pentacon und einem 135 Millimeter Objektiv aufgenommen.

Faszination der Kraniche

Diese Sparte machte mir zusehends Spaß, und ich verdiente auch ein paar Mark damit. Erste Veröffentlichungen in der Jugendzeitschrift „Rasselbande“ und der Jagdzeitschrift „Wild und Hund“ motivierten mich zu immer mehr Naturmotiven in Text und Bild. Ganzseitige Berichte in der Sonntagsausgabe der „Lübecker Nachrichten“ und regelmäßige Tierporträts im norddeutschen Teil der „WELT“ nahmen mich derart in Beschlag, dass sich meine Schulzeit ungewollt verlängerte.

Während meiner Wehrdienstzeit schrieb ich abends auf der Schreibstube in unserer Kaserne fast wöchentlich Beiträge für die „Schleswiger Nachrichten“. Später kamen eine Artikelserie in „Die Zeit“ sowie Reportagen in „Geo“, „Merian“ und „natur“ hinzu. 1973 begann meine bis heute andauernde Mitarbeit bei der „Frankfurter Allgemeinen Zeitung“. Mit den Jahren wurde die fotografische Ausrüstung, die ich auf meinen vielen Reisen in alle Erdteile mitschleppte, immer umfangreicher.

Schon früh haben mich die Kraniche fasziniert. Im Frühjahr und im Herbst zogen die laut rufenden Vögel in großen Flugkeilen über unser Haus. Zwei bis drei Paare brüteten als letzte Vertreter von „Grus grus“ Schleswig-Holsteins während meiner Schulzeit in der Nähe meines Heimatorts. Heute nisten wieder einige Hundert Paare im nördlichsten Bundesland, mindestens fünf von ihnen in unserer Gemeinde.

Nicht zuletzt sind es die Kraniche, die mich – neben meiner Ausbildung zum Juristen und späterer zeitweiliger Tätigkeit in einer internationalen Werbeagentur sowie als Rechtsanwalt und Notar – beflügelt haben, mich nun schon länger als 60 Jahre auch journalistisch der Natur zu widmen.

JEDER TAG SOLLTE WELTSPATZENTAG SEIN

LIEBESERKLÄRUNG AN EINEN TREUEN BEGLEITER.
Von Cord Riechelmann

Haussperlinge sind unter den Sperlingen die anpassungsfähigsten. Sie haben sich so weit mit dem Menschen vergesellschaftet, dass man über ihr ursprüngliches Biotop nur spekulieren kann. Man vermutet, dass der Spatz vor seiner Bindung an den Menschen in trockenwarmen, lockeren Baumsavannen lebte. Beweise dafür gibt es aber nicht. Als er hier in Mitteleuropa auftauchte, war er bereits als Kulturfolger an den Menschen und seine Siedlungen gebunden.

Das allerdings kann ihm jetzt zum Verhängnis werden. Denn aus Großstädten wie Paris, London und Hamburg wird teilweise ein dramatischer Rückgang der Spatzenbestände gemeldet. Das hängt mit der neuen Architektur zusammen. Die großflächige, strukturarme Glasfassadenbauweise, wie man sie zum Beispiel in Berlin am Potsdamer Platz findet, nimmt den Spatzen Unterschlupf und Nischen, in die sie ihre Nester bauen können. Das gilt aber nicht nur für Neubauten, auch sanierte Altbauten schränken ihre Bewegungsfreiheit ein.

Spatzen bevorzugen sozusagen die ornamentale Bauweise. In Höhlen, Spalten und Nischen unter Dachgiebeln bauen sie ihre Nester mit Vorliebe. Sie brüten aber auch in verlassenen Spechthöhlen,

Erdwänden oder Mehlschwalbennestern. Die Berichte von Nistplätzen an ungewöhnlichen Orten sind kaum zu zählen. Man fand ihre Nester in lauten und schmutzigen Fabrikhallen, in Straßenlaternen oder auf Baumaschinen, die bewegt wurden.

Spatzen scheinen sich an Menschen und ihren Tätigkeiten nicht zu stören, und wie der Spatz am Moskauer Flughafen zeigt, nutzen sie auch Menschen, um an Nahrungsquellen zu kommen, die ihnen sonst verschlossen wären. Das setzt eine kalkulierende Lernfähigkeit voraus. Denn der Flughafenspatz muss ja nicht nur bedenken, wie er in die Halle kommt, er muss auch daran denken, wieder herauszukommen.

Welche Anstrengungen das für die Tiere mit sich bringen kann, konnte ich in Moskau beobachten. Spatzen müssen ihre Fluchtdistanzen ständig verringern, beziehungsweise überwinden. Denn sicher sein, dass ihnen die Menschen nichts tun, können sie nicht. Und das kann Stress bedeuten. Immer wieder abwägen, ob der Sprung auf den Tisch jetzt lohnt oder nicht, ist bestimmt nicht entspannend. Außerdem waren die Vögel nicht immer beliebt.

Sie können die Gesänge anderer Arten imitieren

Spatzen wurden bis in die 1960er-Jahre des vergangenen Jahrhunderts teilweise rigoros mit Fallen und Gift verfolgt. Man konnte damals neben den gängigen Thesen, dass sie Ernteschädlinge sind und alles dreckig machen, auch hören, dass sie seltenere Arten vertreiben und „keine Singvögel" mehr hochkommen lassen. Das ist natürlich schon allein deshalb Unfug, weil Spatzen Singvögel sind.

Auch wenn in vielen populären Texten über Spatzen der Vogel als unmusikalisch dargestellt wird, er ist es nicht. Der gerade jetzt überall zu hörende monoton scheinende Gesang der Spatzenhähne ist ein Ereignis. Es lohnt sich dem „Tschilp", „Tschirp" oder „Tschrp" länger zuzuhören. Es ist nämlich schon mit bloßem Ohr festzustellen, dass sie nicht immer gleich klingen. Strukturanalysen ihrer Sonagramme, der Abbildung der Frequenz der Töne in ihrem zeitlichen Verlauf, haben ergeben, dass die Töne kompliziert aufeinanderfolgen und stark variiert werden können. Es ist sehr wahrscheinlich, dass Spatzen in ihren Werbegesängen individuelle Merkmale genauso codieren wie die jeweiligen Stimmungen des Sängers.

Auch ihre Lernfähigkeit geht weit über das hinaus, was man ihnen gemeinhin zugesteht. Spatzen können die Töne anderer Arten wie die von Grünlingen und Kanarienvögeln übernehmen und in ihre Lieder einbauen.

Wie unterschiedlich sie im Einsatz ihrer Lautäußerungen vorgehen, kann man am Spektakel der Gruppenbalz beobachten. In Extremfällen verfolgen bei diesem Akt bis zu 15 Männchen in einer rasanten Jagd ein Weibchen. Die Männchen umringen das Weibchen, tschilpen durcheinander, versuchen, ihr in die Kloakenregion zu picken und zu kopulieren. Die Männchen werfen in dieser Raserei den Kopf mit offenem Schnabel nach hinten, heben die Flügel etwas an und zerren auch schon mal an den Federn des Weibchens.

Dieses entkommt den Attacken aber meist dadurch, dass es den Schwanz mit der Kloake gegen den Boden presst und sich im Kreis dreht. Zu Kopulationen kommt es bei der Gruppenbalz selten. Ausgelöst wird sie vielmehr durch ein unbewachtes, fruchtbares Weibchen, das an Männchen vorbeifliegt. Dann fliegt einer der männlichen Spatzen mit einem schrillem „jiek“-Ruf hinterher. An dem Tumult ist immer nur ein Weibchen be-

Haussperling

teiligt, und bei den Männchen überwiegen solche mit einem großen schwarzen Kehlfleck. Die Gemeinschaftsbalz ist zwar in diesen Wochen am häufigsten zu beobachten, kommt aber das ganze Jahr über vor.

Dieses dahinplätschernde Chor-Tschilpen!

Spatzen sind ganzjährig soziale Tiere, und Stimulationen, die aus dem Gruppenleben hervorgehen, machen neben der Nahrungssuche einen Hauptteil ihrer Beschäftigung aus. Auch außerhalb der Zeit der Werbegesänge der Männchen sind diese Tiere nie ruhig. So tschilpen sie an Ruheplätzen und in ihren Schlafgemeinschaften unaufhörlich durcheinander. Spatzen unterbrechen ihre Nahrungssuche immer wieder und versammeln sich in Hecken, um auszuruhen.

Die täglichen Versammlungen in den Hecken sind genauso wie die nächtlichen Schlafgemeinschaften artspezifisch und unabhängig von den klimatischen Bedingungen.

In den Tropen sammeln sie sich ebenso regelmäßig wie in den dichten Büschen deutscher Städte. Und neben der Lust, die ihnen selbst die Streitereien in der Versammlung bereiten, was man an dem im Unterschied zum Werbe-Tschilpen hörbar einförmig zufrieden dahinplätschernden Chor-Tschilpen auch hören kann, bietet ihnen die Gemeinschaft auch Schutz vor Elstern, Rabenkrähen und Eulen, die manchmal versuchen, ihren Hunger mit dem Verzehr von Spatzen zu stillen.

Auswirkungen auf die Populationsgrößen der Vögel zeitigt das aber nicht. Die gedrungenen Vögel mit dem klobigen Schnabel wissen sich sehr gut zu helfen. Mit verschiedenen Warnrufen können sie unterschiedliche Strategien mobilisieren und so entsprechend auf die Gefahr reagieren. Ertönt ein Luftwarnruf wird der ganze Trupp augenblicklich still, stürzt sich zu Boden und „friert“ buchstäblich minutenlang reglos ein. Ein Bodenfeindalarmruf führt hingegen zu aufgeregter Hektik. Die Vögel kommen aus allen Richtungen zusammen, zetern anhaltend und „hassen“ mit breitem „Tät“ oder „Tertet“ gegen Katzen und Marder. Eichhörnchen attackieren sie gelegentlich körperlich und bearbeiten sie mit dem Schnabel.

Manchmal spielen sie aber auch nur. Man sah Spatzen schon tagelang kleine Steine von einem Dach auf den Zementboden werfen und hinterherhorchen. Schon diese Eigenschaft macht Spatzen so sympathisch, dass es nicht reicht, ihnen einen einzigen „Weltspatzentag“ zu widmen. Angesichts ihrer Nähe zum Menschen und ihrer Bedrohung sollte jeden Tag Weltspatzentag sein.

WENN VÖGEL UNS BEOBACHTEN

AUS DER WILDNIS IN DIE PHILOSOPHIE UND ZURÜCK: BEGEGNUNG MIT EINEM BARTKAUZ.

Von Christian Schwägerl

Auf der Landkarte hatte es nach einer schönen Wanderung ausgesehen. Quer durch die nordskandinavische Wildnis führte ein kleiner gestrichelter Pfad aus Norwegen zur Bahnstation Riksgränsen in Schweden. Eigentlich müsste das an einem halben Tag zu schaffen sein, dachten wir uns und machten uns früh morgens auf den Weg.

Es war Anfang September. Eine wunderbare Zeit, so hoch im Norden zu sein. Die Landschaft leuchtet rot und gelb von der herbstlichen Verfärbung der Vegetation. Dazu die unendlich wirkende Weite der Landschaft – ein großartiges Naturerlebnis, man fühlt sich wie in einer anderen Welt und ist doch in dieser.

Doch am frühen Nachmittag geschah, was eben geschieht in der Natur. Das Wetter wechselte. Und da es zu dieser Zeit noch keine Smartphones mit Wettervorhersage gab und unser letzter Kontakt zur Zivilisation schon ein paar Tage her war, bekamen wir davon erst etwas mit, als die Tiefdruckfront samt ihrem eisigen Schneeregen über uns kam. Nebel umhüllte uns und der Himmel warf mit eisigem Matsch nach uns.

Zuerst verloren wir den Pfad, suchten ihn, fanden ihn nicht wieder. Dann merkten wir, wie sich Stunde um Stunde, in der wir der Kompassnadel in die richtige Richtung zu folgen glaubten, der Schneeregen in unsere Klamotten fraß und schließlich auch in unser Gepäck. Als es zu dunkeln begann, holten wir das durchgeweichte Zelt aus dem Rucksack und bauten es am Rand eines kleinen Birkenhains auf. Es wurde eine schrecklich klamme Nacht, in der wir alles anzogen, was wir hatten. Wir befürchteten, dass unsere Körperwärme der durchdringenden Kälte weichen würde.

Zwei fedrige Sichelmonde

Als wir am nächsten Morgen aufwachten, wussten wir noch nicht, dass wir nicht mehr zu zweit, sondern zu dritt waren. Im Zelt hatte sich eine dünne Schicht Eiskristalle über unsere Sachen gelegt. Es war absolut still – der Schneeregen hatte aufgehört. Ich öffnete das Zelt und schaute in ein riesiges Gesicht. Es war so groß, wie ich noch nie ein Gesicht gesehen hatte. Um die stechend gelben Augen waren in diesem Gesicht konzentrische Kreise angeordnet, so als hätte sie ein Künstler mit dem Pinsel gemalt. Zwei weiße Sichelmonde, die wie eine Kriegsbemalung wirkten, verstärkten die hypnotisierende Wirkung des Blicks, der mich unvermittelt traf.

Jeder andere Vogel wäre in diesem Moment wahrscheinlich aufgeflogen, aber der Bartkauz saß, äußerlich ruhig, auf einer kleinen Birke, vielleicht vier oder fünf Meter von uns entfernt, und schaute auf die Primaten, die sich aus dem farbigen, unförmigen Haufen schälten, ein Anblick, den die große Eule an diesem Fleck wohl noch nie gesehen hatte.

Der Bartkauz neigte und wendete seinen mächtigen Kopf und schaute uns dabei zu, wie wir jetzt dastanden und ihn anschauten. Wir blieben still, er blieb still. Wir blickten ihn an, er blickte uns

Bartkauz

an. Dieser Vogel wollte ganz genau wissen, wer wir sind und was wir tun.

Wenn ich heute, knapp 30 Jahre später, in meinem Vogelbuch blättere, bleibe ich häufig auf Seite 175 hängen. Sofort wird beim Anblick der Zeichnung die Erinnerung an den echten Bartkauz von damals wach. Ich war zu dieser Zeit schon Vogelbeobachter und völlig begeistert davon, diese nur im hohen Norden heimische Art gesehen zu haben. Über die Jahre ist aber noch ein zweiter Gedanke hinzugekommen, maßgeblich verstärkt durch ein weiteres Buch: Nicht nur ich habe den Bartkauz gesehen, der Bartkauz hat auch uns gesehen.

Das ist doch selbstverständlich, das ist doch nichts Besonderes? Klar, in dem Sinn, dass der Vogel nicht blind ist und etwas sieht. Der Gedanke, der mich beschäftigt: Waren wir für den Vogel nur eine Art Schlüsselreizquelle, ein Muster X auf seiner Retina, das vollautomatisiert die Reaktion Y auslöste? Oder sah uns da ein „Jemand“ an, ein Lebewesen mit einer subjektiven Perspektive auf die Welt? Wir reden so oft darüber „was“ für einen Vogel, was für eine Art wir gesehen haben. Eine mindestens so interessante Frage ist: „Wer“ ist dieser Vogel?

Das Buch heißt „Phi“, es ist 2012 erschienen, geschrieben wurde es von Giulio Tononi. An der Universität von Madison/Wisconsin erforscht der gebürtige Italiener das Bewusstsein. Aus der Schlafforschung kommend, hat sich Tononi in den vergangenen Jahren einen Namen damit gemacht, dass er gemeinsam mit dem Gehirnforscher Christof Koch eine neue, radikale Theorie des Bewusstseins entwickelt, die „Integrierte Informationstheorie“. Sie weicht von einem alten, in der westlichen Kultur tief sitzenden Dogma ab, demzufolge nur der Mensch über echtes Bewusstsein verfügt, Tiere aber nur mechanisch funktionieren, also so etwas wie Maschinen in biologischer Form sind.

Zwar hat es, seit René Descartes den Dualismus formuliert hat, viele philosophische Neuerungen und Alternativentwürfe gegeben, doch die Anschauung, dass Tiere keine subjektive Perspektive und kein Bewusstsein besitzen, ist noch immer tief verankert.

Im Garten des Bewusstseins

Nach dualistischer Lehre hat der Bartkauz uns nicht wirklich bewusst angesehen, sondern ein biologisches Programm abgespult, das einen evolutiv bewährten Überlebenssinn hat – zum Beispiel auf bestimmte Reize hin, sein Revier zu überprüfen. Außer diesem Reiz-Reaktions-Verhalten gibt es in dem Tier ansonsten – nichts.

Tononi (Schüler des Medizin-Nobelpreisträgers Gerald Edelman) und Koch (Schüler des DNS-Mitentdeckers Francis Crick und seit 2015 Präsident des renommierten Allen Institute for Brain Research in Seattle) widersprechen dieser traditionellen Sicht vehement. Sie behaupten, dass Bewusstsein kein exklusives Reich des Menschen, sondern ein weit verbreitetes Phänomen sei – ausgeprägt überall dort, wo Informationen miteinander verwoben würden, so wie das in Gehirnen geschieht.

Hauptfigur von „Phi" ist Galileo Galilei, weil er als einer der ersten in der modernen Naturwissenschaft scharf zwischen Objekt und Subjekt unterschied. Ihn, und mit ihm den Leser, nimmt Tononi auf eine atemberaubende Reise durch Sinne, Gehirn und Bewusstsein mit, die den Unterschied zwischen Objekt und Subjekt Stück für Stück aufhebt. Zu den wichtigsten Stationen dieser Reise zählt ein philosophischer Garten, in dem auf einem kahlen Baum eine Eule sitzt.

In diesem Garten trifft Galileo auf eine Frau, die ihm ein besonderes Instrument zeigt: „Qualiaskop" nennt sie das Gerät, weil in der Bewusstseinsphilosophie Empfindungen „Qualia" heißen. Man kann durch dieses Gerät das Bewusstsein als physische Wirklichkeit sehen, und je mehr davon vorhanden ist, desto größer erscheint es. Die These von Tononi und Koch: Bewusstsein fängt schon bei den kleinsten Lebewesen an und nimmt in der bekannten Welt der Lebewesen zum Menschen hin graduell zu. Es tritt also nicht abrupt nur beim Menschen auf.

Kein Mittel zum Zweck

Wer durch das „Qualiaskop" blickt, sieht eine räumlich verzerrte Welt: Gebirge, ja sogar die Weiten der Milchstraße erscheinen unendlich klein, während das Bewusstsein eines Insekts groß aufleuchtet. „Du wirst erfolglos auf Steine und Flüsse, Wolken und Berge schauen", sagt die alte Frau zu Galileo, „der höchste Berg ist klein verglichen mit einer kleinen Motte." Galileo sieht den Mond aufgehen, aber auch der erscheint ihm mangels Bewusstsein nur winzig. Dann trifft sein Forscherblick auf die Eule – ihr Kopf erscheint so groß wie ein Himmelskörper zu sein, wie ein leuchtender Komet. Es ist das sichtbar gewordene Licht des Bewusstseins. Galileo schaut sich weiter im Garten um: „Inmitten des Nebels begann er andere Kometen zu sehen, andere Konstellationen, eine Galaxie, wenn man wirklich alles würde sehen können. Die Tiere erwachten aus dem Schlaf und machten ihre Lichter an." Diese Tiere, heißt es in „Phi" „leuchten aus dem Inneren, mit dem Licht, das sehen kann, nicht mit dem Licht, das ein Auge braucht, um gesehen zu werden."

Tononi hat eine poetische Ader – und ist zugleich Naturwissenschaftler durch und durch. Er hält es für dringend angebracht, den alten Dualismus zu überwinden und anzuerkennen, dass Bewusstsein und damit eine subjektive Perspektive, wie wir sie bisher für uns Menschen reservieren, in Wahrheit ein Kontinuum seien, auf dem sogar Motten angesiedelt sind – und selbstverständlich Bartkäuze. Wie tiefgreifend die praktischen Folgen wären, hat mir Tononi einmal bei einem langen Spaziergang durch seinen eigenen Garten in Madison so erklärt: „Wenn etwas Bewusstsein hat, darf man es nicht mehr als Mittel zum Zweck behandeln, sondern muss es als Zweck an sich respektieren und wertschätzen."

Beim Vogelbeobachten fällt es leicht, sich selbst als den aktiven Part wahrzunehmen und die Vögel als die Betrachteten. Das so nützliche Fernglas verstärkt diesen Effekt: hier das Subjekt, da das Objekt.

Doch wir alle kennen Momente, in denen uns klar wird, dass in Wahrheit wir die Beobachteten sind: Wenn eine Gruppe Nebelkrähen auf dem Acker auffliegt, nur weil man eine schnelle Handbewegung gemacht hat. Wenn man glaubt, gut getarnt und leise zu sein, und man dennoch nur kleine, stets verschwindende Punkte zu sehen bekommt, weil die Vögel einen schon längst entdeckt haben und das Weite suchen. In der Regel sind Vögel bessere Menschenbeobachter als umgekehrt Menschen Vogelbeobachter. Natürlich geht es ganz biologisch darum, Gefahren zu vermeiden, Territorien zu sichern, Nachwuchs zu beschützen. Aber wer genau fliegt da auf, wer guckt zurück? Reflexgesteuerte biologische Maschinen ohne Innenleben? Oder Lebewesen mit einer subjektiven Perspektive auf die Welt? Giulio Tononi und Christof Koch sagen: „Zu den biologischen Funktionen, die wir definieren, tritt noch ein Quäntchen mehr hinzu – Bewusstsein eben".

Die Grenzen dreidimensionalen Briefmarkensammelns

Die beiden Gehirnforscher versuchen eine wissenschaftlich fundierte Theorie des Bewusstseins aufzustellen, die dem Menschen nichts nimmt, aber allen anderen Lebewesen etwas gibt. Nicht um Vermenschlichung geht es ihnen dabei, sondern darum, andere Realitäten anzuerkennen. Den beiden ist Esoterik fremd. Sie fordern uns mit der kühlen Autorität von Naturwissenschaftlern auf, unseren Blick auf die Welt, sofern er (ohne es so nennen zu müssen) dualistisch geprägt ist, zu ändern und die Vögel als echte Gegenüber anzuerkennen.

Das hinterfragt für das Vogelbeobachten alles, was die Tiere zum reinen Sammlungsobjekt macht, zu dreidimensionalen Briefmarken, die man einsortiert, zu farbigen Mustern, die deshalb eine begeisterte Reaktion auslösen, weil sie selten geworden sind oder in einem Gebiet nur selten auftreten. Die Botschaft von „Phi" lautet: Jede Beobachtung ist eine Begegnung – und bietet die Chance, die Tiere nicht als Objekte zu behandeln. Die Übung, die sich aus der Theorie des allgegenwärtigen Bewusstseins von Tononi und Koch ergibt, lautet, ganz ohne Qualiaskop die Galaxien der Subjektivität um uns herum wahrzunehmen. Zu realisieren, dass wir nicht nur sehen, sondern von den Vögeln gesehen werden, ist dann nicht mehr ganz so banal und selbstverständlich.

Erst als wir unser Zelt abbauten, flog der Bartkauz davon. Wir liefen an diesem Tag immer geradeaus, ohne wirklich zu wissen, wo wir waren. Am Nachmittag gelangten wir, einigermaßen verzweifelt, denn das Essen war knapp geworden, an ein Grenzschild als erste Spur menschlicher Zivilisation. Den Schildern folgend, kamen wir schließlich in Riksgränsen an. Wie es der Zufall wollte, fuhr wenige Minuten später in dieser entlegenen Gegend ein Zug in den Bahnhof ein. Wir setzten uns in die absurd bequem anmutenden Polster. Ich schloss die Augen und ein Bartkauz sah mich an.

„NATUR UND FUSSBALL STEHEN IN EINEM GROSSEN MISSVERHÄLTNIS“

EIN SPAZIERGANG MIT DEM EX-BUNDESLIGATRAINER HANSPETER LATOUR.

Von Markus Hofmann

Wir sind kaum fünf Minuten unterwegs, da wird Hanspeter Latour politisch: „Es gibt kaum mehr Weiden mit vielen verschiedenen Pflanzen, selbst bei mir oben, da findest du nur noch wenige richtige Alpwiesen, nur noch Säublumen, du wirst es sehen.“ Latour spricht im hiesigen Dialekt, einem melodiösen Berndeutsch, und mit „Säublumen“ meint er den Löwenzahn.

„Die Bauern düngen einfach zu oft, manchmal läuft die Gülle gar in die Bäche. Das ist in diesem zum Teil steilen Gelände kaum zu verhindern und bleibt gesetzlich unkontrollierbar.“ Hanspeter Latour wird sich an diesem Tag noch einige Male über die Landwirtschaftspolitik aufregen, die zu intensiv sei und daher der Artenvielfalt schade.

Soeben hat er mich am Bahnhof Thun abgeholt, der in einer knappen halben Stunde von der Schweizer Hauptstadt Bern aus zu erreichen ist, und er hat mir gleich das Du angeboten. Von Thun aus ist es nicht weit in das touristisch berühmte Interlaken am Fuss der 4000 Meter über Meer gelegenen Bergkette von Eiger, Mönch und Jungfrau.

Ganz so hoch hinaus wollen wir heute aber nicht. Wir sind unterwegs ins Chalet von Latour in Innereriz, einem kleinen, von steilen Bergen umgebenen Feriendorf auf 1000 Meter Höhe, wo sich nicht nur Fuchs und Hase gute Nacht sagen, sondern sich ab und zu auch Bären und Wölfe blicken lassen.

In Innereriz liegt Latours Zweitwohnsitz. „Das ist eigentlich auch nicht gut für die Natur, zwei Wohnsitze", bemerkt Latour und macht mit dem Auto einen Schlenker, um einer auf der Straße sitzenden Kröte auszuweichen. Mit seiner Frau lebt er in einem Vorort von Thun. Das Häuschen in Innereriz besitzt er seit über 30 Jahren und nun verbringt er dort so viel Zeit wie möglich. Denn rund um das Chalet kann er seit der Pensionierung seiner Passion nachgehen: der Naturbeobachtung.

Alles, was kreucht und fleucht, dokumentiert er mit seiner Kamera. Und gerne erzählt er, was er gesehen hat und welche Überraschungen die Natur für diejenigen bietet, die die Geduld aufbringen, genau hinzuschauen. 2016 veröffentlichte Latour ein Buch mit seinen Fotografien und Naturgeschichten: „Das isch doch e Schwalbe!" (Das ist doch eine Schwalbe!) lautet der Titel, der nicht nur auf die Vogelfamilie, sondern auch auf ein vorgetäuschtes Foul im Fußball hinweist.

Kulttrainer in Köln

Die Zweideutigkeit ist selbstverständlich beabsichtigt. Denn mit dem Fußball ist Hanspeter Latour weit über seinen Geburtsort Thun hinaus bekannt geworden. Seine Karriere begann der heute 71-Jährige als Torwart beim FC Thun. Mitte der 1970er-Jahre wechselte er in die Trainerposition. Zunächst war er in unteren Ligen sowie als Co-Trainer in Schweizer Traditionsvereinen tätig, 2001 übernahm er den

Trainerposten des FC Thun und führte diesen rasch von der zweitobersten Liga an die Spitze der höchsten Schweizer Spielklasse. Damit legte er die Basis dafür, dass sich der FC Thun später für die Champions League qualifizieren konnte: ein Ereignis, das als „das Wunder von Thun" in die Fußballannalen einging. Spätestens seit dann ist Latour eine Kultfigur in Thun. Hier kennt ihn jeder und jede.

Auch das Ausland wurde damals auf ihn aufmerksam. 2006 gelang der Sprung in die deutsche Bundesliga. Der 1. FC Köln verpflichtete Latour, um den Klub vor dem drohenden Abstieg zu bewahren. Der „Schweizer Bergdoktor" solle den müden Kölner Kickern Beine machen, schrieb die deutsche Presse damals. Das misslang zwar, und nach einem schwachen Saisonstart in der 2. Bundesliga wurde Latour entlassen. Doch der lebensfrohe und charmante Latour, der nie um einen guten Spruch verlegen ist, blieb den Kölnern in guter Erinnerung.

Zurück in der Schweiz trainierte er den Rekordmeister Grasshopper Club Zürich, bevor er sich als Vortragsredner zum Thema Motivation sowie als Fußballexperte fürs Schweizer Radio und Fernsehen selbstständig machte. Vor drei Jahren ging er in Pension und fand endlich mehr Zeit für ein Leben abseits des Fußballrasens.

Latour war während Jahrzehnten dauernd mit seinen Mannschaften unterwegs, nun konzentriert er sich auf einen kleinen Fleck im Berner Oberland. Rund um sein Haus in Innereriz, das wir nach rund 20 Minuten erreichen, hat Latour einen Naturgarten mit einem Teich angelegt. Ein kleines Stück Wald, das er gekauft hat und das ans Grundstück grenzt, gehört ebenso dazu.

Es ist Latours Paradies. Hier lebt er seine Liebe zur Natur aus, zu den Vögeln, Schmetterlingen, Libellen, Amphibien, Reptilien und Pflanzen, eine Liebe, die er während der Fußballjahre kaum je pflegen konnte: „Ich habe im Fußballbusiness niemanden kennengelernt, der sich so für die Natur interessiert wie ich." Manchmal versuchte er, etwas von seinem Wissen an die Spieler weiterzugeben, und wies sie während des regenerativen Lauftrainings auf Baumarten hin: „Es macht aus dir keinen schlechteren Fußballer, wenn du eine Eiche von einer Buche unterscheiden kannst."

Schrecklicher Nachbarsgarten

2000 Quadratmeter groß ist Latours Reich auf der Geissegg im Berner Oberland. Hier kommt kein Pestizid zur Anwendung, und ausschließlich heimische Pflanzen sollen hier blühen, darunter Kostbarkeiten wie der Gelbe Frauenschuh, eine Orchideenart. Von Thuja und kurz getrimmtem Rasen will Latour nichts wissen. Das ist Sache seiner Nachbarn. „Schrecklich", findet Latour: „Die haben einen Mähroboter, da fliegt kein Schmetterling herum." Ganz anders bei Latour. Er möchte, dass sich möglichst viele Wildtiere in seinem Garten wohlfühlen. Deshalb hat er nicht nur Beeren tragende Sträucher gepflanzt, sondern auch einen Baumstrunk stehen lassen, der nun langsam zerfällt und Käfern sowie Ameisen genauso Lebensraum bietet wie die Totholzhaufen, die überall rumliegen.

Auf den Steinhaufen wiederum können sich Eidechsen aufwärmen: „Die Wald-, Mauer- und die Zauneidechse, alle habe ich in meinem Garten schon gesehen", sagt Latour, während er den fast zwei Meter tiefen Teich umrundet. Darin wimmelt es nur so von Bergmolchen und Kaulquappen. Und wieder zählt Latour auf: „Grasfrösche, Teichfrösche, Erdkröten. Schätzungsweise 150 Frösche überwintern jeweils am Teichgrund." An den Pflanzen, die aus dem Wasser ragen, entwickeln sich Libellen, ein Dutzend Arten hat Latour bisher beobachtet: „Gerade gestern ist eine Mosaikjungfer geschlüpft, die erste in diesem Jahr."

Und dann sind da die Vögel. Über ein Dutzend Nistkästen für Weiden-, Schwanz- und Blaumeisen, für Trauerschnäpper, Kleiber und Stare hängen an den Bäumen, manche davon so weit oben, dass es kaum möglich ist, sie für die Reinigung zu erreichen. „Das hast du davon, wenn du die Feuerwehr bittest, die Nistkästen aufzuhängen", sagt Latour lachend, während er sich einem Holzbau zuwendet, der auf der Grenze zu seinem Waldstück steht.

Steinadler

Eine eigene Vogelbeobachtungshütte

Was auf den ersten Blick wie ein Gartenhäuschen aussieht, ist der Traum jedes „Birders": eine Vogelbeobachtungshütte im eigenen Garten. Durch ein Guckloch hat Latour das Geschehen im Wald bestens im Blick. Ganz in der Nähe sind zwei Nistkästen angebracht. „Die sind für die Waldkäuze", sagt Latour. Doch im einen haben sich Eichhörnchen gemütlich eingerichtet und der andere ist weiterhin leer. Vielleicht entdecken ihn die Käuze ja noch – und geben damit ein weiteres Motiv für Latours Fotosammlung.

Latour ist meistens mit seiner Kamera unterwegs. Auch heute wieder: Kaum fliegt ein Schwarzmilan knapp übers Hausdach hinweg, rennt ihm Latour hinterher und richtet das Teleobjektiv auf den Greifvogel. Obwohl: „Ich verstehe eigentlich gar nichts davon. Ich fotografiere immer mit der gleichen Einstellung." Das ist selbstverständlich eine Untertreibung. Latour sind hervorragende Tierbilder gelungen. Doch wieso fotografiert er überhaupt? Genügt es ihm nicht, die Tiere zu beobachten? „Ich fotografiere, damit man mir glaubt, was ich gesehen habe! Sonst könnte ich ja irgendwelche Geschichten erzählen. Wenn ich die Vögel und Schmetterlinge fotografiere, dann sind sie für mich anwesend."

Zudem verfolgt Latour ein Ziel. Er möchte möglichst alle Tiere in seinem Garten sowie in einem Umkreis von einem Kilometer dokumentieren. Gesehen hat er in „seinem“ Revier schon viele: rund 80 Vogel- und 80 Schmetterlingsarten, darunter auch Seltenheiten wie einen Regenbrachvogel, der im Herbst und Frühjahr auf seinem Zug zwischen Nordeuropa und Afrika manchmal die Schweiz passiert. In seinem Computer sind Hunderte von Bildern gespeichert.

Viele davon sind in der Küche entstanden. Aus dem Küchenfenster sieht man in den an den Wald grenzenden Teil des Gartens: ein idealer Ort, um Vögel anzulocken. Auf Ästen, die Latour in den Boden gerammt hat, verteilt er Sonnenblumenkerne, Haselnüsse sowie Apfelringe und wartet dann in der Küche mit der Kamera im Anschlag auf Spechte, Finken, Häher und Meisen.

Den Bauern die Meinung sagen

Nach dem Rundgang durch den Garten will mir Hanspeter Latour einen seiner bevorzugten Plätze außerhalb von Innereriz zeigen. Dort sei ihm ein spektakuläres Bild gelungen, sagt er. Der Weg führt an Alphütten vorbei, Bauern zäunen die Weiden für die Kühe ein, die hier bald gesömmert werden. Wiederum stört sich Latour am Anblick der Wiesen, gelber Löwenzahn soweit das Auge reicht: „Wo es keine Pflanzenvielfalt gibt, gibt es auch viel weniger Insekten und Vögel“, ärgert er sich.

Er scheut nicht davor zurück, Bauern die Meinung zu sagen. Einmal sah er, wie ein Landwirt Büsche abbrennen wollte, um seine Weide vor dem Zuwachsen zu bewahren. Grundsätzlich hat Latour nichts gegen diese Praxis, doch in diesen Büschen hatte er brütende Neuntöter beobachtet. Auf die Intervention hin ließ der Bauer die Sträucher stehen.

Dank seiner Bekanntheit und Beliebtheit in der Schweiz wäre Latour ein idealer Botschafter für die Sache der Natur. Entsprechende Anfragen von Umweltverbänden erhält er immer wieder. Doch er sagt ab. „Ich bin zwar Mitglied in vielen Naturschutzverbänden, doch ich genieße jetzt meine Unabhängigkeit. Ich sehe mich auch nicht als Problemlöser, sondern eher als Vermittler verschiedener Positionen."

Den Autolobbyisten von der Natur erzählen

Noch immer wird er von Unternehmen und Vereinen angefragt, um Referate zu halten. Man will von seinem Motivationstalent profitieren. Latour nimmt solche Einladungen gern an – unter der Bedingung, dass er auch über die Natur sprechen darf. Gerade tat er dies vor Autolobbyisten. „Das ist mein Beitrag: Dank meiner Prominenz kann ich mit Menschen aus den unterschiedlichsten Interessengruppen über die Schönheit der Natur sprechen und versuchen, sie für den Naturschutz zu gewinnen."

Latour verlässt den Weg bis wir zu einem von Steinen gesäumten Bach gelangen. „Hier können die Bauern nicht mähen. Deshalb ist es so schön wild. An diesem Ort kann ich mich stundenlang aufhalten und einfach beobachten. Da muss ich nicht nach Costa Rica fliegen, um exotische Tiere und Pflanzen zu sehen. Mir genügt dieser Fleck vollauf." Wie zur Bestätigung lässt sich vor den Füßen Latours ein Tagpfauenauge nieder, klick, schon ist es fotografiert. Auch Mohrenfalter, Pantherspanner, Aurorafalter und Perlmutterfalter fliegen durch das Gestrüpp.

„Ein Mauswiesel – das ist Champions League"

„Hier war es, hier habe ich das Mauswiesel gesehen – und fotografiert", sagt Latour und deutet auf einen Steinhaufen. Das Mauswiesel ist das kleinste Raubtier der Welt. Sehr selten ist es in der Schweiz nicht, doch nur selten bekommt man es zu sehen, und wenn doch, dann meistens nur für einen kurzen Augenblick und schon ist es wieder in einem Erdloch verschwunden. „Einen Elefanten kann jeder fotografieren auf einer Safari, aber ein Mauswiesel mitten in der Schweiz – das ist Champions League!", sagt Latour.

Heute aber lässt sich das Mauswiesel nicht blicken. Daher machen wir uns auf, um einen seiner Feinde zu suchen. Ganz in der Nähe wurden Steinadler gesichtet. Möglicherweise brütet ein Paar irgendwo in den Felsen. Den Horst hat bisher niemand gefunden. Auch das Bauernpaar, das wir am Wegesrand treffen, kann uns lediglich den Ort eines alten Horsts zeigen, der dieses Jahr aber nicht genutzt wird.

Ich suche mit dem Fernglas die Wälder ab, die sich an eine steile Felswand schmiegen, da fliegt mir ein Steinadler mitten ins Bild. Rasch beschreibe ich die Stelle, Latour folgt dem Steinadler mit seinem Feldstecher und sieht, wie sich der Greifvogel auf einer Felskante niederlässt. „Du hast den Steinadler gefunden", sagt Latour, „und ich seinen Horst." Wie beim Fußball: Der eine spielt die Flanke, der andere schießt das Tor.

Das Missverhältnis von Fußball und Natur

Wir beobachten noch eine Weile den Horst, doch der Steinadler lässt sich nicht mehr blicken. Zufrieden machen wir uns auf den Rückweg, und ich möchte von Latour wissen, in welcher Beziehung für ihn Fußball und Natur stehen. „Von mir hört man nichts Schlechtes über den Fußball, denn ihm verdanke ich meinen Erfolg", sagt Latour. „Doch was mich stört: Der Fußball und die Natur stehen in einem großen Missverhältnis. Im Vergleich zum Fußball schenkt die Gesellschaft der Natur viel zu wenig Aufmerksamkeit."

Dafür, dass der Natur die notwendige Achtung zukommt, will sich der ehemalige Trainer Latour weiterhin einsetzen, mit Bildern und Geschichten aus seinem kleinen, selbstgeschaffenen Paradies auf der Geissegg im Berner Oberland.

„UM WIRKLICH GLÜCKLICH ZU SEIN, BRAUCHE ICH NUR EIN FERNGLAS“

BIO-TECHNO: WIE DJ EULBERG SEINE LEIDENSCHAFT FÜR VOGELWELT UND NATURSCHUTZ AUSLEBT.

Von Christian Schwägerl

Wie er da in seinem grauen Kapuzenpullover in einer tiefen Couch im Foyer des Hotels „Hilton“ am Gendarmenmarkt in Berlin sitzt und ein sündhaft teures Mineralwasser trinkt, geht Dominik Eulberg vom ersten Eindruck her zu hundert Prozent als das durch, was er ist – ein bekannter DJ für elektronische Musik, für Techno. Für ihn ist oft die Nacht der Tag, er kann Menschenmassen in Ekstase versetzen.

Eulberg ist an diesem Abend noch mit einem Musikproduzenten verabredet und bereitet sich für den folgenden Tag auf eine lange Nacht vor, in der er von 23.59 Uhr bis neun Uhr morgens im Berliner Club „Ritter Butzke“ auflegt.

Doch er hat noch einen dritten Termin, der viel mehr über ihn aussagt: Er wird Mitarbeiter des Berliner Museums für Naturkunde treffen, um über Kooperationen zu sprechen. Denn Dominik Eulberg ist nicht nur DJ, er ist auch leidenschaftlicher Vogelbeobachter und Naturschützer. Und er weiß beides miteinander zu verbinden. Der Club Ritter Butzke kündigt ihn so an: „Die elektronische Musik von Dominik Eulberg klingt nicht nur nach Land, Wald und Wiesen, sie atmet und lebt die Natur."

Allein im Wald mit Schwarzstorch und Fischotter

Die Titel der Tracks, die Eulberg auf seinen Alben präsentiert, könnten eindeutiger nicht sein. Schon 2004 versammelte er auf einer LP Songs wie „Die Trottellummen von Helgoland", „Die Seeadler der Müritz" und „Der Purpurrote Sonnenuntergang Am Schilfumsäumten Bergsee (Mit Einem Glas Rotwein In Der Linken, Und Rauchware In Der Rechten)". Seine neuesten EP heißen „Roter Gitterling & Tintenfischpilz" und „Abendpfauenauge & Oleanderschwärmer". Das letzte Album mit einem ornithologischen Namen ist ein Jahr alt und heißt „Bienenfresser und Blauracke".

Seine ornithologische Leidenschaft führt Dominik Eulberg auf seine Eltern zurück. Deren „sehr alternativer Lebensstil" habe seine Kindheit und Jugend im Westerwald geprägt. Sein Vater war Biologielehrer und ermutigte den Sohn, die Natur zu erkunden. Zeit gab es dafür genug. Dass er ohne Fernseher aufgewachsen sei, weil seine Eltern ihn nicht „medial verseuchen wollten", sei das Beste gewesen, was ihm passieren konnte, sagt Eulberg. „Dadurch konnten sich meine Werte und meine Sinne frei entwickeln, und ich bin zu einem Individuum geworden statt zu einem ‚normopathischen Wesen'", wie er angepasste Menschen nennt.

2002 hatte er ein weiteres prägendes Erlebnis. Nach dem Biologiestudium habe er sich um ein Praktikum als Naturranger an der Müritz bewor-

Spornammer

ben, erzählt er. Seine Aufgabe: Die Erlenbruchwälder zu erforschen, in denen besonders viele Kraniche leben. Doch schon nach einem Monat sollte das Projekt wegen einer Haushaltssperre beendet werden. Er habe aber seine Forschungsarbeiten zu Ende führen und im Erlenbruch bleiben wollen – was er dann auf eigene Faust für ein halbes Jahr tat. „Ich hatte keinen Pfennig Geld und habe mich teilweise aus der Natur ernährt, von Blättern, Beeren, Wurzeln, Insekten", sagt er. Das sei eine Art Erwachen gewesen. Das kontemplative Vogelbeobachten sei etwas, „das uns ganz tief berühren und verändern kann".

„Ich war so glücklich wie noch nie in meinem Leben und bin jeden Abend mit einem breiten Lächeln eingeschlafen", sagt Eulberg. Morgens beim Waschen am Bach seien Schwarzstorch und Fischotter gekommen, die Tiere hätten immer mehr die Scheu verloren, zumindest habe er sich das eingebildet. Da reifte der Plan: „Ich arbeite an nichts, was ich nicht von Herzen gern mache."

Vogelexkursionen nach dem Technokonzert

Und so verband Eulberg seine Leidenschaft für die Vogelwelt immer stärker mit der für Techno. „Um glücklich zu sein, brauche ich nur ein Fernglas", sagt er. Und das vermittelt er auch den Besuchern seiner Auftritte – Menschen, die wegen des Techno kommen, denen er aber eine Art Bio-Techno bietet. In die Bässe mischt Eulberg Vogelstimmen und andere Naturgeräusche. Er hält zwischen den Tracks kleine quirlige Referate über die Vogelwelt. Und nach dem Auftritt gehen je nach Tages- oder Nachtzeit schon mal hundert Menschen mit ihm auf Vogel- oder Fledermausexkursion. Sein Markenzeichen auf der Bühne: die Arme wie Flügel auszubreiten. Einen Techno-DJ, der auf seiner Webseite einen Bestimmungsservice für Tierarten anbietet und auf der Webseite eines Musikmagazins seine „10 Lieblings-Naturgeräusche" präsentiert, dürfte es wohl kein zweites Mal geben.

Als DJ bewegt sich Dominik Eulberg in einer Musikwelt, die zugleich hochkommerzialisiert und von einem großen Freiheitsdrang geprägt ist. In die Technoszene Natur hineinzubringen, ist ihm deshalb wichtig: „Natur ist ein Schlüssel zum Glück, sie macht unabhängig von materialistischen Dingen“, sagt er. Eine stärkere Unabhängigkeit vom kapitalistischen Wirtschaftssystem einzuüben, das will er jungen Menschen vermitteln. „Alle Menschen, die sich so mit Natur beschäftigen wie ich, sind sehr in ihrer Mitte, die brauchen kein teures Auto und sonstigen Schnickschnack“, sagt er.

Das Foyer des Fünf-Sterne-Hotels, in dem er logiert, ist zwar ein etwas paradoxer Ort, um dieses Thema zu besprechen, aber Eulberg kann aus dem Stand einen Kurzvortrag darüber halten, wie stark die Vielfalt der Natur geschwunden ist und wie sehr ein rein am Profit orientierter Umgang mit ihr daran schuld ist. Immer wieder spricht er vom „System“, das falsch sei. Naturschutzverbände wie den NABU findet er viel zu zahm und auf Kompromiss bedacht. „Die schonen zum Beispiel die Katzenbesitzer, nur um keine Mitglieder zu verlieren“, sagt er.

Die Kritik hält ihn aber nicht davon ab, mit dem NABU zusammenzuarbeiten. In dessen Webshop und auf seiner eigenen Webseite wird bald ein Vogelquartett im Angebot sein, das Dominik Eulberg „in Hunderten Stunden Arbeit“, wie er sagt, entwickelt hat. Die Idee sei ihm gekommen, als er ein Geschenk für seine Nichte gesucht und kein ordentliches Vogelquartett gefunden habe. Entstanden ist nun eine Sammlung mit 53 Karten, illustriert mit Bildern des bekannten Tiermalers Erich Kramer, dessen Tochter ihm die Nutzungsrechte überlassen habe.

„Mikroorgasmen überall“

Das Quartett, aufwendig von einer befreundeten Familie hergestellt, soll für Kinder funktionieren wie ein Autoquartett, aber über die

Begleittexte auch versierten Ornithologen etwas Neues bieten. Mit den Einnahmen will Eulberg im Westerwald Land kaufen und Gemeinden als Naturschutzflächen schenken. Von einem „Biotopverbund Westerwälder Seenplatte“ träumt er, inspiriert von den Arbeiten des Ornithologen Peter Berthold zur Regeneration von Naturflächen. „Wenn man es richtig macht und auch pflegend eingreift, kann sich Biodiversität innerhalb von Jahren wieder erholen“, sagt Eulberg.

40 Jahre ist Dominik Eulberg alt, wirkt aber jünger. Zur eigenen Regeneration reist er viel zu Hotspots der Vogelbeobachtung. Gerade erst war er auf der Nordseeinsel Texel, wo er einen Irrgast, den Gelbbrauenlaubsänger, sowie Spornammern und Prachteiderenten beobachten konnte.

Nach einer Stunde Gespräch ist klar: Der Mann, der da in seinem grauen Kapuzenpullover in einer tiefen Couch im Foyer des Hotels Hilton am Gendarmenmarkt in Berlin sitzt und ein sündhaft teures Mineralwasser trinkt, ist von einer unbändigen Leidenschaft getrieben. Er schreibe gerade an einem Buch, das in einem renommierten Verlag erscheinen werde. Titel: „Mikroorgasmen überall“. „Da geht es darum, dass es überall Wunder zu entdecken gibt“, sagt Eulberg, „man muss nur hinschauen.“

WIE EIN BAUER SEIN HERZ AN VOGELFEDERN VERLOR

DIE SPÄTE LEIDENSCHAFT EINES SELF-MADE-ORNITHOLOGEN.

Von Markus Hofmann

Toni Masafret ist ein Amateur im besten Sinne des Wortes. Er hat in seiner Freizeit eine Leidenschaft so weit getrieben, dass er fachliche Auseinandersetzungen mit Professoren nicht scheuen muss. Er ist selber zu einem gefragten Fachmann geworden. Zu einem Fachmann für Vogelfedern.

Wer sich in Zürich und Umgebung etwas intensiver mit Ornithologie beschäftigt, lernt Toni Masafret früher oder später kennen. Vor rund zwölf Jahren hielt er vor Hobbyornithologen seinen ersten Vortrag über Federn. Nun gehört sein Auftritt zum festen Programm der Feldornithologie-Kurse, die der örtliche Vogelschutzverein Birdlife Zürich regelmäßig anbietet. Dort erklärt Masafret, wie sich Vogelfedern aus Federkeimzellen entwickeln, erläutert ihren Aufbau in Federkiel, -fahne, -ästen und -strahlen, macht auf die Unterschiede von Schwung-, Steuer- und Deckfedern aufmerksam und zeigt, woran man die Feder einer Eule oder eines Spechts erkennen kann. Vor allem aber verblüfft er mit seiner eigenen Federsammlung. In Aktenordnern verstaut finden sich Hunderte von DIN-A4-großen Bögen, auf denen Masafret das Federkleid verschiedenster Vogelarten fein säuberlich aufgeklebt hat, beschriftet mit Artnamen, Federnart sowie Fundort und -datum.

Wie viele Vogelarten seine Federsammlung umfasst, weiß Masafret nicht genau; er schätzt, dass es etwa 300 sind. Anders als in Deutschland ist es in der Schweiz nicht verboten, ohne Genehmigung Federn von Wildvögeln zu sammeln. „Mir geht es nicht darum, möglichst viele zu haben“, sagt Masafret. Er wolle qualitativ gute Federn und möglichst alle Federtypen einer Art in seiner Sammlung haben. Wenn er seine Ordner nicht gerade anderen Ornithologen zeigt, sind sie in einem unauffälligen Büroschrank in seiner Wohnung in der Nähe Zürichs untergebracht.

Begegnung mit einem unglaublich schönen Vogel

Manches naturhistorische Museum wäre stolz, über eine solche Sammlung zu verfügen. Und jeder, der sie sieht, würde angesichts ihres Umfangs sofort vermuten, dass sie ein Lebenswerk darstellt, von Kindheit an zusammengetragen. Doch der Eindruck täuscht: Der 67-Jährige ist ein Spätberufener.

Masafret wuchs in der Stadt Zürich auf. Dort stellte die Familie im Winter ein Vogelhäuschen in den Garten. Weitere ornithologische Anregungen gab es nicht. Viel mehr als für Vögel interessierte sich Masafret für den Sport, vor allem für das Klettern und Bergsteigen. Von daher rührt bis heute seine Liebe zum Alpenschneehuhn. Dazu später mehr. Nach der Schule absolvierte er eine Ausbildung zum Elektromonteur. Da das nicht sein Wunschberuf war, bildete er sich zum Heilpädagogen weiter. Zur entscheidenden Wende in seinem Leben führte dann allerdings die Liebe. Masafret heiratete eine Frau, die einen Bauernhof in Samstagern besass, einer kleinen Gemeinde im Kanton Zürich.

Und so wurde aus dem Elektromonteur und Heilpädagogen ein Bauer – und Naturliebhaber. Er begann als einer der ersten seiner

Alpenschneehuhn

Gemeinde, Bioanbau zu betreiben. Wo andere Landwirte alles, was das reibungslose Durchkommen der Traktoren behinderte, dem Erdboden gleichmachten, pflanzte er Hecken und musste sich dafür den Spott seiner Kollegen anhören. Doch er ließ sich nicht beirren. Vielmehr freute er sich später darüber, dass Vögel wie der Neuntöter auf seinem Betrieb wieder neuen Lebensraum fanden und zurückkehrten.

Eines Tages sah Masafret während der Arbeit in einer Hecke einen „unglaublich schönen Vogel“. Gelb und grün leuchtete er. Der müsse extrem selten sein, dachte Masafret. Er eilte ins Haus, um die Art im Bestimmungsbuch nachzuschlagen. Und war enttäuscht und fasziniert zugleich: Es hatte einen Grünfinken gesehen. Doch gerade dieser alles andere als seltene Vogel öffnete ihm wie auf einen Schlag die Augen für die Vogelwelt. Er erkannte: Das Schöne und exotisch Erscheinende liegt vor der eigenen Tür, ja, es lebt gar auf dem eigenen Betrieb. Masafret begann, Feldornithologie-Kurse zu besuchen; bald leitete er selber Vogelexkursionen. „Es gab Tage“, sagt er, „da stand ich um drei Uhr morgens im Stall, führte anschließend eine Exkursion, kehrte am Nachmittag zurück, um zu heuen und bis in die Nacht im Stall weiterzuarbeiten.“

Skepsis gegenüber handelsüblichen Federbüchern

Während seiner ersten Ornithologie-Kurse begann Masafret, sich für Federn zu begeistern. Er war gerade mit einer Gruppe von Vogelbeobachtern unterwegs, als jemand eine Feder am Boden entdeckte.

Die Exkursionleiterin konnte nicht sagen, von welchem Vogel sie stammte (es war die Schwanzfeder eines Kleibers, wie sich später herausstellte). „Ich war entsetzt, dass sie das nicht wusste“, sagt Masafret. Federn, erkannte er, interessierten Ornithologen anscheinend nur, solange sie sich noch am Körper des lebenden Vogels befanden. Masafret aber nahm sich vor, sie en détail zu betrachten, sich in die Federkunde einzuarbeiten. Und er tat es gründlich.

Masafret rang sich jede freie Stunde neben der Arbeit auf dem Bauernbetrieb ab, um Federn zu studieren. Er besorgte sich Feder-Bestimmungsbücher und stellte immer häufiger fest, dass sie fehlerhaft waren. „Die handelsüblichen Führer kann ich eigentlich nicht mit gutem Gewissen empfehlen“, sagt Masafret. Sie seien lückenhaft. Oft fehlten Abbildungen genau derjenigen Federn, die man gerade gefunden hat und nun bestimmen will. Masafret macht die Autoren auf die Fehler aufmerksam, diese versprechen, sie in den neuen Auflagen zu korrigieren.

Ende dieses Jahres soll nun bei „Federführer Publishers“ ein – englischsprachiges – Buch erscheinen, das seinen Anforderungen entspricht: Es führt sämtliche Federn sämtlicher Vogelarten Mitteleuropas auf. Die beiden Autoren, Wilfried Hansen und Jürgen Synatzschke, haben bereits ein Grundlagenwerk zu den Steuerfedern der Vögel Mitteleuropas verfasst. Dieses und das neue Buch taugen allerdings nicht für die Westentasche: Es sind schwere Wälzer, mit denen man gefundene Federn in Ruhe zu Hause studieren und bestimmen kann.

Zu dem neuen Federnführer der beiden Autoren hat auch Masafret beigetragen, und zwar im Kapitel über das Alpenschneehuhn. Im Winter weiß, im Sommer braun-gescheckt, ist dieses Huhn der Lieblingsvogel Masafrets. Dessen Federn hat er so genau studiert, dass er in einen Fachstreit mit einem Ornithologen des Islandic Institute of Natural History geriet, einem Forschungs-Hotspot für

Schneehühner. Das Objekt des Disputs sind zwei Schwanzfedern. Gehören sie zu den Steuerfedern oder den Oberschwanzdecken? Und: Sind sie weiß oder farbig?

Sechs Wochen war Masafret in Island, durfte Hunderte von Schneehuhn-Bälgen des Instituts untersuchen und ging selber auf die Suche nach Kadavern. „Anders als in der Schweiz, wo man in den Bergen nur ganz selten auf ein totes Schneehuhn trifft – die Füchse sind schneller als die Wanderer –, liegen die in Island fast vor der Haustüre", schwärmt er. Für ihn ist die Sache klar: Bei den beiden Federn handelt es sich um Steuerfedern, und sie sind farbig. Doch den isländischen Professor konnte er davon (noch) nicht überzeugen. „Manchmal frage ich mich schon, wie Wissenschaft funktioniert. Ich habe doch Belege für meine These", seufzt Masafret etwas genervt.

Vogelbeobachter schauen nach oben, Federn findet man unten

Neben Island gehört Spanien zu seinen bevorzugten Reiseländern. Regelmäßig fährt er in die Extremadura, wo er nicht nur Exkursionen leitet, sondern auch das Umweltbildungszentrum AMUS (Acción por el Mundo Salvaje) besucht und unterstützt. Zu diesem Zentrum gehört ein Spital für verletzte Wildvögel. Ein Vogelspital ist eine wahre Schatztruhe für einen Federnsammler, denn nicht alle gefiederten Patienten überleben. „Da kommt man zu Federn, die man sonst kaum findet, etwa von Großtrappen", sagt Masafret. Die Betreiber der Vogelschutzstation frieren die verendeten Vögel ein, damit er sie bei seinem Besuch rupfen kann. Von einer Reise hat er 3000 Federn mitgebracht, darunter viele von Greifvögeln. Gemäß dem Washingtoner Artenschutzabkommen benötigte er dafür eine Einfuhrgenehmigung. Anderthalb Jahre dauerte es, bis er sie in der Tasche hatte.

Doch wo findet man Federn, wenn man keinen privilegierten Zugriff auf die Wildvogelkadaver eines Tierspitals hat? „Ornithologen schauen ja meistens nach oben", sagt Masafret, „Die Federn findet man aber am Boden." Wenn man einmal damit begonnen habe, auf Federn zu achten, entdecke man sie plötzlich überall, das sei wie beim Sammeln von Pilzen: „Ich komme von jedem Spaziergang mit Federn nach Hause." Ideal sei es, wenn man an eine Rupfung gerät, wo sich etwa ein Habicht an einem Vogel gütlich getan hat.

Nach dem Fund beginnt die Arbeit, viel Arbeit: Die Federn müssen einzeln gewaschen, präpariert und dann bestimmt werden. „Viele Kisten voller Federn warten noch darauf, an die Hand genommen zu werden", sagt Masafret. Wie die aus Indien, einem seiner letzten Reiseziele. Er holt sie aus seinem Büro und verteilt den Inhalt auf dem Tisch. Grün, gelb, blau, weiß, schwarz: In allen möglichen Farben und Schattierungen schillern die Federn. Auch wenn man sich nicht derart in die Details der Federnkunde vergraben will wie Masafret: Spätestens wenn man diesem Mann einmal begegnet ist, kann man sich der Schönheit der Federn nicht mehr entziehen.

NACHWUCHS, AN DIE SPEKTIVE!

BEIM „YOUNG BIRDERS CLUB“ IN HAMBURG KANN MAN ERLEBEN, WIE LEICHT SICH JUGENDLICHE FÜRS VOGELBEOBACHTEN BEGEISTERN LASSEN.

Von Johanna Romberg

Janna, 14, hat vor drei Jahren ihr erstes Fernglas bekommen. Das Beobachten und Bestimmen hat sie unter anderem an den Pfauen im Tierpark Hagenbeck geübt, aber auch an den Kohl- und Blaumeisen in ihrem Garten in Hamburg-Altona. Heute umfasst ihre Beobachtungsliste bereits über 300 einheimische Arten; Nummer 301 war eine Sperbergrasmücke, die sie vergangenen Sommer auf Helgoland gesichtet hat.

Lennart, 13, radelt nach der Schule zwei- bis dreimal die Woche zum Jenischpark an der Elbe, um zu gucken, was da gerade so herumfliegt. Seine Beobachtungen dokumentiert er mit der Kamera; Das vergangene Jahr über hat er sein Taschengeld gespart, um sich ein 600-mm-Teleobjektiv zu kaufen.

Fabian, 15, hat mit vier Jahren die ersten Gimpel im Garten seines Elternhauses gesichtet, mit fünf ist er zum ersten Mal mit seinen Großeltern auf Vogelexkursion gegangen. Weil die lange vergebens versucht haben, ihr ornithologisches Interesse an die nächste Generation weitergeben, versucht jetzt Fabian, seine Eltern für die Vogelwelt zu begeistern.

Janna, Lennart, Fabian und noch einige andere habe ich vor ein paar Wochen in Hamburg getroffen, bei einer Exkursion des „Young Birders Club“ (YBC). So heißt eine Gruppe, die Mitarbeiter der Carl-Zeiss-Vogelstation vor drei Jahren gegründet haben. Das Beobachtungs- und Informationszentrum in der Wedeler Marsch ist eine der beliebtesten Anlaufstellen für Natur- und Vogelfreunde in der Hansestadt. Sie wird vom Naturschutzbund NABU betrieben, zu dessen Jugendorganisation NAJU auch der *Young Birders Club* gehört. Dieser steht allen Menschen offen, die zwei Voraussetzungen mitbringen: Interesse an der Vogelwelt und Alter zwischen zwölf und 21 Jahren.

Online mit der Natur

Die Mitglieder des YBC – zurzeit sind es etwa 20 – treffen sich alle paar Wochen zu gemeinsamen Exkursionen in Hamburg und Umgebung. So haben sie zum Beispiel die Elbinsel Kaltehofe im nördlichen Teil des Hafens erkundet, die zum Teil unter Naturschutz steht und ein großartiges Revier für *Urban Birding* ist. Es gibt dort, unter anderem, gut zwei Dutzend Wasservogelarten zu sehen, die vor allem im Winter auf den Filterbecken eines stillgelegten Wasserwerks rasten, aber auch viele interessante, nicht alltägliche Singvögel wie Birkenzeisig, Sommergoldhähnchen und Rohrammer.

Ich war aber vor allem mitgekommen, um einige der Clubmitglieder selbst kennenzulernen. Schließlich gehören diese zu einer Spezies von Beobachtern, die in Deutschland viel zu selten ist – das jedenfalls höre ich immer wieder von Vogelfreunden meiner Altersklasse. Also den überwiegend grauhaarigen Menschen mit jahrzehntelanger Beobachtungserfahrung, die gern darüber klagen, dass die jungen Leute von heute nur vor ihren Smartphones hängen und sich kaum noch für Natur und Vogelkunde interessieren.

In diese Klagen habe auch ich schon oft eingestimmt. Aber nach der Begegnung mit den *Young Birders* bin ich mir nicht mehr so sicher, ob sie wirklich zutreffen.

Der nachhaltigste Eindruck, den der Ausflug nach Kaltehofe bei mir hinterlassen hat: Ich sollte dringend öfter rausgehen und mein Beobachtungshandwerk wieder trainieren. Was das Entdecken von Flugobjekten und das schnelle Erfassen ihrer Kennzeichen angeht, sind mir Janna und ihre Kollegen schon jetzt eindeutig über. Das zeigte sich bereits nach den ersten 200 Metern unserer Wanderung.

Sperbergrasmücke

Wir sind an einer Kreuzung stehengeblieben, um drei Kraniche zu betrachten, die von Südwesten her geflogen kommen. Während ich der Formation noch hinterher sehe, haben die anderen bereits die kleine Grünanlage neben der Straße ins Visier genommen. In den folgenden knapp zwei Minuten geht es Schlag auf Schlag.

„Blaumeisen, zwei, in dem Baum gleich hier vorne."

„Kohlmeise auch, da drüben."

„Noch eine, fliegt gerade weg."

„Rotkehlchen singt! Und da hinten sitzt ein Mäusebussard."

„Baumläufer! An dem Stamm gleich links davon."

„Welcher Baumläufer denn?"

„Warte mal – müsste Garten- sein. Die Flanken sehen so schmutzig-beige aus, beim Waldbaumläufer sind sie heller, und die Striche auf dem Mantel sind auch klarer gezeichnet."

Entspannter Job für die Exkursionsleiter

Es ist Sören, der das erklärt, während ich noch versuche, den Vogel überhaupt erst ins Sehfeld meines Fernglases zu bekommen. Sören, der mit 22 schon zu den Veteranen des YCB zählt, führt Buch über die Beobachtungen entlang der Route – Arten ebenso wie Zahl der gesichteten Vögel. Die Liste wird er später bei der Plattform „ornitho.de" eingeben. Weil er solche Listen regelmäßig anlegt (er beobachtet natürlich auch für sich allein) hat er sein eigenes Kürzelsystem für Artnamen entwickelt. Auf seiner *„life list"* aller bisher gesichteten heimischen Wildvögel hat er, ebenso wie Janna, kürzlich die 300er-Marke geknackt.

Nach dem ersten Kilometer sind bereits zwei Dutzend weitere Sichtungen in Sörens Oktavheft verzeichnet, darunter zwei Buchfinken (weiblich), ein singender Zaunkönig („der Feind aller Kartierer, wenn einer direkt neben dir sitzt, hörst du nix anderes mehr"), noch ein Rotkehlchen, eine Elster, 31 Silber-, über 100 Lachmöwen und weit über 500 Brandgänse. Diese und die Möwen rasten in dem Hafenbecken an der Nordostseite der Insel. Der „Holzhafen", benannt nach seiner früheren Funktion, fällt bei Ebbe teilweise trocken; so entsteht Süßwasserwatt, ein extrem seltener, wertvoller Lebensraum für Wasservögel. „Dieses hier ist das zweitgrößte in Hamburg nach dem Mühlenberger Loch", erklärt Marco Sommerfeld, einer der beiden Gruppenleiter. „Hier rasten Reiherenten, Krickenten, Löffelenten, manchmal auch Zwergsäger, aber die kommen meist erst Ende des Jahres. Und seht ihr den grauen Kasten am Turm des Kraftwerks Tiefstack am anderen Ufer? Der wurde eigentlich für Wanderfalken aufgehängt, aber zurzeit nutzt ihn ein Turmfalkenpaar."

Marco und Christian – beim YBC sind alle, auch Gäste, per Du – haben auf dieser Tour einen vergleichsweise entspannten Job. Normalerweise sind Leiter von Vogelexkursionen vollauf damit beschäftigt, weniger geübten Teilnehmern beim Aufspüren und Bestimmen von Flugobjekten zu helfen („Dritter Zaunpfahl von links, die Eiche dahinter: Auf vier Uhr von der Baumspitze sitzt eine Goldammer!"). Bei den *Young Birders* können sie sich solche Erklärungen jedoch sparen, die finden die Goldhähnchen, Birkenzeisige und Schwanzmeisen im Ufergebüsch allein. Christian beschränkt sich auf ein paar ergänzende Hinweise: „Schaut den Meisentrupp da vorn genau an – es kann immer mal ein Laubsänger dazwischen sein. Und versucht, die Schwanzmeisen präzise zu bestimmen: Die mit den weißen Köpfen könnten zur Unterart *caudatus caudatus* gehören, die in Nord- und Osteuropa vorkommt, womöglich sind es aber auch Hybride mit der Unterart *caudatus europaeus*."

50 Arten in drei Stunden

Christian Wegst, studierter Biologe, ist Lehrer und seit vielen Jahren passionierter Vogelgucker; Marco Sommerfeld, Diplom-Landschaftsökologe, leitet seit 2005 die Carl-Zeiss-Vogelstation. Beide kennen natürlich die chronischen Klagen über das schwindende Interesse Jugendlicher an Natur und Vogelkunde. Und beide halten diese Klagen, aufgrund eigener Erfahrungen, für übertrieben. „An der Carl-Zeiss-Station verzeichnen wir seit vielen Jahren konstanten Zulauf von Besuchern aller Generationen", sagt Marco. „Darunter sind auch immer wieder Jugendliche mit guten ornithologischen Vorkenntnissen." Bei manchen liegt der „Vogeltick" in der Familie, wie bei Fabian und Lennart, den sein Großvater schon mit fünf zur Vogelwarte Hamburg mitgenommen hat. Aber es gibt auch solche, die ganz von allein auf die Vogelwelt aufmerksam geworden sind, wie etwa Janna: „Ich hab' mich schon als kleines Kind für Tiere interessiert, gerne Tierbücher angeguckt. Und die Vögel fand ich einfach am schönsten."

Wenn man den *Young Birders* länger zuhört, kann man den Eindruck gewinnen, dass das Vogelbeobachten für Jugendliche eigentlich das nächstliegende, natürlichste Hobby überhaupt ist. Was es ja auch ist, beziehungsweise sein könnte – wären da nicht die Faktoren, die vielen Heranwachsenden die Neugier auf ihre lebendige Umwelt austreiben: überängstliche, naturentfremdete Eltern, Biologielehrer, die ihr Fach nur in geschlossenen Räumen unterrichten, Straßenbauer, Stadtplaner und die flächendeckende Intensivlandwirtschaft, die alle dazu beitragen, dass Kinder in ihrer Umgebung immer weniger Natur und wilde Ecken zum Erkunden vorfinden. „Diejenigen, die trotz allem die Vögel für sich entdecken, haben häufig ein zusätzliches Problem", sagt Marco Sommerfeld: Sie bleiben beim Beobachten meist allein, weil es für sie keine gezielten Angebote gibt. NAJU-Gruppen sprechen eher allgemein Naturinteressierte an – etwa mit Projekten zu Moorrenaturierung, Streuobstwiesenpflege oder Demos gegen die Agrarindustrie. Bei speziell vogelkundlichen Exkursionen dagegen dominiert immer noch die Altersklasse Ü 40; Jugendliche fühlen sich dabei schnell als Exoten.

Damit sie das nicht bleiben, hat Marco vor dreieinhalb Jahren begonnen, Stationsbesucher ab zwölf Jahren gezielt anzusprechen und zu Exkursionen einzuladen. Das Mindestalter hat seinen Sinn: Der YCB soll kein Kinderprogramm sein, sondern konzentriertes Beobachten ermöglichen und fundierte Kenntnisse vermitteln. Dabei sind aber auch Anfänger willkommen, die gerade ihr erstes Fernglas erworben oder geliehen haben und noch daran arbeiten, sich die Merkmale gängiger Stadt- und Gartenarten einzuprägen.

Brandgans

Am Ende der rund dreistündigen Exkursion rund um Kaltehofe stehen auf Sörens Liste 50 verschiedene Arten – insgesamt 2661 Vögel. Zu den

581 Brandgänsen im Holzhafen sind noch 805 Krick-, 419 Reiher- und 139 Schnatterenten auf den inseleigenen Filterbecken gekommen; die Lachmöwen haben sich auf 378 summiert.

Bislang ist der Young Birders Club in Deutschland eine Ausnahmeerscheinung. Aber das könnte sich ändern.

ERFORSCHEN UND ENTDECKEN

WEISSSTORCH AN RAUMSTATION: ICH FLIEG' NACH SÜDEN!

WISSENSCHAFTLER WOLLEN ZUGVÖGEL UND IHR VERHALTEN KÜNFTIG AUS DEM WELTALL BEOBACHTEN.

Von Claudia Ruby

Wenn Alexander Gerst zur Internationalen Raumstation ISS aufbricht, ist die Playlist, die Gerst dabei hat, in den vielen Medienberichten genauso Thema wie das Mainzelmännchen, das mit ins All reisen wird. Was kaum jemand weiß: Diese Mission kann auch für die Erforschung der Vogelwelt eine neue Ära einleiten. Mit im Gepäck sind nämlich die Empfangsantennen von „Icarus", einem internationalen Projekt, mit dem Wissenschaftler die Geheimnisse wandernder Tierarten entschlüsseln wollen.

„Durch die Beobachtung der Tiere wollen wir das Leben auf der Erde besser verstehen", sagt Projektleiter Martin Wikelski vom Max-Planck-Institut für Ornithologie, „so, wie es sich auch Humboldt vor 200 Jahren vorgestellt hat." Der Erkenntnisdrang der Forscher ist ungebrochen, nur die Möglichkeiten unterscheiden sich heute fundamental von denen, die Alexander von Humboldt zur Verfügung hatte.

Während die Naturforscher früherer Zeiten zu Fuß und mit der Piroge in den Urwald vordrangen, wollen ihre Nachfolger Tiere aus dem All beobachten. Für die russischen Kosmonauten Oleg Artemyev und Sergei Prokopiev ist auch das mit einem Abenteuer verbunden: Ein Space Walk steht bevor. Eingepackt in dicke Weltraumanzüge werden die beiden die Antennen, die Gerst jetzt mitbringt, an die Außenseite der ISS montieren. Fünf Stunden soll der Weltraumspaziergang dauern, jeden Handgriff haben die Kosmonauten zuvor auf der Erde geübt.

Wenn danach die ersten Signale auf der Erde eintreffen, ist Martin Wikelski seinem großen Ziel ein gutes Stück näher. Die Antennen im Weltraum können die Daten von bis zu 15 Millionen Sendern empfangen: von Amseln in Deutschland, Pavianen in Afrika, Ziegen am Ätna, Walen im Pazifik oder kleinen Watvögeln vor der chinesischen Küste. In der Anfangszeit werden es nicht Millionen Tiere sein, die ausgestattet mit Sendern durch die Gegend fliegen, schwimmen, hüpfen und laufen. Doch mehr als 150 unterschiedliche Projekte warten bereits darauf, dass das System endlich in Betrieb geht. Im Laufe der kommenden fünf Jahre sollen Tausende Tiere mit kleinen Sendern ausgestattet werden.

Der Amsel auf der Spur

Eines der ersten ornithologischen Projekte wird sich mit der Amsel beschäftigen, einem der häufigsten Brutvögel in Europa. Die Amsel ist bestens erforscht, doch auch bei ihr gibt es noch offene Fragen: Warum zum Beispiel ziehen einige Amseln im Winter nach Südeuropa, während andere in ihrem Brutgebiet bleiben? Wie stark ist das Verhalten genetisch verankert, und wie sehr werden die Tiere beim Zug von den Artgenossen in ihrer Nachbarschaft beeinflusst?

Icarus soll diese Fragen klären. Dazu werden die ersten Amseln in diesem Sommer mit Sendern ausgestattet. Wie einen kleinen

Rucksack bekommen sie die sogenannten „Tags" auf den Rücken geschnallt: Solarpanel, Schaltkreis und eine kleine Antenne – das gesamte Paket wiegt mittlerweile nur noch fünf Gramm. Anders als frühere Modelle kann ein solcher Hightech-Sender nicht nur die Position des Tieres übermitteln. Er scannt zugleich auch die Umwelt, misst Temperatur und Druck, Feuchtigkeit, Beschleunigung und das Erdmagnetfeld. Es ist ein umfangreiches Datenset, das auf dem Umweg über die ISS in den Computern der Forscher landet. „All das wird unser Wissen über die Welt radikal verändern", sagt Wikelski, „die Tiere können unsere Augen und Ohren sein." Die Forscher beobachten die Tiere und die wiederum den Planeten.

Wikelski hofft, dass dieses System in Zukunft auch dabei hilft, Erdbeben und Tsunamis vorherzusagen, Vulkanausbrüche rechtzeitig zu erkennen, genauso wie drohende Dürren oder eine Heuschreckenplage. „Die Schwarmintelligenz von Tausenden Tieren wird uns Daten liefern, die bisher nicht zur Verfügung stehen."

Weißstorch

Ob all diese hochfliegenden Pläne tatsächlich in Erfüllung gehen, weiß derzeit niemand. Der Name Icarus passt daher perfekt zu der Mission – doch er erinnert nicht nur an die griechische Mythologie, es steckt auch eine ganz profane Abkürzung dahinter, nämlich „International Cooperation for Animal Research Using Space".

Gefahren für Zugvögel auf der Spur

Als Martin Wikelski vor über 16 Jahren anfing, an dieser Idee zu arbeiten, erklärten ihn viele für verrückt. „It won't fly", das klappt nicht, das wird nie fliegen, hörte er oft, zum Beispiel von den Experten der Nasa, denen er seine Idee präsentierte. Doch Wikelski gab nicht auf. 2008 kehrte er aus den USA nach Deutschland zurück. Seine Professur an der Princeton-University gab er auf, um sich als Direktor am Max-Planck-Institut für Ornithologie ganz der Erforschung wandernder Tierarten zu widmen. Als Anfang diesen Jahres die Rakete mit den Icarus-Antennen an Bord vom russischen Weltraumbahnhof Baikonur abhob, stand für Wikelski fest: Icarus fliegt tatsächlich. „It flew."

Wie gut Icarus „fliegt", ob das System zum Beispiel helfen kann, Heuschreckenplagen oder Tsunamis vorherzusagen, ist völlig offen, aber die Ornithologie wird es wohl tatsächlich in eine neue Phase katapultieren. Über kaum eine Tiergruppe wissen wir so gut Bescheid wie über die Vogelwelt. Seit Hunderten von Jahren beobachten Menschen Vögel, um das Jahr 1900 nahm die wissenschaftliche Erforschung des Vogelzugs durch die Beringung enorm an Fahrt auf.

Doch je mehr Wissen die Ornithologen anhäuften, umso deutlicher wurden auch die Wissenslücken. Meist wissen wir, wo die Vögel brüten und ihre Jungen aufziehen, manchmal kennen wir auch ihr Winterquartier. Was aber dazwischen geschieht, ist in vielen Fällen völlig unbekannt. „Die Zahl der Zugvögel geht weltweit dramatisch zurück, nur wenn wir mehr über die Lebensweise der Tiere wissen, können wir sinnvolle Schutzmaßnahmen ergreifen", sagt Wikelski.

Die Wissenslücken sind groß

Wo legen Zugvögel Zwischenstationen ein? Welche Raststätten brauchen sie, um sich neue Energiereserven anzufressen? „Hier gibt es noch riesige Wissenslücken", sagt Wikelski. Ein extremes Beispiel ist der Löffelstrandläufer, ein kleiner Watvogel, der auf der Tschuktschen-Halbinsel in Ostsibirien brütet. Zum Überwintern ziehen die Vögel die Pazifikküste entlang nach Südostasien. Wo genau sie rasten und sogar wo sie überwintern, ist weitgehend unbekannt. Mittlerweile sind die ersten Forschungsprojekte angelaufen, denn der ohnehin seltene Vogel ist akut vom Aussterben bedroht. Vor allem entlang der chinesischen Küste werden immer mehr Flächen eingedeicht, ein Problem nicht nur für den Löffelstrandläufer, sondern auch für viele andere Watvögel, die von Australien oder Neuseeland aus zum Brüten in die Arktis ziehen.

Trotz dieser Wissenslücken schaut es jenseits der Vogelwelt noch wesentlich schlechter aus: Wo zum Beispiel verbringen kleine Meeresschildkröten ihre ersten Lebensjahre? Welche Routen nehmen Wale, wenn sie zwischen Atlantik und Pazifik hin- und herwandern? Wie und warum wandern Fledermäuse und Insekten? Und wie verändern sich die Wanderungsbewegungen der Tiere im Laufe der Zeit? All diese Fragen kann das neue System beantworten – vorausgesetzt Icarus funktioniert tatsächlich.

Seit Wissenschaftler vor einigen Jahren angefangen haben, Vögel mit Sendern auszustatten, ist das Wissen über die Zugwege enorm gewachsen. „Beinahe jedes Mal erleben wir neue Überraschungen", erzählt Wikelski und berichtet von einem Storch, der den Wegzug im Spätsommer verpasste und dann auf einem landwirtschaftlichen Betrieb in Europa überwinterte. Doch der Vogel wurde durch diese Erfahrung keineswegs zum Haustier, im nächsten Jahr startete er wie alle anderen nach Afrika und verbrachte den Winter im Tschad. All diese Beobachtungen fließen bereits heute in eine globale Datenbank ein, in die „Movebank". Nach Inbetriebnahme sollen dann die Icarus-Daten dazu kommen.

Wenn der Space Walk erfolgreich verläuft, beginnt eine etwa zweimonatige Testphase. Martin Wikelski hofft, dass in den nächsten zehn Jahren Hunderttausende von Tieren mit Sendern ausgestattet werden: nicht nur Vögel, sondern auch Fische und Wale, Ziegen und Schafe – und irgendwann auch Insekten. Dafür jedoch müssen die Sender noch einmal ein ganzes Stück kleiner und leichter werden.

GUTE SÄNGER SIND SCHLAUER – ODER NICHT?

WIE DER BIOLOGE STEPHEN NOWICKI SEINE LIEBLINGSTHEORIE BEERDIGTE UND DAMIT ZEIGTE, WAS WISSENSCHAFT IST.

Von Joachim Budde

„Es ist schwierig, etwas aufzugeben, was man liebt", sagt der Biologe Stephen Nowicki. Was er geliebt hat, war eine Theorie, an der er jahrelang gearbeitet hatte. Es geht dabei um unscheinbare kleine braune Vögel, die der Ornithologe in seinem fensterlosen Labor im Keller des Biologiegebäudes an der Duke University in Durham, North Carolina, hält und um die große Frage, was bei Vögeln die Weibchen dazu bringt, sich ganz bestimmte Männchen auszusuchen.

Auf den ersten Blick sehen Singammern (*Melospiza melodia*) ein bisschen aus wie europäische Sperlinge. Sie kommen überall in Nordamerika häufig vor. Die Tiere hopsen an diesem Tag in den kleinen Käfigen herum. „Sie sind gar nicht sonderlich aufgeregt", sagt Stephen Nowicki, „Auch draußen in freier Wildbahn sind sie sehr aktiv." Die Wahl fiel nicht zufällig auf diese Tiere, sagt der hochgewachsene etwas schlaksige Mann mit kurzen weißen Haaren: „Singammern lassen sich gut in Gefangenschaft halten."

Dass die Käfige hier im Labor sehr klein ausfallen, hat einen Grund. „Wie viele Singvögel sind auch die Singammern absolute

Einzelgänger", sagt Nowicki. Sie verteidigen ihre Reviere unglaublich aggressiv. „Hätten wir zwei Ammern in einem Raum dieser Größe, wäre eine von ihnen am nächsten Morgen tot." Darum müssen die Forscher sie einzeln halten. Fachkollegen haben zudem festgestellt, dass Vögel in diesen kleinen Käfigen einen niedrigeren Spiegel eines Stresshormons hätten als Artgenossen in Freiheit. „Sie kennen ihre Grenzen, wissen, was ihnen gehört, und haben keine Konkurrenz."

Nowicki holte Singammern ins Labor

Jahrelang hat Stephen Nowicki an den Singammern geforscht. Dazu haben seine Kollegen und er zwei oder drei Tage alte Singammer-Küken ins Labor geholt und großgezogen. Das war sehr aufwendig, denn zu Anfang mussten sie die Küken alle halbe Stunde füttern. Doch das gab ihm volle Kontrolle über einen Aspekt, der für seine Forschung absolut wichtig ist: „So können wir kontrollieren, welchen Vogelgesang die Tiere zu hören bekommen, und genau messen, wie gut sie diesen Gesang lernen."

Manche der Singammern können kompliziertere Melodien lernen, andere einfachere. Beobachtungen haben gezeigt: Die Weibchen bevorzugen bei der Partnerwahl die Männchen, die besser singen können. Stephen Nowicki wollte wissen, warum das so ist. Vor 20 Jahren stellte er die Theorie auf: Um besser den Gesang erlernen zu können, mussten die Singammern ein leistungsfähigeres Gehirn entwickeln. Und ein Gehirn, das gut Melodien verarbeiten kann, ist auch auf anderen Gebieten überlegen.

„Unser Argument lautete: Wenn ein Weibchen den Gesang beurteilt, bewertet sie in Wirklichkeit, wie lernfähig das Männchen ist", sagt Stephen Nowicki, „sie ermittelt seine kognitiven Fähigkeiten – oder einfach gesagt: Wie schlau er ist". Der Theorie zufolge sind für Weibchen schlaue Männchen die besseren Partner, weil sie die besseren Väter sind, bessere Nistplätze und mehr Futter finden, also allgemein bessere Gene mitbringen.

Das machte die Theorie so charmant. „Darum sind wir überhaupt darauf gekommen“, erinnert Stephen Nowicki sich, „Es ist so schön einfach – allein deshalb mögen so viele Leute die Idee.“

„Wir lagen völlig falsch“

Um die Theorie zu untermauern, stellten die Vogelforscher den Vögeln eine ganze Reihe von Aufgaben. Jeden Sommer fingen sie Singammern und die nahe verwandten Sumpfammern, brachten sie für ein paar Wochen ins Labor und stellten ihnen alle möglichen Aufgaben. Der Hintergrund: Bei Menschen und auch bei Mäusen haben Studien gezeigt, dass die Fähigkeit, eine Art Rätsel zu lösen, darauf schließen läßt, dass man sich auch bei vielen anderen Rätseln leichter tut. „Beim Menschen und bei den Mäusen hängen die geistigen Fähigkeiten miteinander zusammen, sie sind also Anzeichen einer allgemeinen Intelligenz.“

Nowicki aber fand heraus: Bei Vögeln ist das nicht so. „Wir hatten Singammern, die eine Aufgabe großartig lösten und eine andere schrecklich schlecht“, erinnert sich der Biologe. Das konnten sogar ganz ähnliche Aufgaben sein. Und Artgenossen aus derselben Gegend schnitten wieder völlig unterschiedlich ab. Es ist schwierig, die These aufrechtzuerhalten, dass der Gesang etwas darüber aussagt, wie schlau Vögel sind, wenn sich diese Intelligenz gar nicht bei der Bewältigung von Aufgaben widerspiegelt.

Damit nicht genug: Die Vogelforscher wiederholten ihre Tests in mehreren Sommern mit immer denselben Tieren. Und fanden so heraus: „Ihre Leistung im einen Jahr sagte nichts darüber aus, wie sie im nächsten Jahr abschnitten. Darum haben wir letzten Endes, als wir einen wirklich umfangreichen Datensatz hatten, festgestellt: Wir lagen völlig falsch.“

Was macht man mit solchen Daten? In der Schublade verschwinden lassen und nie wieder darüber reden? Stephen Nowicki veröffentlichte seine Ergebnisse in Fachmagazinen. „Ich bin sehr dankbar dafür, dass die Redakteure der Wissenschaftsjournale uns erlaubt haben, die negativen Daten zu veröffentlichen. Es sind gute, überzeugende negative Daten. Aber Sie wissen ja, dass es Befürchtungen gibt, dass Journale lieber Positives veröffentlichen."

„Wenn Du es nicht belegen kannst, musst Du es aufgeben"

Die Hypothese, dass der Gesang der Vögel etwas über die allgemeine Intelligenz aussagt, haben mittlerweile auch andere Gruppen hinterfragt und aufgegeben. Und erst Anfang des Jahres stellte Nowicki seinen Misserfolg auf einer Wissenschaftskonferenz vor. Er habe der nächsten Forschergeneration zeigen wollen, dass das Risiko, das man eingehen kann, wächst, je etablierter man in seinem Fachgebiet ist. Und noch ein Grund: „Ich denke, junge Forscher müssen sehen – so sehr Du etwas liebst, Du musst bereit sein, es aufzugeben, wenn Du es nicht belegen kannst. Und Dir eine neue Liebe suchen."

Stephen Nowicki weiß natürlich, dass er als Professor auf Lebenszeit an einer renommierten Hochschule wie der Duke University in einer komfortablen Lage ist. Und sich so einfach etwas Neues suchen – das ist auch für ihn leichter gesagt als getan: „Ich habe diese Hypothese geliebt", sagt er, „Ich bin immer noch dabei, die Trennung zu verarbeiten."

Gerade erforscht er das Farbsehen, ebenfalls an Singammern. „Vielleicht suche ich darin Trost." Aber er werde sich dem ursprünglichen Problem wieder zuwenden. Schließlich ist die Frage immer noch offen: Was finden Weibchen an Männchen, die besser singen lernen, attraktiv? „Irgendwas muss es sein, sonst träfen sie die Wahl nicht so. Aber wir wissen noch nicht, was es ist."

WIE VÖGEL COOL BLEIBEN UND WIR IHNEN DABEI HELFEN KÖNNEN

VÖGEL KÖNNEN NICHT SCHWITZEN. STATTDESSEN NUTZEN SIE ANDERE TRICKS, UM NICHT ZU ÜBERHITZEN. DABEI KANN MAN SIE ABER AUCH UNTERSTÜTZEN.

Von Anne Preger

Ein Platz im Schatten, etwas zu trinken, sich möglichst wenig bewegen und zwischendurch baden – das ist für viele Vögel und Menschen eine gute Strategie bei Hitze. Vögel haben wie wir eine relativ konstante Körpertemperatur. Dabei sind sie im Vergleich zu Säugetieren geradezu „heißblütig", ihr Körper ist normalerweise meist um die 40 Grad Celsius warm. Das hängt mit einem schnellen Stoffwechsel zusammen, der den Vögeln auch das Fliegen ermöglicht.

Es gibt Vogelarten, die über kurze Zeit sogar mit einer Lufttemperatur von knapp 60 Grad Celsius zurechtkommen, sofern sie genug zu trinken haben. Das haben Forschende aus New Mexico bei zwei Taubenarten aus der Sonorawüste festgestellt. Doch so eine große Hitzetoleranz ist die Ausnahme. Besonders wenn Vögel aktiv sind, müssen sie darauf achten, nicht zu überhitzen. Und das Risiko besteht im Sommer in unseren Breiten durchaus, denn auch bei uns steigen im Sonnenschein die Temperaturen schnell über 40 Grad Celsius. Spätestens dann müssen Vögel darauf achten, sich immer wieder runter zu kühlen.

Besonderen Strapazen sind Vögel auch auf dem Zug ausgesetzt. Anders als Singvögel ziehen etwa Störche und Greifvögel in der heißesten Zeit des Tages, um die Thermik zum kräftesparenden Flug ausnutzen zu können. Der Preis dafür ist es, viele Stunden ohne Schatten in der sengenden Hitze etwa des Nahen Ostens oder Afrikas zu verbringen.

Um ihre Körpertemperatur konstant zu halten, atmen Vögel bei Hitze schneller. So geben sie überschüssige Wärme an die Umgebung ab. Das ist für Beobachter von außen nicht sichtbar. Doch es gibt auch Arten, die so ähnlich wie Hunde erkennbar hecheln. Bei diesem Kehlsackhecheln vergrößern die Vögel die Oberfläche, mit deren Hilfe sie Wärme abgeben um Rache und Lungen. Diese Strategie nutzen beispielsweise Amseln und Rabenkrähen, aber auch Eulen oder Ohrenscharben. Beim schnellen Atmen und Hecheln verlieren die Tiere viel Flüssigkeit, sie müssen also regelmäßig trinken.

Beine und Füße als Wärmetauscher nutzen

Federn isolieren gut. Das ist im Winter ein Vorteil, aber im Sommer nicht unbedingt, denn so kann überschüssige Körperwärme aktiver

Eiderente

Vögel schlechter aus dem Körper entweichen. Manche Vögel breiten deswegen die Flügel aus, um besser auszukühlen.

Auch Eiderenten mit ihrem legendär isolierenden Eiderdaunenkleid haben nicht nur im Hochsommer ein Hitzeproblem, sondern wie Störche und Greifvögel ebenfalls während des Vogelzugs. Sie fliegen höchstens wenige Stunden am Tag. Denn sie brauchen zwischendurch Pausen zum Abkühlen. Das vermutet ein internationales Forschungsteam. Es hat mit Funksensoren die Körpertemperatur von Eiderenten erfasst. Die Werte schwankten stark zwischen Flug und Pause auf dem Wasser. Die ungefiederten Füße und Beine fungieren bei den Enten als Wärmetauscher, sie werden dann verstärkt durchblutet. Das warme Blut wird durch Wasser abgekühlt. So funktioniert es auch bei anderen Wasser- und Watvögeln.

Der Weißstorch und auch andere Storchen- und Geierarten helfen da aktiv nach und nutzen dafür ihre Ausscheidungen. Sie bespritzen mit dem flüssigen Kot ihre Beine und kühlen sich so über Verdunstung ab. Deswegen erscheinen die roten Weißstorchbeine manchmal so hell.

Es muss aber nicht immer Wasser- oder Kotkühlung sein. Luftkühlung bringt auch schon etwas: Mauersegler verbergen ihre Füße normalerweise beim Fliegen im Gefieder. Doch wenn es sehr warm ist, fliegen sie mit heraushängenden Füßen. Das hat zum Beispiel der Naturfotograf Christian Neumann in Berlin beobachtet. Wer über seinem Balkon regelmäßig Mauersegler sieht, kann ja auch einmal an einem heißen Abend mit dem Fernglas Ausschau halten nach den Mauersegler-Füßen.

Mit dem Schnabel cool bleiben

Auch Hautbereiche im Gesicht von Vögeln können beim Abkühlen helfen. Alternativ geht das außerdem mit dem Schnabel. Diese Anpassung haben in Afrika Südliche Gelbschnabeltokos entwickelt, um nicht in Hitzestress zu kommen. Ein Forschungsteam aus Südafrika hat die Vögel mit Wärmebildkameras beobachtet. Sobald es deutlich wärmer als 30 Grad Celsius wird, erwärmt sich bei den Tokos der Schnabel besonders stark. Das liegt offenbar daran, dass die Vögel in die Adern im Schnabel verstärkt heißes Blut pumpen. So lässt sich überschüssige Wärme gut an die Umgebung abgeben. Der Schnabel dient als Wärmetauscher – so wie bei den Afrikanischen Elefanten die großen Ohren. In Südamerika nutzen Tukane das gleiche Prinzip. Sie haben bezogen auf ihre Körpergröße noch einen deutlich stattlicheren Schnabel als die afrikanischen Tokos. Deswegen ist ihr Wärmetauscher auch deutlich effizienter.

Der größten Hitze ausweichen

Nicht nur im Schatten kann man Hitzestress vermeiden. Manche Vögel steigen einfach in höhere Luftschichten auf, die noch etwas kühler sein können. Vor allem in Wüsten sind manche Vogelarten auch der Hitze wegen eher in der kühleren Nacht aktiv. So macht es auch der äußerst seltene Nachtsittich in Australien, der auch deswegen zwischen 1912 und 1979 überhaupt nicht lebend gesichtet wurde.

Einige Zugvogelarten verbringen gleich die ganze warme Jahreszeit in eher kühleren Gefilden. Allerdings müssen sie sich dabei inzwischen zunehmend auf den Klimawandel einstellen. Für manche Arten wie die Mönchsgrasmücke verkürzen sich dadurch die Zugstrecken. Für andere werden sie länger: Bienenfresser brüten im Sommer inzwischen nicht mehr nur im Mittelmeerraum, sondern auch bei uns oder sogar in Skandinavien. Weil sie südlich der Sahara überwintern, verlängert sich ihr Zugweg um rund 1000 Kilometer. Vor dieser Herausforderung durch die Erderwärmung stehen auch andere Langstreckenzieher.

Erstaunlicherweise brutzeln Vögel manchmal auch absichtlich in der Hitze. Amseln oder Zaunkönige lassen sich beim Sonnenbaden beobachten. Sie nutzen die hohen Temperaturen, um Parasiten in ihrem Gefieder abzutöten.

Das Nest kann zur Hitzefalle werden

Im Sommer kann es unterm Dach besonders heiß werden. Darunter leiden Gebäudebrüter wie Mauersegler, Schwalben oder Haussperlinge. Wird es zu warm, flüchten die Jungvögel zum Teil verfrüht aus dem Nest. Wer hilflosen Vogelnachwuchs findet, sollte zunächst abwarten und beobachten, ob es nicht doch Ästlinge anderer Vogelarten sind, die von den Eltern noch gefüttert werden und keine Hilfe brauchen. Sonst bieten Pflegestationen Rat und Unterstützung. Darüber hinaus geben Vogelschutzverbände wie der LBV Tipps, wie man bei jungen Mauerseglern erste Hilfe leistet.

Wer Mauerseglern für die kommenden Jahre etwas Gutes tun will, kann für sie Spezialnistkästen mit Belüftungsschlitzen aufhängen. Diese hat die Deutsche Gesellschaft für Mauersegler zusammen mit der Justizvollzugsanstalt Heimsheim entwickelt.

Gegen Überhitzung kann es auch helfen, Nistkästen für andere Vogelarten so aufzuhängen, dass sie wenigstens einige Stunden am Tag im Schatten hängen. Den perfekten Ort für einen Nistkasten gibt es allerdings nicht. „Denn auch Kälte, Feuchtigkeit und späte Nachtfröste können dem Vogelnachwuchs im Nest zusetzen," sagt Marius Adrion, Vogelexperte beim NABU-Bundesverband in Berlin.

Übrigens leidet nicht nur der Nachwuchs unter zu großer Wärme. Die Probleme beginnen schon früher: Hitze verschlechtert auch die Qualität von Spermien. Das hat eine Untersuchung aus dem Jahr 2018 an Zebrafinken ergeben. Die Vögel geraten zwar nicht so schnell in Hitzestress und brüten noch bei bis zu 36 Grad Celsius;

doch mehr Spermien waren fehlerhaft, wenn die Vögel mehrere Tage mit 40 Grad Celsius erlebten.

So können wir noch helfen

Wer einen Balkon oder Garten hat, kann Vögeln in der Stadt mit einer Tränke helfen. Das kann auch ein größerer Blumenuntersetzer sein, ein Suppenteller ist eher zu klein. Günstig dafür ist ein Platz im Schatten. „Am besten legt man auch einen Stein in die Tränke. So haben Insekten die Chance, wieder aus dem Wasser zu krabbeln," sagt NABU-Experte Marius Adrion.

Damit die Besucher gesund bleiben, ist es wichtig, auf Hygiene zu achten. Das Wasser sollte täglich gewechselt werden. Die Schale am besten mit klarem, heißem Wasser reinigen. Wer genügend Platz hat, stellt zwei Tränken auf und lässt eine davon immer 24 Stunden lang trocken. So wird die Vogeltränke für die Gäste nicht so leicht zum Umschlagplatz für Krankheitserreger. Wer Katzen in der Nachbarschaft hat, sollte die Tränken erhöht aufstellen oder zumindest so, dass sich eine Katze nicht unbemerkt anpirschen kann.

Auch bei der Gestaltung eines Gartens kann man Vögel in der Sommerhitze bedenken: Beerenreiche Sträucher und Bäume liefern Schatten und Futter. Und ein naturnah gestalteter Teich bietet nicht nur Wasser, sondern auch einen Lebensraum für Insekten und andere Nahrungsquellen.

Bei großer Trockenheit ziehen sich Bodentiere und Insekten zum Teil immer tiefer in den Untergrund zurück. Deswegen wird es für etliche Vogelarten schwieriger, am Boden lebendes Futter zu finden. Wer seinen Garten bewässert, bietet also nicht nur Schatten und Wasser, sondern auch mehr potenzielles Futter. Denn Getreidekörner, Sonnenblumenkerne oder Fettknödel helfen bei Dürre nicht allen Vogelarten. NABU-Vogelexperte Marius Adrion hat auch das Wohl von Vogelarten auf dem Land im Blick und empfiehlt deswegen außerdem: „Vogelfutter sollte grundsätzlich am besten aus der Region und aus biologischem Anbau kommen."

Wer der Vogelwelt in Zeiten von Hitze und Dürre mittel- und langfristig helfen will, sollte klimaschonend leben, um der weiteren Erderwärmung etwas entgegenzusetzen. Denn diese wird nach dem aktuellen Stand der Forschung den Stress für die meisten Vogelarten weltweit noch zusätzlich stark erhöhen.

ALTE VÖGEL LIEFERN NEUES WISSEN

MIT DEM KURATOR TILL TÖPFER HINTER DEN KULISSEN IM BONNER MUSEUM KOENIG.
Von Claudia Ruby

Wer die Vogelsammlung besuchen möchte, biegt vor der afrikanischen Savanne mit ihren Zebras, Elefanten und einer Gruppe Perlhühner links ab und steigt eine breite Marmortreppe hinauf in den ersten Stock. Durch eine Holztür gelangt man in den Bereich, der normalerweise für Besucher geschlossen ist. Direkt hinter der Tür liegt das ehemalige Arbeitszimmer von Alexander Koenig. Obwohl bereits 1914 der Grundstein gelegt wurde, konnte das Museum durch die Wirren des Ersten Weltkriegs erst 1934 feierlich eröffnet werden. Der Museumsgründer und Ornithologe war nicht der einzige prominente Bewohner, denn 1949 hatte Konrad Adenauer direkt nach seiner Wahl hier seinen ersten Dienstsitz. Zwei Monate später konnte er ins Bundeskanzleramt im Palais Schaumburg umziehen.

Hinter dem repräsentativen Büro, das bis heute eine umfangreiche Bibliothek beherbergt, beginnt die ornithologische Sammlung. In Holzvitrinen stehen dicht gedrängt Möwen und Truthähne, Nashornvögel, Eulen, Pinguine – und zahlreiche andere Spezies. Etwas mehr als die Hälfte der weltweit bekannten Vogelarten ist hier vertreten, rund 5500 Spezies. Seit 2012 ist Till Töpfer Kurator für diesen Bereich und damit zuständig für ungefähr 145.000 Objekte: vom lebensecht präparierten Vogel über mehr als 80.000 Bälge bis zu der größten Eiersammlung Deutschlands. „Die genaue Zahl kann ich Ihnen gar nicht sagen, wir sind gerade dabei, den gesamten Bestand zu digitalisieren", sagt Till Töpfer.

Kein Foto kann ein Präparat ersetzen

Schon als Kind hat er sich für Vögel interessiert und bei Beringungsprojekten mitgemacht. „Eine ganz besondere Erfahrung", sagt Töpfer, „damals habe ich zum ersten Mal einen Vogel in der Hand gehalten." In der Feldornithologie ist das selten möglich, im Museum dagegen gehört es zur alltäglichen Arbeit. Das Dresdner Museum für Tierkunde war für den Schüler eine feste Anlaufstelle. Später studierte er Biologie in Dresden und Mainz – und blieb dabei immer in Kontakt mit der Museumswelt und natürlich mit den Vögeln. Das Sammeln, das Archivieren und Bewahren ist dem Biologen ein Anliegen. Noch wichtiger aber ist ihm der Blick nach vorne: „Bevor wir heute ein Tier präparieren, können wir in Datenbanken Scans von Computertomographien und dreidimensionale Informationen hinterlegen." Dieses Wissen ist dann für Wissenschaftler in aller Welt abrufbar. Doch die ausgestopften Vögel in der Sammlung werden dadurch keinesfalls überflüssig. Ganz im Gegenteil: Aus den alten Präparaten lassen sich immer wieder neue Erkenntnisse ziehen: „Wer hätte vor 30 Jahren gedacht, dass es einmal gelingt, aus mehr als 200 Jahre alten Präparaten das Erbmaterial DNA zu gewinnen", fragt Töpfer. Die gesamte Evolutionsforschung, die Genetik und Systematik habe dadurch neuen Schwung bekommen. „Stellen Sie sich vor, wir hätten damals Fotos gemacht und die echten Präparate weggeworfen", sagt Töpfer. Dasselbe gelte auch für die Zukunft: „Niemand weiß, welche Methoden später einmal möglich sein werden."

Regelmäßig fördert die Sammlung neue Erkenntnisse zutage. Ein Beispiel sind Untersuchungen an Flughühnern, die Sandra Krueger, eine Masterstudentin von Till Töpfer gerade abgeschlossen hat. Töpfer zieht eine Schublade auf: Darin liegen zahlreiche Bälge dieses ungewöhnlichen Vogels. Flughühner leben in den Wüstengebieten Afrikas und Asiens. Ihre Eier legen sie in kleine Mulden am Boden, oft in Gebieten mit extrem hohen Temperaturen und so gut wie keinem Schatten. In dieser lebensfeindlichen Umgebung gibt es kaum Feinde – aber auch kein Wasser. Deshalb fliegen die Männchen während der Brutzeit in der Morgen- oder Abenddämmerung oft mehr als 50 Kilometer zum nächsten Wasserloch. Dort stillen sie nicht nur ihren eigenen Durst, sie bringen auch dem Nachwuchs einige Schlucke mit. Die Vögel baden ihr Brust- und Bauchgefieder, das sich mit Wasser vollsaugt wie ein kleiner Schwamm. „Das sind keine großen Mengen", sagt Till Töpfer, „aber für die winzigen Küken ist das ausreichend." Sobald die Männchen am Nest eintreffen, saugen die Jungvögel an ihrem Gefieder wie junge Säugetiere an einer Zitze.

Flughühner in der Schublade

Die Forscher haben festgestellt, dass es von Form und Struktur der Federn abhängt, wie viel Wasser ein Vogel aufnehmen kann. Die wissenschaftlichen Details der Forschung werden gerade publiziert. Weltweit gibt es 16 Arten von Flughühnern, bei manchen ist dieses Verhalten sehr ausgeprägt, andere können kaum Wasser in ihren Federn transportieren. „Wir wollten herausfinden, woran das liegt", sagt Töpfer. Das überraschende Ergebnis: Ob die Arten nahe verwandt sind oder nicht, spielt kaum eine Rolle. Entscheidend ist, ob die Vögel diese Eigenschaft in ihrem Lebensraum brauchen: Bei Arten, die in besonders heißen und trockenen Regionen leben, können die Federn viel Wasser transportieren. Das gilt zum Beispiel für das Nama-Flughuhn, das im südlichen Afrika die Kalahari und die Namib-Wüste bewohnt. „Unter diesen Bedingungen scheint die Wasserration überlebenswichtig für die Küken zu sein", erklärt Töpfer. „Je mehr Wasser die Küken bekommen, umso besser überleben sie." Vogelmännchen mit einem saugfähigen Gefieder haben also einen höheren Bruterfolg. Deshalb setzt sich diese Federform in trockenen Gebieten besonders schnell durch. Das Tibetflughuhn dagegen kann nur wenig Wasser transportieren, obwohl es relativ eng mit dem Nama-Flughuhn verwandt ist. In seinem relativ wasserreichen Lebensraum ist das schlicht nicht nötig. Für den Biologen sind die Flughühner aus doppelter Hinsicht ein hervorragendes Beispiel: Sie zeigen, wie Evolution funktioniert und sie machen klar, warum wissenschaftliche Sammlungen wichtig sind.

Till Töpfer schiebt die Schublade mit den Bälgen wieder zu. In der Luft liegt ein leicht moderiger Geruch: Mottenpulver. Früher wurden alle Präparate mit starkem Gift behandelt, oft wurde sogar Arsen zur Konservierung eingesetzt. „Das ist gut für die Präparate, aber schlecht für die Mitarbeiter." Aus Arbeitsschutzgründen dürfen deshalb heute kaum noch Gifte eingesetzt werden – umso wichtiger ist es, den Zustand von Federn und Häuten gut im Auge zu behalten. „Wenn wir Mottenbefall bemerken, schieben wir heute ganze Schränke in den Gefrierschrank ", sagt Töpfer. Das wirkt am besten und schadet außer den Motten niemandem.

„Die Lücken in den Archiven dürfen nicht zu groß werden."

Den Grundstein der Sammlung hat der Museumsgründer Alexander Koenig Anfang des vergangenen Jahrhunderts gelegt. Schon als Kind sammelte er Eier und andere Tierpräparate. Später studierte er Zoologie – und spezialisierte sich auf die Vogelkunde. „In den wohlhabenden Kreisen hat man damals Tierpräparate gesammelt", sagt Till Töpfer, „das war ein verbreitetes Hobby, ähnlich wie Briefmarkensammeln." Aus wissenschaftlicher Sicht sind solche Sammlungen extrem wertvoll, vor allem wenn sie gut datiert sind und eine ganze Region wie das Rheinland nahezu vollständig abdecken. Wem früher ein bestimmtes Exemplar fehlte, hat das Tier geschossen, gefangen oder im Naturalienhandel gekauft. Heute ist diese Art des Sammelns aus Arten- und Naturschutzgründen streng verboten. Doch regelmäßig bringen Anwohner tote Vögel vorbei: das Rotkehlchen, das gegen die Scheibe geflogen ist, oder eine Amsel, die verendet am Straßenrand liegt. Nicht jedes Tier kann präpariert werden, trotzdem ist Töpfer froh über diese Anfragen: „Wir können auch häufige Arten gut gebrauchen“, sagt er: „Die Menschen sollen ruhig alle Fundtiere erst einmal ins Museum bringen.“ Der Naturschützer in ihm ist froh, dass die Zeit des unkontrollierten Jagens und Sammelns vorbei ist, aber der Kurator hat auch noch einen anderen Blick: „Wir müssen schauen, dass die Lücken in den Archiven nicht zu groß werden.“

Die Sammlung wächst heute wesentlich langsamer als in den Anfangszeiten. Neben den Funden aus der Umgebung tauschen die Museen Präparate aus, um spezielle Fragen zu beantworten. Und wenn eine neue Art entdeckt wird, gehört dazu bis heute ein Beleg, ein sogenanntes „Typusexemplar“. Diese Präparate charakterisieren, wie eine Art „typischerweise“ aussieht. Auch heute werden noch neue Spezies entdeckt. Bei Vögeln ist das allerdings – im Vergleich zu Insekten oder anderen wirbellosen Spezies – eher selten der Fall. Die Arbeit geht den Ornithologen dennoch nicht aus: Die Sammlung bietet genug Themen, um Till Töpfer und seine Kollegen ein ganzes Forscherleben lang zu beschäftigen. Der Rückweg führt durch die Ausstellung – neben Erklärungen zum Thema Evolution und Biodiversität werden die Vögel hier so präpariert, wie man sie auch im Freiland erleben könnte: in einem natürlich gestalteten Lebensraum. Nur die Entfernungen sind hier leichter zu überbrücken als in der Natur: Die nachgebaute Seevogelkolonie von Spitzbergen liegt nur wenige Meter von der afrikanischen Savanne entfernt.

IHR TRAUMJOB: KNOCHEN-BRECHER ZÄHLEN

DIE ORNITHOLOGIN FRANZISKA LÖRCHER FREUT SICH ÜBER EINE REKORDZAHL JUNGER BARTGEIER IN DEN ALPEN.

Von Markus Hofmann

Tiefe Spuren im feuchten Boden verraten, dass hier vor kurzem noch Kühe die Abhänge abgegrast haben. Doch nun haben die Tiere die Alp verlassen. Die Hütte der Malanseralp auf 1833 Metern über dem Meer ist verriegelt und wartet auf den Winter, der sich in der Nacht zuvor bereits angekündigt hat. Es liegen ein paar Zentimeter Schnee, die Berggipfel rundum sind weiß. Nur einige Wanderer verirren sich derzeit ins einsame Calfeisental, das in der Nähe des Schweizer Kurorts Bad Ragaz liegt.

An diesem Samstag im frühen Oktober hat aber auch Franziska Lörcher den langen Anfahrtsweg über Stock und Stein hinter sich gebracht. Um neun Uhr in der Früh klemmt die Biologin und Geier-Spezialistin vor der Alphütte ihr Beobachtungsfernrohr aufs Stativ und blickt in Richtung Westen, wo der 3000 Meter hohe Piz Sardona das Calfeisental verschließt. Lörcher wartet auf den Auftritt des größten Vogels der Alpen: den Bartgeier.

Immer im Oktober finden die internationalen Bartgeier-Beobachtungstage statt. Im ganzen Alpenraum sind Ornithologen und

Wanderer aufgerufen, nach Bartgeiern Ausschau zu halten und ihre Beobachtungen auf den einschlägigen Internetseiten zu melden. Anhand der Daten soll der Bestand der Bartgeier ermittelt werden. „Mehrere Hundert Beobachter nehmen in den Alpen an der Aktion teil“, sagt Lörcher, die für die Schweizer Stiftung „Pro Bartgeier“ sowie für die „Vulture Conservation Foundation“ arbeitet und die Beobachtungstage mitkoordiniert.

Zum Glück hat sich der Nebel bereits verzogen, die Sicht im Tal ist perfekt, ideales Flugwetter für die Bartgeier also. Tatsächlich dauert es lediglich eine halbe Stunde, bis verdächtige schwarze Schatten vor der schneeweißen Felswand vorbeiziehen. Der Blick durch Fernglas und Spektiv bestätigt die Vermutung: Drei Greifvögel schrauben sich, die Thermodynamik nutzend, in die Höhe; es sind zwei Bartgeier – die unterschiedliche Gefiederfärbung lässt auf einen Jung- und einen Altvogel schließen – sowie ein Steinadler, dessen weiße Flecken auf den Unterflügeln sein noch jugendliches Alter verraten. Die drei werden Lörcher den ganzen Tag begleiten, mal verschwinden sie hinter einer Bergflanke, mal jagt der ältere Bartgeier dem Steinadler hinterher, mal sitzen die beiden Bartgeier auf einem Felsen und lassen ihr Gefieder von der Sonne bescheinen, mal begleitet ein aufsässiger Kolkrabe das Trio, und ein andermal hockt der junge Bartgeier am Boden und reißt Fleischstücke von einem Knochen, den er zwischen den Krallen hält.

Wie die anderen Ornithologen, die heute in den Bergen unterwegs sind, protokolliert Franziska Lörcher Zeit, Dauer und Ort der Bartgeier-Beobachtungen. Der Vergleich aller Daten ermöglicht eine Schätzung des aktuellen Bestands. Rund 250 Tiere beträgt er gemäß letzter Erhebung. Das ist beachtlich. Denn vor etwas mehr als 30 Jahren waren Bartgeier im Alpenraum nur mehr in den Zoos anzutreffen. Sie waren ausgerottet worden. 1913 wurde im Aostatal das letzte Tier geschossen. Der Bartgeier, damals auch Lämmergeier genannt, litt unter einem schlechten Ruf. Zu Unrecht war er verdächtigt worden, Nutztiere zu schlagen und gar Kleinkinder zu entführen. Er wurde verfolgt und getötet. Zudem machte ihm der damalige Mangel an wilden Huftieren zu schaffen. Denn der Bartgeier ernährt sich nur von Aas; verendete Murmeltiere und Gämsen stehen weit oben auf seinem Speiseplan. Spezialisiert hat er sich auf die Knochen, die er zu verdauen vermag. Aus bis zu 80 Metern Höhe lässt sie der Bartgeier im Flug auf steinigen Grund fallen, damit sie in schnabelgerechte Stücke zersplittern.

Dank intensiver Aufklärungsarbeit und einem internationalen Auswilderungsprojekt, das 1986 startete, ist es gelungen, den Ruf des Bartgeiers zu rehabilitieren. Heute gilt der größte Alpenvogel mit einer Spannweite von bis zu 2,90 Metern und einem Gewicht von fünf bis sieben Kilogramm als der Star der Berge. In den vergangenen 30 Jahren wurden in Österreich, Frankreich, Italien und der Schweiz über 200 Bartgeier, die zuvor in Zoos aufgezogen worden waren, ausgewildert. Seit 20 Jahren kommt es auch wieder zu Wildbruten. Dieses Jahr konnte gar ein Rekord verzeichnet werden. 30 in der Wildnis geschlüpfte Bartgeier sind ausgeflogen, so viele wie nie zuvor in einem Jahr: 13 in der Schweiz, je acht in Italien und Frankreich, und ein junger Bartgeier stammt aus Österreich. Vielleicht erhöht sich die Zahl sogar auf 31: Ein Bartgeier fiel diesen Sommer im Wallis aus dem Horst und verletzte sich vor seinem ersten Flug. Franziska Lörcher bringt ihn in diesen Tagen ins wärmere Frankreich, wo er ausgewildert und hoffentlich bald erste erfolgreiche Flugversuche unternehmen wird.

Der junge Bartgeier, der heute im Calfeisental seine Runden dreht, hat die ersten Lebensjahre überstanden. 2014 wilderte Franziska Lörcher das männliche Tier hier aus. Es trägt den Namen Noel-Leya (die Namen werden von Sponsoren vergeben und müssen nicht mit dem Geschlecht der Tiere übereinstimmen). Auf dem Rücken von Noel-Leya erkennt man einen mit Solarstrom betriebenen Satellitensender, der es ermöglicht, seinen Aufenthaltsort zu eruieren und im Internet nachzuverfolgen. Bei den Jungtieren werden jeweils auch einige Federn gebleicht, damit man sie, zumindest bis zur ersten Mauser, im Flug identifizieren kann. Da zudem von den ausgewilderten Bartgeiern genetische Fingerabdrücke erstellt werden, dienen auch Federfunde dem Monitoring der Bartgeier. Und selbstverständlich tragen die Bartgeier zur Identifikation Farbringe an den Beinen.

Bartgeier

Im Februar 2014 war Noel-Leya im Schweizer Tierpark geschlüpft, um knapp vier Monate später in einem von Menschenhand gebauten Horst ausgesetzt zu werden. „Wir wildern die Bartgeier zwei bis drei Wochen vor deren Flugfähigkeit aus", sagt Lörcher. Bis die Bartgeier fliegen und selbstständig nach Futter suchen können, werden die Jungtiere von den Betreuern gefüttert, die sich als einzige dem Horst nähern dürfen: „In dieser Zeit, in der man die Vögel fast rund um die Uhr beobachtet und sich um sie kümmert, wachsen sie einem ans Herz." Bartgeier faszinieren Lörcher seit ihrer Jugend. Bereits ihre Maturaarbeit verfasste sie über die Bartgeier. Im Biologiestudium schlug ihr Professor vor, die Masterarbeit über invasive Schnecken zu schreiben. Lörcher wechselte kurzerhand die Universität und erforschte die genetische Diversität der Bartgeierpopulation im Alpenraum.

Lörchers Fazit: Noch ist die genetische Diversität zu klein, damit sich die Population in den Alpen selbstständig erhalten könnte. Das Wiederansiedlungsprojekt muss weitergeführt werden. „Schön wäre es, wenn es zu einem Austausch der verschiedenen europäischen Populationen kommen würde: Aber leider ist, soweit wir wissen, bisher kein Bartgeier von den Pyrenäen hierher geflogen“, sagt Lörcher. Lange Strecken zu überwinden, ist für Bartgeier grundsätzlich kein Problem. Insbesondere junge Bartgeier aus den Alpen unternehmen manchmal weite Wanderungen, allerdings in die falsche Richtung: nach Norddeutschland, Belgien, Dänemark oder gar bis nach Norwegen. Werden sie dort, meist erschöpft und hungernd, aufgegriffen, werden sie wieder in die Alpen zurückgebracht.

Beim zweiten Bartgeier, der an diesem Tag im Calfeisental zu beobachten ist, könnte es sich um Sardona handeln. Die genaue Bestimmung wird erst anhand der Belegfotos möglich sein, denn Sardona trägt keinen Satellitensender mehr. Das Männchen Sardona ist 2010 geboren und ebenfalls im Calfeisental ausgewildert worden. Im Gegensatz zum jungen Noel-Laya, der noch ziemlich dunkel gefärbt ist, zeigt Sardona die typischen Kennzeichen eines Altvogels: einen hellen Kopf mit schwarzem Augenstreif sowie eine hellrote Körperunterseite. Die rote Farbe stammt vom Suhlen in eisenoxidhaltigem Wasser. Wieso Bartgeier sich rot färben, ist ungeklärt. Möglicherweise dient das Verhalten dazu, den Status eines Individuums zu markieren: je röter die Federn, desto höher der Rang.

Auch wenn sich Franziska Lörcher über den Anblick der beiden Bartgeier freut: Noch lieber wäre ihr gewesen, im Calfeisental nicht nur zwei Männchen, sondern auch ein Paar anzutreffen. Zu einer Brut ist es in der Zentralschweiz nämlich bisher noch nicht gekommen. In der Schweiz brüten die Bartgeier derzeit in Graubünden und im Wallis. Dennoch packt Lörcher nach sechs Stunden Beobachtung zufrieden ihre optischen Geräte ein. Den Bartgeiern scheint es im Calfeisental offensichtlich gut zu gehen. Die Chancen sind gut, dass sie den kommenden Winter überstehen und in den kommenden Jahren vielleicht eigene Junge aufziehen werden.

WARUM MEIDEN SPANISCHE GEIER PORTUGAL?

FORSCHER ZEIGEN: ES GIBT EINE UNSICHTBARE, MENSCHENGEMACHTE GRENZE FÜR DIE AASFRESSER.
Von Joachim Budde

Als Eneko Arrondo zum ersten Mal diese Karte der iberischen Halbinsel betrachtete, wunderte er sich. Der spanische Vogelschützer hatte die Flugrouten von Gänsegeiern darin eingetragen. Er und seine Kollegen hatten den Tieren zuvor GPS-Sender umgeschnallt. Rote und blaue Flächen malten die Vögel mit ihren Flügen auf die Landkarte. Das Erstaunliche: Bis auf ein paar vereinzelte Punkte blieben sie zuverlässig in spanischem Luftraum.

Besonders deutlich ist das Phänomen im Westen der Extremadura zu erkennen, da wo die Grenze bei der Stadt Alcántara einen scharfen Knick nach Westen macht, gut 50 Kilometer dem Fluss Tajo – oder Tejo auf Portugiesisch – folgt, und dann wieder Richtung Süden über die Sierra de San Pedro abknickt. Diesen Winkel haben die Tiere fast komplett abgesucht, aber die Grenze so gut wie gar nicht passiert. Im Schnitt flogen die Tiere gerade einmal rund zehn Kilometer nach Portugal hinein, schreibt Eneko Arrondo in seiner Studie im Fachmagazin *Biological Conservation*.

Weder Futterangebot noch Landschaft konnten das Verhalten erklären

Verständlicherweise haben sich Eneko Arrondo und seine Kolleginnen und Kollegen Gedanken darüber gemacht, wie sie dieses Phänomen erklären könnten. Denn politische Grenzen sind den Vögeln ja nicht bekannt. „Als erstes dachten wir, in Portugal gibt es vielleicht weniger Viehherden", erinnert sich der Forscher von der Biologischen Station Doñana in Sevilla. Das hätte bedeutet, dass es auch weniger Kadaver gibt, von denen sich die Tiere ernähren.

Aber es stellte sich heraus, dass die Zahlen ziemlich ähnlich sind. Dann verglichen die Forscher die Landschaft beiderseits der Grenze, die fast durchgängig durch Flusstäler verläuft. An manchen Stellen haben die Flüsse Steilwände gegraben, in denen Geier beste Brutbedingungen finden. Vor allem aber gibt es Weiden, Äcker, vereinzelte Stein- und Korkeichenhaine. Die Spanier nennen diese savannenartige Landschaft *dehesa*, die Portugiesen *montado*, doch diese Worte unterscheiden sich stärker als das, was sie beschreiben. „Die Landschaft ist fast identisch", sagt Eneko Arrondo. Traditionell bewirtschafteten die Menschen die Hügel und Täler mit Schaf- oder Schweineherden und mit Getreidefeldern.

Wie also kommt es, dass die Geier hier eine unsichtbare Wand wahrnehmen? Wenn sie mit diesen Vermutungen falsch lagen, blieb ihnen nur noch eine Lösung für das Phänomen.

Spanien bietet den wichtigsten Rückzugsraum für Geier in Europa. Etwa 95 Prozent der europäischen Geierpopulation lebt in dem Land. Die Gänsegeier bringen es auf mehr als 30.000 Brutpaare in Spanien. Das ist ein historisches Hoch. Der Mönchsgeier kommt auf mehr als 1800 Brutpaare. Die Vögel profitieren davon, dass die Hirten und Bauern verendete Tiere einfach in der Landschaft liegen lassen dürfen – auch das gehört zur traditionellen Bewirtschaftung.

Eneko Arrondo wollte wissen, wie die Vögel auf Nahrungssuche gehen. Dazu fing er 30 Gänsegeier im Ebro-Tal im Norden Spaniens und 30 am Fluss Guadalquivir im Süden und stattete sie mit GPS-Sendern aus. Das gleiche machte er mit 11 Mönchsgeiern aus beiden Regionen.

Die Forscher verglichen die Gesetzgebung der Länder – Volltreffer

Das Ergebnis verblüffte ihn. Nur sechs Gänsegeier und sieben Mönchsgeier überquerten überhaupt die portugiesische Grenze. Und wenn sie schon hinüberflogen, waren sie meist schnell unterwegs. Daraus schließt der Forscher, dass sie gar kein Futter gefunden haben, denn dann hätten sie ja bremsen müssen.

„Nachdem wir vergeblich beim Nahrungsangebot und in der Landschaft nach Unterschieden gesucht haben, haben wir die Gesetzgebung in den beiden Ländern verglichen", sagt Eneko Arrondo – Volltreffer.

Der Hintergrund der Geschichte geht zurück auf den Ausbruch der Bovinen spongiformen Enzephalopathie, kurz Rinderwahn, in Europa, einer Tierkrankheit. In der Folge des Skandals um BSE und Rinderwahnsinn verbot die EU-Kommission im Jahr 2001, Tierkadaver einfach in der Gegend herumliegen zu lassen.

Zu groß war die Angst, die Prionenkrankheit könnte sich auch auf andere Tiere ausbreiten. Schließlich hatte der ganze Schlamassel dadurch begonnen, dass Mäster auf die Idee gekommen waren, ihre Rinder mit Tiermehl als billigem Proteinlieferanten zu füttern. Und das stammte zum Teil von Schafen, die an einer Krankheit litten, die Schafszüchter „Scrapie" nennen, weil die Tiere sich die Wolle abscheuern. Über das Futter steckten sich die Rinder an. Das Ergebnis der Regelung: In Spanien und Portugal verhungerten die Geier. Eneko Arrondo schätzt, dass Kadaver von Nutztieren 70 bis 90 Prozent der Nahrung der Geier ausmachen. Hirsche und Wildschweine decken den Rest.

Brennende Kadaver

Seit 2003 nahm die Zahl der BSE-Fälle weltweit stetig ab. Auf Drängen von Wissenschaftlern und Vogelschützern lockerte die EU-Kommission ihre Regelung bis 2011 wieder. Allerdings stellte sie den Mitgliedsländern frei mitzuziehen. Spanien tat das. Zwar müssen die Viehhalter in manchen Regionen ihr totes Vieh an spezielle Sammelstellen bringen. Die sind so abgezäunt, dass andere Tiere sie nicht erreichen können. Aber diese Grenze können die Geier leicht überwinden.

In Portugal sieht das anders aus: Dort müssen Bauern Kadaver immer noch verbrennen lassen. „Die Geier erkennen praktisch die Grenze zwischen Spanien und Portugal", sagt José Tavares, Direktor der *Vulture Conservation Foundation*, einer Organisation, die sich um den Schutz, die Vermehrung und die Wiederansiedlung von Geiern in Europa kümmert.

„Die Geier finden in der portugiesischen Landschaft keine Nahrung, obwohl es dort reichlich Kühe und Schafe gibt", sagt Eneko Arrondo. Die Folge: Heute gibt es in Portugal gerade einmal zwischen 500 und 1000 Gänsegeier-Brutpaare. Vom Mönchsgeier zählten Vogelschützer 2017 in Portugal sogar nur elf Paare. Der Unterschied in der Fläche zwischen den beiden Ländern kann diese Diskrepanz nicht erklären. „Dies ist ein typisches Beispiel, welch dramatischen Effekt die Veterinärpolitik auf die Natur und die Verteilung von Arten haben kann", sagt José Tavares.

„Die portugiesischen Behörden sollten es wie die spanischen machen."

Um die portugiesische Population wieder aufzupäppeln, sollten die Behörden dort die spanische Herangehensweise übernehmen, findet er. Der Portugiese kennt sich bestens mit der Situation der Geier in seinem Heimatland aus. „Wir versuchen die portugiesischen Behörden zu überzeugen, dass sie die Regulierung ändern", sagt er, „Und ich sehe kleine Fortschritte. Sie haben inzwischen die Einrichtung ausgewiesener Futterplätze erlaubt, wo unter bestimmten Bedingungen einige Kadaver für die Geier ausgebracht werden dürfen." All diese Stationen befinden sich in der Nähe der Grenze zu Spanien.

„Vom spanischen Modell profitieren alle", sagt Tavares: die Geier, weil es reichlich zu fressen gibt; die Bauern und die Gesellschaft, weil diese Methode die erheblichen Kosten der Verbrennung und die Treibhausgase einspart, die dabei entstehen. Geier erledigen einen Kadaver binnen weniger Stunden, völlig gratis und als Teil des natürlichen Nahrungszyklus.

Dass die portugiesischen Behörden nach dem Abklingen von BSE weiterhin vorsichtig sind, liegt daran, dass sie auch andere Krankheiten fürchten – zum Beispiel Rindertuberkulose. „Zu Unrecht", sagt Eneko Arrondo: „Bislang gibt es keine Studie, die einen Zusammenhang zwischen Tierseuchen und dem Liegenlassen von Kadavern gefunden hat." Er hält deshalb die Beschränkungen in Portugal für wirkungslos.

Das spanische Beispiel soll aber nicht nur in Portugal, sondern auch in anderen Ländern Schule machen. José Tavares möchte auch die Behörden in Griechenland und Italien davon überzeugen. „Damit die Geierpopulationen in diesen Ländern gedeihen können." In Spanien war der Geierschutz so erfolgreich, dass Tiere, die dort verletzt oder krank aufgegriffen und gesundgepäppelt werden, in anderen Ländern – in Bulgarien, Italien und Frankreich zum Beispiel – ausgewildert werden statt in Spanien. Wenn es nach den beiden Geierexperten ginge, sollten all diese Länder lernen, dass tote Tiere in die Landschaft gehören – zum Wohl der Geier.

SO EMPATHISCH SIND RABEN

AUCH VÖGEL LASSEN SICH VON DEN GEFÜHLEN IHRER ARTGENOSSEN ANSTECKEN.

Von Claudia Ruby

Lachen ist ansteckend, gähnen ebenfalls, und wenn unser Gegenüber traurig ist oder Schmerzen hat, empfinden wir Mitgefühl. Unsere eigene Stimmung verändert sich – „emotionale Ansteckung" nennen Wissenschaftler das. Lange galt diese Fähigkeit, genau wie Empathie generell, als typisch menschlich, doch mittlerweile wissen wir, dass sich auch Menschenaffen und einige andere Spezies von den Gefühlen ihrer Artgenossen anstecken lassen, zum Beispiel Hunde, Schweine und Elefanten. Doch gibt es so etwas auch bei Vögeln?

Am Haidlhof, einer Forschungsstation der Universität Wien, arbeitet Jessie Adriaense mit Kolkraben – bis zu 70 Zentimeter große, glänzend-schwarze Vögel. Seit langem gelten Raben als besonders intelligent und zusammen mit den Papageien als die Superhirne unter den Vögeln. In der Natur leben die Jungvögel in komplexen sozialen Gruppen. „Kommunikation und Einfühlungsvermögen sind wichtig, um Informationen zu teilen", erklärt Adriaense, „die Raben müssen mitbekommen, ob ihr Nachbar gerade gut oder schlecht gestimmt ist." Um herauszufinden, ob sich die Vögel auch von den Gefühlen ihrer Artgenossen anstecken lassen, arbeiteten zwei Disziplinen zusammen: die Verhaltensforscher und Kognitionsbiologen um Thomas Bugnyar und die Arbeitsgruppe für Psychologische Grundlagenforschung von Claus Lamm. Gemeinsam haben sie sich einen komplizierten Versuch ausgedacht.

Beteiligt sind immer zwei Vögel: ein Tier, das die Wissenschaftler „Demonstrator" nannten, und ein Zuschauer, dessen Gefühlswelt untersucht werden soll. Im ersten Teil späht der Demonstrator-Rabe durch ein Guckloch – und erblickt dabei entweder eine sehr beliebte oder eine unattraktive Belohnung. Aus spezieller Rabensicht natürlich, denn bei den Vögeln löst getrocknetes Hundefutter die größte Begeisterung aus, rohe Karotten dagegen stehen am Ende der Beliebtheitsskala. Je nachdem, was der Demonstrator zu sehen – und später auch zu fressen – bekommt, zeigt er gespannte Vorfreude oder Enttäuschung. Entscheidend ist jedoch der Zuschauer-Rabe: Nachdem er seinen freudig-erregten oder frustrierten Artgenossen beobachtet hat, konfrontieren die Forscher ihn mit einem Futter-Becher. Ob sich darin ein Leckerli befindet oder nicht, kann der Vogel nicht erkennen. Die Forscher testen jetzt, wie lange der Vogel braucht, um nachzusehen: Ein optimistisch gestimmter Rabe sollte schnellstmöglich zum Becher hüpfen, um eine Belohnung zu kassieren. Ein eher pessimistischer Rabe würde sich Zeit lassen, denn vermutlich gäbe es ja eh nichts zu holen.

Das Ergebnis ist deutlich, zumindest bei den Raben, die zuvor einen frustrierten Kollegen beobachtet haben: Sie picken zunächst in ihrem Gehege herum, im Schnitt vergeht deutlich mehr Zeit, bevor sie dann doch einen Blick in den Becher werfen. Der Frust überträgt sich also, die positiven Gefühle hingegen nicht ganz so deutlich. „Das ist bei Raben ähnlich wie bei Menschen", sagt Jessie Adriaense, „negative Nachrichten werden stärker wahrgenommen." Eine These, die – was den Menschen angeht – jeden Tag beim Blick auf die Nachrichten bestätigt wird. Zugleich geht die Forscherin davon aus, dass auch positive Gefühle für das Zusammenleben der Raben entscheidend sind. In jedem Fall habe dieser Versuch erstmals gezeigt, dass sich Vögel von den Gefühlen ihrer Artgenossen anstecken lassen. „Eine entscheidende Eigenschaft für Tiere, die in sozialen Gruppen leben", so Adriaense.

Kolkrabe

Ich sehe was, was Du nicht siehst

Der Versuch steht in einer langen Reihe von Verhaltensexperimenten, mit denen Thomas Bugnyar – heute Professor für Kognitionsbiologie an der Uni Wien und einer der Betreuer der aktuellen Arbeit – bereits 1996 begonnen hat. Schritt für Schritt vermaß er das komplexe Sozialleben der Vögel. Am Anfang standen grundlegende Fragen: Weiß ein Rabe, was im Kopf seiner Artgenossen vor sich geht? Für uns ist das ganz selbstverständlich, wir unterscheiden zwischen uns und anderen: Unsere Kollegin kann traurig sein, während wir selber glücklich sind. Und natürlich weiß die Nachbarin nicht, was ich gestern Abend gemacht habe – es sei denn, ich erzähle davon. Kleine Kinder jedoch müssen das erst lernen. Sie trennen noch nicht zwischen sich und anderen. Das wird immer wieder deutlich, wenn ein Kind die Augen schließt und fordert: „Such mich. Ich bin weg." Weil sie selbst nichts mehr sehen, gehen sie davon aus, dass auch andere sie nicht erkennen können. Erst im Alter von vier bis fünf Jahren lernen Kinder, sich in andere hineinzuversetzen. Sie entwickeln eine „Theory of Mind" – so nennen das Entwicklungspsychologen. Dass auch Vögel mit ihrem sprichwörtlichen Spatzengehirn darüber verfügen können, galt als völlig unmöglich – bis Thomas Bugnyar anfing, mit seinen Raben Verstecken zu spielen. Springen wir zurück ins Jahr 2005, in die Forschungsstation Grünau. Bei Biologen hat dieses Örtchen im Almtal in Oberösterreich einen klingenden Namen, denn 1973 gründet Konrad Lorenz hier die nach ihm benannte Forschungsstelle, bis heute wird in Grünau an Graugänsen, Waldrappen und Rabenvögeln geforscht.

Versteckspiel mit Raben

Lange hat Bugnyar die Versuche selbst durchgeführt. „Kraah, Kraah" begrüßen ihn die Vögel, als er die große Freiflugvoliere betritt. Der Forscher versteckt Futter, drei Raben dürfen ihm dabei zusehen. Hugin, Munin und Conny sitzen quasi nebeneinander und können sich gegenseitig gut sehen. Auch nach vorne haben zunächst alle drei einen ungestörten Blick in die Arena. Dann jedoch blockiert der Biologe Connys Sicht durch eine Klappe. Jetzt gibt es also zwei sehende und einen „blinden" Zuschauer. Bugnyar versteckt einen Leckerbissen unter einem kräftigen Stein und lässt dann jeweils zwei Vögel gemeinsam in die Arena. Was wird passieren?

Öffnet sich die Käfigtür bei Hugin und Munin, beeilen sich beide, zu dem Versteck zu kommen. Beide wissen, wo es etwas zu holen gibt, und deshalb gilt in diesem Fall: Wer zuerst kommt, mahlt zuerst. Interessant ist jedoch der zweite Fall: Was passiert, wenn die unwissende Conny zusammen mit einem der beiden Zuschauer in die Arena gelassen wird? „Wenn der Zuschauer weiß, dass sein Kollege keine Ahnung hat, wo das Futter ist, dann müsste er sich eigentlich *nicht* beeilen", erklärt Bugnyar. Und genauso verhalten sich die Vögel. Die Tür geht auf, und die beiden Raben hüpfen in die Arena. Scheinbar desinteressiert spaziert Munin umher. Erst als Conny am anderen Ende des Geheges angekommen ist, schnappt er sich die Beute. Ausgetrickst! Genauso clever verhalten sich auch die anderen Raben in der Forschungsstation Grünau. Bei jedem Durchgang reagieren sie spontan und flexibel: Wissen beide Vögel, wo das Futter ist, liefern sie sich einen Wettlauf. Ist der Artgenosse hingegen ahnungslos, lässt sich auch der eingeweihte Rabe Zeit. Er wartet, bis sein Kollege möglichst weit von dem begehrten Futter entfernt ist. Erst dann plündert er das Versteck und streicht die Beute für sich ein. Für Thomas Bugnyar ist klar: „Raben wissen sehr viel darüber, was andere wissen."

Zumindest in diesem Punkt sind sie weiter als kleine Kinder. Sie können erst im Alter von vier bis fünf Jahren diesen Unterschied zwischen sich und anderen machen. Sie entwickeln eine „Theory of Mind" – genau wie Schimpansen und Raben.

Können Vögel lügen?

Einige Forscher-Kollegen jedoch blieben nach wie vor skeptisch. Könnte es nicht sein, dass die Vögel den Experimentator hinters Licht führen? Vielleicht versetzen sich die Raben gar nicht in ihre Artgenossen hinein sondern lösen die Aufgabe anders – zum Beispiel, indem sie auf ganz subtile Signale der anderen Raben reagieren? Die Verhaltensforscher haben den Versuch immer wieder abgewandelt, um das auszuschließen. Doch egal, wie der Versuchsaufbau auch ausgesehen hat – das Ergebnis blieb dasselbe: Die Raben können sich hervorragend in ihre Artgenossen hineinversetzen. Und manchmal versuchen sie sogar gezielt, die Kollegen hinters Licht zu führen.

Dieses Mal versteckt der Rabe Hugin selbst das Futter. Munin beobachtet ihn von seinem Käfig am Rand der Voliere aus. Allerdings kann Munin durch eine Barriere nur die Hälfte der Arena einsehen. Hugin ist das offenbar völlig klar – er versteckt das Futter nur in dem Teil der Voliere, der den Blicken des Artgenossen verborgen bleibt. Kann der Konkurrent die gesamte Arena überblicken, vergräbt Hugin das Futter zwar auch, bleibt danach aber ständig auf der Hut. Sobald er die Chance bekommt, seine Leckerbissen unbeobachtet von Munins Blicken zu deponieren, gräbt er das Futter wieder aus und bringt es in einem neuen Versteck in Sicherheit. In einem zweiten Versuch blockieren die Forscher Munins Sicht so, dass er die Arena überhaupt nicht mehr einsehen kann. Sofort reagiert Hugin auf diese Veränderung: Jetzt nutzt er die gesamte Arena für seine Verstecke. „Die Vögel halten selektiv Informationen zurück", sagt der Biologe Bugnyar, „und das ist der Beginn einer Lüge."

Zum ersten Mal konnten die Verhaltensforscher in Grünau nachweisen, dass Vögel in der Lage sind, ihre Artgenossen „taktisch zu täuschen" – auch das eine Fähigkeit, die nur wenige Spezies beherrschen. Nur intelligente Tiere können lügen.

Ein Schimpanse mit Flügeln

Mittlerweile ist klar: Raben sind die Schimpansen unter den Vögeln. Sie stoßen unsere Vettern nicht unbedingt vom Thron, aber sie sitzen direkt neben ihnen auf dem Podest. „Es gibt erstaunlich viele Parallelen zwischen Raben und Menschenaffen", sagt Thomas Bugnyar – und zwar gilt das aus der Sicht der Zoologen sowohl in positiver wie auch in negativer Hinsicht. Raben sind nämlich nicht nur hochintelligent, sie sind auch ausgesprochen launisch und langweilen sich sehr schnell. „Wenn man dieselbe Aufgabe zu oft wiederholt, machen sie nach kurzer Zeit nur noch Blödsinn", erzählt Bugnyar. Wie Kinder und Schimpansen fordern die Vögel einen abwechslungsreichen Trainingsplan, sonst verweigern sie die Leistung. Der Forscher muss sein eigenes Köpfchen anstrengen, um die Tiere bei Laune zu halten. Und so werden die Versuche immer komplexer – wie auch die aktuelle Forschung zur Übertragung von Gefühlen zeigt.

Warum aber hat sich gerade bei Schimpansen und Rabenvögeln ein solches Superhirn entwickelt? Wieso verfügen die Vögel über

Fähigkeiten, die lange Zeit als typisch menschlich galten? Bei den Menschenaffen wundert uns das wahrscheinlich weniger. Schließlich sind sie unsere engsten Verwandten, wir haben eine lange gemeinsame Entwicklung hinter uns. Der letzte gemeinsame Vorfahre von Mensch und Schimpanse lebte vor rund fünf Millionen Jahren und verfügte höchstwahrscheinlich bereits über grundlegende soziale und kognitive Fähigkeiten. Ganz anders sieht es bei den Vögeln aus. Die Stammesgeschichte von Vögeln und Säugetieren hat sich bereits vor über 320 Millionen Jahren getrennt. Der letzte gemeinsame Verwandte war höchstwahrscheinlich ein wenig kluges und eher unsoziales Reptil. Parallel haben sich Vögel und Säuger zu dem entwickelt, was sie heute sind. Die Intelligenzbestien in beiden Gruppen sehen zwar äußerst unterschiedlich aus, sind aber zu erstaunlich ähnlichen Leistungen in der Lage.

Die Wissenschaftler haben dafür zwei Erklärungen: Einerseits wurden Säuger und Vögel mit einer gemeinsamen Basis ins Rennen geschickt, denn beide besitzen ein Wirbeltiergehirn. Zum anderen stellt das Leben gerade an Schimpansen und Raben sehr ähnliche Anforderungen. Beide leben in komplexen sozialen Gruppen. Schimpansen und Raben können ihre Artgenossen individuell erkennen und unterscheiden. Genau wie im Schimpansen-Clan gibt es auch bei den Raben langjährige Freundschaften, es gibt Verwandte, Paar-Beziehungen und Rivalen. Wer in einer Schimpansenhorde bestehen will, braucht ein cleveres Köpfchen – genau wie der Rabe in seinem Trupp. Ein komplexes Sozialleben verlangt ein leistungsfähiges Hirn. Beides hat sich gleichzeitig entwickelt. Davon gehen Evolutionsbiologen und Kognitionsforscher heute aus. Es ist kein Zufall, dass diejenigen Tiere, die als hochintelligent gelten, auch besonders sozial leben: Raben, Delfine, Elefanten und Primaten zum Beispiel. Auch der Mensch bildet da keine Ausnahme. Nichts fordert unseren Geist so sehr wie die lieben Mitmenschen.

SCHIET HAPPENS: SEEVÖGEL VERÄNDERN DIE WELTGESCHICHTE

PINGUINE, KORMORANE UND LUMMEN BEEINFLUSSEN MIT IHREN EXKREMENTEN DIE GLOBALEN NÄHRSTOFFKREISLÄUFE.

Von Anne Preger

Ihre Kacke verrät große Seevogelkolonien – nicht nur durch den stechenden Geruch nach Ammoniak, wenn man in die Nähe kommt. Ihre Hinterlassenschaften lassen sich sogar aus dem All aufspüren. So ist einer amerikanischen Forscherin zusammen mit Kollegen ein Sensationsfund gelungen. Sie haben in der Antarktis eine bis dahin unbekannte Riesenkolonie von Pinguinen entdeckt. Pinguine produzieren weltweit am meisten Seevogelkot. Geschichte geschrieben mit ihrem weißen Gold haben aber die Guanoscharben und -tölpel in Peru.

Die Danger-Inseln liegen an der Nordspitze der antarktischen Halbinsel und tragen einen passenden Namen. Sie sind umgeben von gefährlichen Eisbergen und werden deswegen selten von Schiffen besucht. So konnten die Inseln lange ein Geheimnis hüten. Doch Satelliten liefern zunehmend bessere Fotos, und die gefiederten Bewohner der Danger-Inseln haben sich am Ende selbst verraten.

„Pinguin-Guano ist normalerweise rötlich-rosa und hebt sich so von grauen Felsen ab," sagt Heather Lynch, Forscherin an der Stony Brook Universität im US-Bundesstaat New York. Sie hat 2014 zusammen mit einem Kollegen von der NASA Satellitenaufnahmen von der Antarktis automatisiert nach Guano-Spuren durchsucht. Auch auf den Danger-Inseln machte ihr Algorithmus Spuren aus. Diese hielten die Forscher zuerst für einen Analysefehler. „Aber als ich mir die Inselkette genauer ansah, war es ein ziemlicher Schock – das waren nicht einfach nur neue Pinguine, sondern das sah nach einer der größten Kolonien der Antarktis aus," erinnert sich Lynch. „Wir wussten sofort, dass wir einen Weg finden mussten, die Inseln zu besuchen."

Ein paar Jahre später ist es soweit. Doch Heather Lynch kommt nicht mit auf die Expedition. Sie schickt drei Doktoranden und bleibt selbst in den USA, um täglich aktuelle Satellitendaten auszuwerten und dem Expeditionsschiff so einen sicheren Weg zwischen den Eisbergen zu weisen. Der Aufwand hat sich gelohnt. 2018 veröffentlicht Heather Lynch zusammen mit ihren Kollegen aus den USA, Großbritannien und Frankreich den Fund einer neuen Superkolonie: Mehr als 1,5 Millionen Adeliepinguine brüten und kacken auf den felsigen Danger-Inseln.

Brütende Seevögel exportieren Nährstoffe aus dem Meer ans Land

Weltweit gibt es geschätzt mehr als eine Milliarde Seevögel und die produzieren entsprechend viel Kot. Wo und wie viel genau, das haben mexikanische und spanische Wissenschaftler 2018 abgeschätzt. Ihre Ergebnisse haben sie umgerechnet in Tonnen Stickstoff und Phosphor (was ja auch gleich irgendwie viel seriöser klingt).

Diese beiden Elemente sind lebensnotwendig für alle biologischen Prozesse und stecken in jeder lebenden Zelle. Der neuen

Analyse nach lassen Seevögel weltweit jedes Jahr knapp 600.000 Tonnen Stickstoff und 100.000 Tonnen Phosphor an den Orten zurück, an denen sie brüten. Ursprünglich stammen die Nährstoffe aus dem Meer, in dem die Seevögel ihre Nahrung jagen. Ihr Export aus dem Ozean ist vergleichbar mit den Nährstoffmengen, die wir Menschen über Fischfang an Land ziehen.

Seevögel haben damit globale Relevanz für die Stoffkreisläufe von Stickstoff und Phosphor – und nicht nur, weil sie nur lokal die Umgebung ihrer Brutkolonien düngen (den Effekt haben die Forscher übrigens „Ornitheutrophierung" getauft). Weltweit das größte Exportgeschäft dieser Art betreiben Goldschopf-, Königs-, Zügel- und Adeliepinguine. Das liegt unter anderem daran, dass Pinguine im Vergleich zu anderen Seevögeln relativ groß sind und viel Zeit in der Brutkolonie verbringen, wo sie dann auch ihr Geschäft verrichten. Auf der Nordhalbkugel gehören Eissturmvögel, Dickschnabel- und Trottellummen zu den großen Kackern.

Mit ihrem Kot nehmen Seevögel sogar Einfluss auf das Klima. Denn aus dem Kot gast Ammoniak aus. In der Atmosphäre trägt diese Verbindung dazu bei, dass Wolken entstehen. So wird beispielsweise die Arktis in kleinem Ausmaß, aber immerhin messbar kühler gehalten, fanden Forscher 2016 bei Untersuchungen dort heraus. Leider reicht der Effekt nicht, um die menschgemachte Erderwärmung abzupuffern.

Humboldt löst einen Guano-Boom aus

Für die Menschheitsgeschichte hat Seevogel-Kacke aus Peru wohl die größte Rolle gespielt. Das ist kein Zufall. Vor der peruanischen Küste bietet nicht nur der Humboldtstrom fette Beute durch reiche Fischbestände, sondern es herrschen auch extrem trockene Bedingungen. Die Folgen: Auf den Inseln vor der Küste brüten Millionen von Guanoscharben (früher auch Guanokormorane genannt), Guanotölpel und andere Seevögel. Und ihr Kot sammelt sich in Massen an, weil kaum Regen fällt, der leicht lösliche Stickstoffverbindungen auswäscht. In der Vergangenheit türmte sich der Vogelschiss auf den Inseln teilweise bis zu 30 Meter hoch auf.

Schon zu Zeiten der Inka wurde er in Peru traditionell auf Inseln vor der Küste gesammelt und dann am Festland als Dünger auf Felder gestreut. Aus dieser Zeit stammt auch der Begriff Guano. Er kommt aus der Quechua-Sprache: „Huano“ bedeutet übersetzt „Mist, mit dem man düngt“. Europäische Reisende berichten ab dem 18. Jahrhundert vereinzelt von dieser Praxis. Doch dass es zu einem Guano-Boom kommt, liegt am deutschen Forschungsreisenden Alexander von Humboldt.

Er bringt 1804 aus Peru Guano-Proben zurück nach Paris. Humboldt ist gut vernetzt und bittet führende Chemiker seiner Zeit um eine Analyse. Die zeigt unter anderem, wie reich Guano an Stickstoff ist. „Diese Proben und Humboldts Vernetzung lösten bahnbrechende Forschung über das aus, was wir heute Stickstoffkreislauf nennen,“ sagt der Umwelthistoriker Gregory T. Cushman von der Universität Kansas. „Guano regte das Verständnis dafür an, wie Stickstoff und andere Nährstoffe die Ökosysteme regulieren.“ Cushman hat die Geschichte um Guano in seinem Buch „Guano and the Opening of the Pacific World“ zusammengefasst.

Guano wird das weiße Gold

Noch entscheidender für die Entwicklungen im 19. Jahrhundert sind die Veränderungen, die Guano in der Landwirtschaft der aufstreben den Industrienationen auslöst. „Dort gewöhnten sich Bauern an die Praxis, konzentrierte Dünger von weit her auf ihre Felder auszubringen,“ erzählt Cushman. „Gleichzeitig führte der Hunger nach Guano dazu, dass einige der abgelegensten Regionen der Welt und ihre indigenen Bewohner brutal ausgebeutet wurden.“

In Peru beginnt der Guano-Rausch so richtig ab 1840. Kaufleute exportieren das weiße Gold teuer in alle Nationen, die sich den neuen Superdünger leisten können. Abgebaut wird der Seevogelkot auf den Inseln ohne Rücksicht auf die Brutzeiten der Guano-Lieferanten. Das Vorgehen ist nicht nachhaltig und menschenunwürdig. Es schuften vor allem chinesische Arbeiter, die zum Teil wie Sklaven behandelt werden. Mitte der 1860er-Jahre versucht Spanien, seinen Einfluss in Südamerika zu vergrößern. Es kommt zu einem Krieg mit Peru und Chile. Die spanische Flotte besetzt zwischenzeitlich die guanoreichen Chincha-Inseln vor Peru, weshalb der Konflikt auch lange „Guano-Krieg" genannt wird.

Die USA wollen sich vom peruanischen Guano-Monopol nicht abhängig machen und verabschieden 1856 den *Guano Islands Act*, der offiziell noch heute in Kraft ist. Danach darf jeder US-Bürger, der eine unbewohnte Insel mit Ablagerungen von Seevogelkot entdeckt, die zu keinem anderen Land gehört, die Insel für die Vereinigten Staaten einnehmen und den Guano abbauen. So eignen sich die USA im Pazifik und in der Karibik mehr als 100 Inseln an. Einige davon gehören als unbewohnte *United States Minor Outlying Islands* heute noch zu den USA. Das ermöglicht es 2014 dem damaligen US-Präsidenten Barack Obama, das Meer um einige der Inseln mitten im Pazifik weiträumig unter Schutz zu stellen. So entsteht eins der größten Meeresschutzgebiete weltweit. Darin leben etwa 14 Millionen Seevögel. Unter der Regierung von Nachfolger Donald Trump ist der Schutzstatus allerdings wieder in Gefahr.

Kunstdünger löst Seevogeldung endgültig ab

Der große Boom um Seevogel-Kot als Dünger geht endgültig vorbei, als die beiden deutschen Chemiker Fritz Haber und Carl Bosch 1908 eine Methode finden, mit der sie Stickstoffdünger aus Luft herstellen können. In Peru sind die Lagerstätten zu dieser Zeit weitgehend ausgebeutet. Die dortige Regierung besinnt sich in der ersten Hälfte des 20. Jahrhunderts auf den nachhaltigen Umgang mit Guano und seinen gefiederten Produzenten aus Inka-Zeiten: Guanoscharben und -tölpel werden geschützt, ihre Brutinseln dürfen erst nach der Brutsaison betreten werden, um Guano abzubauen. Dieser Vogelschutz zahlt sich aus: Wissenschaftler schätzen, dass es Anfang der 1950er-Jahre in Peru allein an Guanoscharben wieder mehr als 20 Millionen Vögel gab.

Dann lassen zwei Umstände die Bestände einbrechen: ein Jahr mit einem extremen El-Niño-Strömungsphänomen und die aufkommende Fischmehlindustrie. Sardellen werden gefangen und zu Tierfutter verarbeitet und landen so nicht mehr in Seevogelmägen. *El Niño* verändert die Strömung und lässt das Nahrungsnetz kollabieren: deutlich weniger Phytoplankton und infolgedessen weniger Sardellen. Beides verknappt also das Nahrungsangebot für die Vögel. 2014 gab es geschätzt noch rund zwei Millionen Guanoscharben vor Peru. Ihre Zahl schwankt von Jahr zu Jahr in Abhängigkeit von *El Niño*.

Guano wird in Peru weiterhin in geringem Umfang abgebaut – wie früher per Hand. Der Dünger geht zum großen Teil an Kleinbauern im Land. Aber gut 20 Prozent werden exportiert. Das wichtigste Abnehmerland ist Deutschland. Hier wird die Seevogelkacke werbewirksam Naturdünger oder Gartenerde zugesetzt. Davon hält Ewald Schnug allerdings nicht ganz so viel. Der Agrarwissenschaftler vom Julius-Kühn-Institut in Braunschweig hat eine Überblickstudie zu Guano als historischem Dünger mitveröffentlicht: „Im Hinblick auf Nachhaltigkeit ist das Verwandeln von wertvollem Fischeiweiß über die Vogelmägen in Dünger für deutsche Geranien mehr als fragwürdig." Den Lauf der Weltgeschichte beeinflussen die Seevögel vielleicht nicht mehr. Aber das Geschäft mit ihren Geschäften geht weiter.

KÜKEN OHNE LEHRMEISTER

KUCKUCKSJUNGE WACHSEN BEI ELTERN ANDERER ARTEN AUF. WER ALSO BRINGT IHNEN BEI, WAS SIE ALS GROSSE KUCKUCKE WISSEN MÜSSEN?

Von Cord Riechelmann

Der Kuckuck ruft zwar so schön melodisch zweisilbig „Kuck-uck“, hat aber einen schlechten Ruf. Seine Eier in fremde Nester zu legen und sich nachher nicht die Bohne um den Nachwuchs zu kümmern, ist allerdings auch wirklich nicht der Normalfall unter Vögeln. Dazu kommt noch, dass es bei dem gemeinen Kuckuck unserer Breiten, wissenschaftlich: *Cuculus canorus*, überhaupt keine Paarbindung zwischen Männchen und Weibchen zu geben scheint. Wenn die männlichen Kuckucke Mitte April aus Zentralafrika hierherkommen – die Weibchen kommen eine Woche später – bilden sie zuerst ihre Reviere und beginnen zu rufen. Das halten sie mit wechselnden Intensitäten bis Ende Juli durch, wenn die Alten beginnen zurückzufliegen.

Ihre Lage ist zu Beginn in Mitteleuropa aber alles andere als rosig und sie wird nicht leichter werden in der nahen Zukunft. Der Naturschutzbund wies im Frühjahr daraufhin, dass sich die Lage der Kuckucke im Zuge des Klimawandels bedrohlich verschlechtern könnte. Weil durch die wärmeren Temperaturen hierzulande viele Zugvögel eher aus ihren Winterquartieren im Süden zurückkehren und deshalb auch früher mit dem Nestbau und dem Brutgeschäft beginnen, könnte es für Kuckucke schwierig werden, noch den richtigen Zeitpunkt für ihre Eiablage in den Nestern von Teichrohrsängern oder Heckenbraunellen zu treffen. Dagegen kann man wenig einwenden, jedenfalls solange nicht wie Kuckucke keine Verhaltensänderung in Bezug auf ihre Zugzeiten zeigen, was sie bisher nicht tun.

Das Leben der Weibchen: heimlich und aufmerksam

Es sind aber nicht nur die langen Zugstrecken, die Kuckucke von hier aus bis nach Zentralafrika allein und im Nachtflug zurücklegen, die ihnen das Leben erschweren. Denn die dicken, haarigen Raupen, die andere Vögel meiden und von denen Kuckucke sich hauptsächlich ernähren, gibt es – wenn überhaupt – Mitte April in Mitteleuropa nur in kleiner Zahl. Genau weiß deshalb niemand zu sagen, wovon sich Kuckucke in den ersten Tagen nach ihrer Ankunft hierzulande ernähren. In ihrer Hauptnahrung, den haarigen Raupen, muss man aber auch einen der Gründe sehen, warum es besser ist, dass Kuckucke ihre Jungen von anderen, wesentlich kleineren Singvögeln wie Teichrohrsängern, Bachstelzen oder Heckenbraunellen aufziehen lassen. Haarige Raupen sind keine leicht verdauliche Nahrung und für Jungvögel mit sich noch entwickelndem Verdauungstrakt sind sie tödlich. Denn die Raupenhaare sind so ätzend, dass sogar die Altkuckucke von Zeit zu Zeit ihre von den Haaren bestickten Magenwände buchstäblich abstoßen und neu bilden. Junge Vögel ernährt man immer noch am besten mit weichen, ungiftigen Kleininsekten, und die können kleine Vögel generell besser fangen als die etwa turteltaubengroßen Kuckucke. Entwicklungsgeschichtlich kann man in der Tatsache, dass die kleineren und wendigeren Singvögel, die später in der Evolution auftauchten als die Vorfahren der Kuckucke, einen der Gründe sehen, warum sich der Brutparasitismus entwickelte. Die kleineren Vögel konnten und können die Insekten auf den Zweigspitzen an jungen Blättern oder im wankenden Röhricht wesentlich schneller und besser fangen als die schwerfälligeren Kuckucke, die dafür die giftigen und haarigen Raupen fressen können. Aber wie fast immer in der Biologie lässt sich über die Anfänge des Brutparasitismus nur spekulieren, weil der Anfang einfach zu lange zurückliegt und die Anpassungen der heutigen Kuckucke zu weit fortgeschritten sind, als dass sie auf einmal und ohne Übergänge aufgetaucht sein könnten.

Während die Männchen also rufen, Raupen fressen und sich von Zeit zu Zeit paaren, führen die Weibchen ein unauffälliges, vorsichtiges, heimliches aber extrem aufmerksames Leben. Deshalb sieht man wenn überhaupt vor allem Männchen. Die Weibchen durchstreifen ihre Wohngebiete in andauernder Suche und Beobachtung nestbauender kleinerer Singvögel. Das tun sie sehr zurückhaltend, aber intensiv. Denn es sind höchstens drei oder vier Tage, in denen an einem bestimmten Nest optimale Bedingungen gegeben sind, um ein fremdes Ei dort abzulegen. Wie das genau geschieht, hat der große Hobbyornithologe Edgar Chance in einer der besten Feldstudien des 20. Jahrhunderts von 1918 bis 1923 herausgefunden. Chance, Direktor einer Glasfabrik, war ein obsessiver

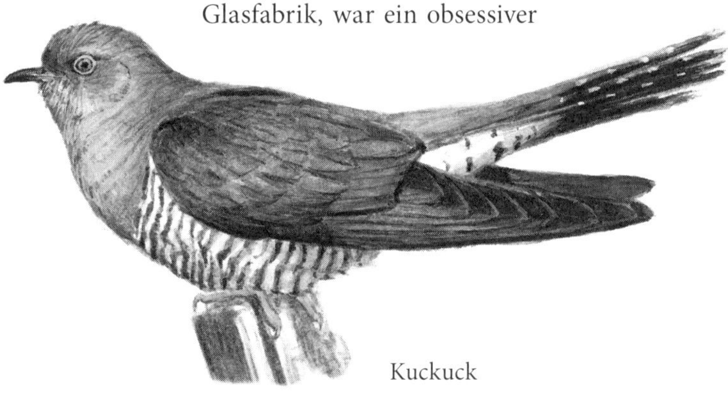

Kuckuck

Vogeleiersammler und hatte von einem Kollegen gehört, der in Deutschland 20 Kuckuckseier von nur einem Weibchen in einem Sommer gesammelt hatte, und den wollte er unbedingt übertreffen. Was Chance letztlich auch gelang, relevant ist aber der Weg dorthin. Chance kam nämlich auf die für genaue Feldstudien einzig vernünftige Idee: Mit seinen Helfern beobachtete er immer nur ein bestimmtes Individuum möglichst den ganzen Sommer über, tagein und tagaus.

Der ganze Akt dauert zehn Sekunden

Seine Untersuchungen hatte Chance auf einem Common, also gemeinschaftlich genutztem Gemeindeland, in Worcestershire mit Hilfe des Minenarbeiters O. R. Owen Simmonds und dessen Sohnes P. B. Smyth Simmonds durchgeführt. Und weil sie zu dritt waren und auch noch das Glück hatten, am selben, über drei Sommer immer wieder nach Worcestershire zurückkehrenden Weibchen ihre Beobachtungen zu machen, waren sie zu sehr präzisen Vorhersagen in der Lage. Sie konnten zum Beispiel aus dem Verhalten des Weibchens genau schließen, wann es in welches Nest sein Ei ablegen würde. Da Simmonds auch über die nötigen Geldmittel verfügte, konnte er sich zu dem anvisierten Tag ein Filmteam bestellen, um den Akt der Eiablage zu dokumentieren. Was die Bilder dann zeigten, ist bis heute die genaueste Dokumentation des kurzen Aktes der Eiablage.

Etwa eine halbe Stunde lang beobachtet das Kuckucksweibchen reglos das Nest, dann fliegt es plötzlich darauf zu, greift sich eines der Eier der Wirtseltern, hält es im Schnabel und legt sein eigenes Ei dazu. Der ganze Akt dauert etwa zehn Sekunden und ist der letzte Moment, in dem sich das Weibchen um das Ei beziehungsweise das Junge kümmert. Chance hatte mit seiner Dokumentation als erster gezeigt, dass das Weibchen ihr Ei direkt in das Nest legt. Bis dahin hatte man angenommen, dass sie ihre Eier vorher legen und dann mit dem Schnabel ins Nest tragen. Das Ei im Schnabel, das war mit Chance klar geworden, stammte aber aus dem Wirtsnest und wird vom Kuckucksweibchen direkt entfernt. Und wenn sich der Vogel mit dem Ei im Schnabel vom Nest wieder entfernt hat, frisst es das Ei in aller Ruhe auf.

Das eigene Ei und der daraus schlüpfende junge Kuckuck bleiben von da an auf sich allein gestellt oder genauer gesagt: In der Auseinandersetzung mit seinen Pflegeeltern vor Probleme gestellt, die er offenbar bestens löst.

So wurde zum Beispiel ein junger Kuckuck, der gerade das Nest verlassen hatte, während einer 70 Minuten langen Beobachtung nicht nur von seinen Bachstelzen-Pflegeeltern gefüttert. Vorbeifliegende Gartenrotschwänze, Wiesenpieper und Heckenbraunellen versorgten ihn ebenso mit Nahrung, obwohl sie eine eigene Brut in der Nähe hatten. Wie es der Kuckuck in diesem Alter, in dem er sich von Erwachsenen kaum noch unterscheidet, schafft, so viel Zuwendung zu erschleichen, ist noch ein Rätsel. Fliegend würden ihn wegen der Ähnlichkeit des Flugbildes mit kleineren Greifvögeln wie Turmfalken oder Sperbern selbst seine Wirtseltern attackieren. Es könnte also sein, dass der junge Kuckuck während seiner Zeit im Wirtselternnest neue und nicht angeborene Betteltechniken erlernt hat, die es ihm ermöglichen auch andere als seine Wirtseltern dazu zu bringen, ihn zu füttern. Das ist ein bisher unter Vögeln nicht beobachteter Vorgang. Das zusätzliche Futter kann der junge Kuckuck jedenfalls gut gebrauchen.

Wenn die Jungen nämlich Anfang bis Mitte September sich zum ersten Mal auf den langen Nachtflug nach Afrika machen, sind die Altvögel schon ein paar Wochen unterwegs. Das wirft die hochinteressante Frage auf, wie die einzeln wandernden jungen Kuckucke ihre artspezifischen Winterquartiere im tropischen Afrika finden, obwohl sie von ganz verschiedenen Wirtseltern aufgezogen worden sind, die ganz unterschiedliche Überwinterungsquartiere beziehen. Für den Vogelzugforscher Peter Berthold stellt der Kuckuck eines der Musterbeispiele für die Existenz angeborener Zugrichtungen und Flugziele dar. Für diese These spricht, dass die Jungkuckucke, wenn sie den Zug nach Afrika lebend überstehen, mit Sicherheit ihr arteigenes Winterquartier finden und dort auch zum ersten Mal auf ältere Kuckucke treffen. In dem Mechanismus der angeborenen Zugrichtung und des ebenfalls erblich zu sein scheinenden Zugziels könnte, bei aller bisher beobachteten Präzision dieser genetischen Fixierung, auch das große Problem der Kuckuckspopulationen liegen. Denn wenn nicht nur Richtung und Ziel genetisch fixiert, sondern auch die Zugzeiten erblich bedingt sind, könnte es mehrere Generationen dauern bis sich die Kuckucke den veränderten klimatischen Bedingungen und Zuggewohnheiten ihrer Wirtsvögel angepasst haben.

FEDERN FÜR DIE FLUGSICHERHEIT

EIN BESUCH IM FEATHER IDENTIFICATION LAB AM NATIONAL MUSEUM OF NATURAL HISTORY IN WASHINGTON DC.

Von Joachim Budde

Die Katastrophe ereignete sich eine halbe Stunde vor Sonnenuntergang: Als am 4. Oktober 1960 um 17.40 Uhr das Flugzeug der *Eastern Airlines* mit der Flugnummer 375 von Runway 9 des Logan Airports in Boston, Massachusetts, abhob, blieb es nur Sekunden in der Luft. Gerade als die Piloten das Fahrwerk einfuhren, blitzte – so sah es eine Augenzeugin – das äußerste linke Triebwerk auf. Motor eins fiel vollständig aus, und auch die Motoren zwei und vier hatten Aussetzer. Die viermotorige Propellermaschine vom Typ *Lockheed Electra* neigte sich nach links, verlor so sehr an Geschwindigkeit, dass der Luftstrom abriss, und stürzte aus 40 Metern Höhe mit der Schnauze voran nahezu senkrecht ab. Nur zehn der 72 Insassen überlebten den Crash, schreibt Michael Kalafatas in seinem Buch „Bird Strike“.

Eine intensive Suche nach den Ursachen begann, doch schon als Flughafenmitarbeiter am nächsten Morgen mehr als 100 tote Stare auf Runway 9 fanden, fiel der Verdacht auf die kleinen Vögel mit den weißen Federspitzen, die das schwarze Kleid der Tiere wie den nächtlichen Sternenhimmel aussehen lassen. Auch in den Triebwerken fanden Techniker später Federn. Um die Vögel sicher bestimmen zu lassen, schickten die Experten sie nach Washington DC zum *National Museum of Natural History* (NMNH), dem größten Naturkundemuseum der USA. Dort untersuchte die Ornithologin Roxie Laybourne die verkohlten Federn und bestätigte: Stare hatten das Flugzeug zum Absturz gebracht.

Für die Vogelkundlerin gab der Flugzeugabsturz den Anstoß zu einem Großprojekt: Sie gründete das *Feather Identification Laboratory* am NMNH und damit einen völlig neuen Zweig ihrer Wissenschaft: die forensische Ornithologie. Jim Whatton, einer von vier Wissenschaftlern, die heute in der Institution arbeiten, sagt: „Dieser Fall war die Initialzündung für unsere Arbeit. Seitdem sind wir stetig gewachsen."

Der Mittdreißiger – kurzer Vollbart, blau-weiß kariertes Hemd – beginnt seinen Arbeitstag damit, die Post zu öffnen. Er zieht Formulare und kleine Plastiktüten aus den Umschlägen. 9000 solcher Briefe bearbeiten seine Kolleginnen und er jedes Jahr. Viele kommen aus den USA, aber auch von Militärbasen rund um den Globus schicken Flughafenmitarbeiter hierher, was von Vögeln übrig bleibt, die mit einem Flugzeug zusammenstoßen.

Kanadagans

Eine Schmierspur als einziger Überrest

Das ist oft nur sehr wenig, wie an diesem Tag ein Brief von der *Airforce*-Basis in Dover im US-Bundesstaat Delaware zeigt: Der Plastikbeutel enthält Federstückchen und einen Wattebausch mit etwas schwarzem Schmier. Auf dem Formular, das auch im Kuvert steckt, haben die *Airforce*-Mitarbeiter zusammengefasst, was sie über den Zusammenstoß wissen: Datum, Ort, Zeit und die Stelle, wo der Vogel das Flugzeug getroffen hat. In diesem Fall in der Nähe von Triebwerk Nummer drei. Die spärlichen Spuren seien zu mickrig, um den Vogel per Vergleich bestimmen zu können, sagt Jim Whatton: „Die kommen auf den DNA-Stapel".

Die tatsächliche Zahl von Kollisionen zwischen Vögeln und Flugzeugen dürfte höher liegen als die 9000 Fälle, die inzwischen jährlich über Jim Whattons Schreibtisch gehen. Denn nur die militärischen Flughäfen der USA sind verpflichtet, Vogelschlag von dem Federnlabor untersuchen zu lassen. Bei der zivilen Luftfahrt ist das anders – obwohl das *Feather Identification Lab* sowohl Kooperationsverträge mit der *Airforce* und der *Navy* als auch der zivilen US-Luftfahrtbehörde *Federal Aviation Administration* (FAA) abgeschlossen hat.

Was sicher ist: Die Zahl der gemeldeten Fälle steigt, zwischen 1990 und 2015 hat sich die absolute Anzahl versiebenfacht. Zwar stürzen immer noch Flugzeuge ab, weil sie Vögeln zu nahe gekommen sind, aber die meisten Fälle von Vogelschlag verlaufen zum Glück glimpflich, sagt Jim Whatton: „Dann gleitet der Vogel lediglich am Flugzeug ab und hinterlässt etwas Blut und ein paar Federn." „Snarge" haben die Ornithologen den schwarzen Schmier, den Techniker mit Alkohol vom Flugzeug gewischt haben, ganz lautmalerisch getauft: Das Wort sei eine Kombination aus *Snot* und *Garbage*, also Rotz und Überresten. „Wir analysieren ihn per DNA-Barcoding."

Suche in den feinsten Strukturen

Das ist die neuste von drei Methoden, die Roxie Laybourne und ihre Nachfolgerin Carla Dove, die das Labor heute leitet, im *Feather Identification Lab* zum Einsatz bringen. Dabei bestimmen Molekularbiologen eine Tierart anhand einzelner Gene, die für diese eine Art typisch sind. Auf diese Weise identifizieren Jim Whatton und seine Kolleginnen die meisten Vögel. Platten mit 96 Proben bearbeitet der Sequenzierautomat in einem einzigen Arbeitsgang. Alle paar Tage kommt eine solche Platte zusammen.

Es gibt allerdings Fälle, in denen nicht einmal mehr das funktioniert, etwa weil sich die genetischen Fingerabdrücke nahe verwandter Vogelarten zu ähnlich sind. Dann schauen sich die Ornithologen die Federn unter dem Mikroskop an, eine Methode, die ebenfalls Roxie Laybourne etabliert hat. „Sie hat erforscht, wie wir Vogelgruppen mithilfe der Mikrostruktur des flaumigen Teils der Federn eingrenzen können", sagt Whatton.

Unter dem Mikroskop betrachten die Vogelexperten einzelne Federäste und -strahlen, also die feinsten Strukturen der Federn. Bei vielen Vogelarten sind die Verzweigungen und die Pigmentierung einmalig. Anhand dieser Unterschiede können die Federnexperten ermitteln, von welcher Art eine Feder stammt. „Wir sind das einzige Labor auf der Welt, das Vögel nach Kollisionen auf diese Weise identifiziert", sagt Jim Whatton.

Doch das sind die schwierigen Fälle. Schneller geht es, wenn die Federnforscher gute Proben bekommen. Dann können sie die Federn mit Vogelbälgen in der riesigen Sammlung des Museums vergleichen. So wie beim nächsten Brief, aus Connecticut. Eine ganze Auswahl an Federn steckt darin: ein paar große Federn vom Schwanz ebenso wie winzige vom Torso. „Hier haben wir richtig schönes Material bekommen. Das vergleichen wir mit Vögeln aus unserer Sammlung, und die Leute kriegen ihre Identifizierung noch heute."

Mit den Briefen für die Sammlung in der Hand geht Jim Whatton einmal quer durch das Museum. Lange Gänge führen in einen großen Saal. Tausende tote Vögel lagern dort in schulterhohen schmutzig-weißen Quadern. Die Schränke sind in zwei Etagen übereinander gestapelt. Nach ein paar Reihen öffnet sich das Labyrinth und macht Platz für einen großen Tisch. Der Vogelkundler schaltet die Tageslichtleuchte ein und breitet seine Proben aus. „Dann beginnen wir mal mit der Untersuchung." Bei dem Vogel aus Connecticut hat er schon eine Idee. Er steigt eine Rollleiter hinauf, öffnet einen der oberen Blechschränke und bringt eine Lade mit etwa einem Dutzend Vögeln an den Tisch – allesamt Tauben.

Die Vogelpräparate, mit denen Jim Whatton arbeitet, sehen ganz anders aus als die prächtigen ausgestopften Tiere mit leuchtenden Glasaugen in der öffentlichen Ausstellung. Die Besucher bekommen meisterlich präparierte Tiere mit glänzenden schwarzen Augen zu sehen, die wie in einer echten Situation eingefroren scheinen: auf einem Ast, beim Landen oder im Nest. Jim Whatton benutzt einfache Bälge, mit Baumwolle gefüllt, die durch die Öffnungen der Augen herausscheint. Ein Flügel ist immer abgespreizt, damit die Ornithologen auch die Flugfedern gut erkennen können. Jim Whatton zieht ein paar graue Federn aus dem Plastikbeutel und hält sie an den Schwanz einer Trauertaube – Treffer. Die kleinen purpur schimmernden Federn findet er am Bauch des Vogels, die winzigen pfirsichfarbenen an ihrer Brust. „Das genügt uns", sagt er. „Wenn mehrere Federn passen, wissen wir: Es kann nur dieser Vogel sein."

Viele Flughäfen werden in Feuchtgebieten gebaut

Doch auch bei exotischeren Federn findet Jim Whatton so gut wie immer den Vogel, zu dem sie gehören. Die Sammlung des Washingtoner Naturkundemuseums umfasst mehr als 600.000 Exemplare und deckt 80 Prozent der Vogelarten der Erde ab. „In welchem Winkel der Welt auch immer ein Vogel ein Flugzeug trifft – wir haben ihn wahrscheinlich in unserer Sammlung."

Meist kann er sich das Suchen aber sparen: „Wir kriegen immer wieder die üblichen Verdächtigen", sagt Jim Whatton: Offenlandarten, die Grasland lieben. Das leuchtet ein, denn es sind solche Biotope, denen Flughäfen mit ihren großen Flächen ohne Busch und Baum ähneln. Darum haben die Federnexperten immer wieder Proben von Ohrenlerchen, Buntfalken, Lerchenstärlingen oder eben Trauertauben in der Post. Viele Flughäfen liegen zudem außerhalb der Städte häufig an einem Gewässer oder wurden in Feuchtgebieten gebaut. Dann sind Wasservögel häufig. Der John-F.-Kennedy-Flughafen in New York City – Nummer vier unter den betriebsamsten Airports der USA – liegt in einem solchen Gebiet. Im New Yorker Stadtteil Queens rückt die Bebauung dem Flughafen immer näher, das drängt Vögel und andere Tiere auf die offenen Flächen. Außerdem liegen vier Müllkippen in direkter Umgebung des JFK. Auch sie ziehen Vögel scharenweise an. Die Gefahr von Vogelschlag wird also eher größer als kleiner.

Welchen Sinn hat da die Arbeit des *Feather Identification Lab*? Was nützt es zu wissen, welche Art genau im Triebwerk gelandet ist? Erstaunlich viel. Die Wissenschaftler liefern nicht nur forensische Informationen wie bei der Aufklärung eines Verbrechens, das man nicht mehr rückgängig machen kann. Sie geben der zivilen und militärischen Luftfahrt vor allem auch Hinweise, wie sich künftige Unglücke verhindern lassen – durch neue Flugzeugtechnik, durch aktives Management der Vogelpopulationen an Flughäfen und durch vorbeugende Landschaftsgestaltung.

Roxie Laybournes Identifikation der Stare nach dem schweren Flugzeugabsturz in Bosten 1960 etwa hat dafür gesorgt, dass Triebwerkhersteller die Turbinenschaufeln verstärkten. Außerdem müssen Maschinenbauer sicherstellen, dass ihre Triebwerke nicht einmal explodieren, wenn gleich mehrere größere Vögel hineingeraten. Die *Airforce* hat aufgrund der Informationen aus dem NMNH ihren F-16 Kampfjets ein neues gläsernes Kabinendach verpasst, das die Gefahr von Vogelschlag verringert. Doch der technische Fortschritt hat auch Schattenseiten: Der Trend geht zu Flugzeugen mit zwei Triebwerken. Das macht sie sparsamer und sie benötigen weniger Wartung, gleichzeitig verschwinden aber Sicherheitsreserven. Die Triebwerke werden außerdem immer leiser. Das freut die Menschen in den Einflugschneisen, Vögel jedoch bemerken die Flugzeuge später. Ihnen bleibt weniger Zeit zu fliehen.

Mit dem Radar auf Suche nach Schwärmen

Auch für die Flughäfen sind die Informationen aus dem Speziallabor in Washington wichtig. Die Daten zeigen, welche Vogelarten Flugzeugen bei Start oder Landung zu nahe gekommen sind. Zu Zeiten des Vogelzugs können die Verantwortlichen zum Beispiel Start- und Landezeiten verschieben. „Sie können jedoch noch mehr unternehmen", sagt Jim Whatton: „Die erste und beste Maßnahme ist Habitat-Veränderung, sodass Brutplätze, Futterplätze oder Beutetiere verschwinden." Dazu gehört es, Nager zu vertreiben, Müll zu entfernen und Büsche zu roden. Viele Flughäfen in den USA beschäftigen inzwischen Wildtierbiologen, um Vögeln auf und um den Flughafen das Leben schwer zu machen. Denn spätestens seit Kanadagänse an einer Concorde von Air France im Landeanflug auf den John-F.-Kennedy-Flughafen einen Schaden von neun Millionen Dollar anrichteten und die französische Flugaufsicht den Flughafen auf Schadenersatz verklagte (man einigte sich außergerichtlich), können Airports in den USA Vogelschlag nicht mehr als gottgegeben abtun.

Jetzt setzen die Flughäfen Technik ein: Der Logan-Airport in Boston ist inzwischen zum Beispiel mit einem Vogelradar ausgestattet. Die Anlagen sollen sogar Vögel von der Größe eines Stars in bis zu acht Kilometern Entfernung erfassen können. Es fällt allerdings noch schwer, Vogelschwärme von Regenschauern zu unterscheiden. Andere Flughäfen setzen kleine Drohnen ein, die wie Falken aussehen und sich sogar per Flügelschlag bewegen, um Vögel zu verscheuchen. Wieder andere feuern dazu regelmäßig Schüsse ab oder schicken Hundepatrouillen los. In Israel haben Ornithologen, Luftwaffe und Flugsicherung ein Zentrum zur Vermeidung von Vogelschlag gegründet, um Zugvögel und Flugverkehr voneinander fernzuhalten. All das sind große Verbesserungen für die Vögel, denn viele Jahrzehnte lang haben Scharfschützen Vögel auf und um Flughäfen auch in den Vereinigten Staaten abgeschossen. Manche amerikanische Airports fingen Hunderte Gänse ein und keulten sie.

Seit dem Absturz in Boston 1960 hat sich viel getan. Die Triebwerke moderner Maschinen können zwei Kilogramm Vogelkörper verkraften, große Jets sogar vier Kilogramm. Doch diese Grenze ist schnell überschritten, wenn ein Flugzeug in einen Starenschwarm gerät oder Geier oder Gänse ihm in die Quere kommen. So wie am 15. Januar 2009 dem US-Airways Flug 1549. Auch diesen Fall haben die Federnspezialisten aus Washington auf dem Tisch gehabt. Sie haben vom „Wunder des Hudson“ sogar eine kleine Box mit Fotos, Federn und einem Trümmerteil aus dem Triebwerk der Maschine erstellt.

Der Airbus A 320 hob um 15.25 Uhr vom New Yorker Flughafen La Guardia Richtung Nordwesten ab. Anderthalb Minuten nach dem Start auf einer Höhe von 900 Metern füllte plötzlich ein Schwarm großer grauer Vögel die Windschutzscheibe der Piloten vollständig aus. Dann laute Schläge. „Es fühlte sich an, als sei das Flugzeug in Hagel oder schweren Regen geraten, wie das schwerste Gewitter, das ich je hörte“, erzählte der Pilot Chesley Sullenberger später im Fernsehsender CBS. „Es war schockierend.“ Er fühlte, hörte und roch, dass

Tiere in die Triebwerke geraten waren, die Vibrationen, der Gestank verbrannter Vögel. Beide Triebwerke fielen aus. Plötzlich Stille – Chesley Sullenberger befand sich in einem mehr als 70 Tonnen schweren vollgetankten Flugzeug mit 155 Menschen an Bord über einer der am dichtesten besiedelten Gebiete der Welt.

Die Federnexperten helfen dabei, Prioritäten zu setzen

Der ohnehin langsame Jet begann, Geschwindigkeit zu verlieren. Während die Flugsicherung alle Starts auf La Guardia stoppte und eine Rollbahn auf dem Flughafen von Teterboro in New Jersey reservierte, stellte Sullenberger fest, dass er keinen der beiden Flughäfen mehr erreichen konnte. Er lenkte die antriebslose Maschine stattdessen nach Südwesten, in der Hoffnung, sie auf dem Hudson River westlich von Manhattan wassern zu können. Er schaffte es, über die George-Washington-Brücke hinweg, zwischen den Hochhäusern voller Menschen an beiden Ufern. Seine Erfahrung im Gleitflug, die günstigen Wetterverhältnisse und das spiegelglatte Wasser sowie die vielen Fähren, die sich für den Feierabendverkehr bereit gemacht hatten – all diese Faktoren retteten den Menschen an Bord des Flugzeugs das Leben.

Im Fall von Flug 1549 haben Kanadagänse die Triebwerke blockiert, auch das haben die Ornithologen vom *Feather Identification Lab* am Nationalen Naturkundemuseum in herausgefunden. Diese Vögel verursachen dem aktuellen Wildschlagbericht der US-Behörden zufolge gut die Hälfte aller Schäden im zivilen Flugverkehr – obwohl sie längst nicht so häufig mit Flugzeugen kollidieren wie Trauertauben. Das ist bei vier Kilogramm Körpergewicht wenig verwunderlich. Die Statistik zeigt aber auch, dass die Zahl der Vogelarten, die mit Flugzeugen zusammenprallen, in den letzten 25 Jahren stetig gewachsen ist. Die Arbeit der Wildtierbiologen auf den Flughäfen wird also immer komplexer. Damit wird es umso wichtiger, dass Jim Whatton und seine Kolleginnen den Experten vor Ort sagen, auf welche Vögel sie ein besonderes Augenmerk richten müssen.

Obwohl die Zahl der gemeldeten Fälle von Vogelschlag wächst, ist der reale Schaden seit dem Jahr 2000 kleiner geworden. Als wichtigsten Grund dafür gilt effektives Vogelmanagement. Die Ornithologen vom *Feather Identification Lab* tragen also dazu bei, den Himmel sicherer zu machen – für alle, die fliegen.

IM TURTELN SIND DIESE TAUBEN NICHT ZU TOPPEN

WISSENSWERTES ÜBER EINEN VOGEL, DER DRINGEND BESSEREN SCHUTZ BRAUCHT.

Von Carl-Albrecht von Treuenfels

Wenn Turteltauben turteln, schmelzen die Herzen von Vogelbeobachtern. Doch die Art ist stark bedroht. Sie gehört zu einer der größten Vogelfamilien namens *Columbidae*, ist eine von 309 wild lebenden Taubenarten weltweit und von vier Taubenarten, die in Deutschland vorkommen. Aus Sorge um ihr Überleben haben der Naturschutzbund Deutschland (NABU) und der Landesbund für Vogelschutz in Bayern (LBV) die Turteltaube 2020 zum „Vogel des Jahres" gewählt.

Nach der häufigen Ringeltaube, der Hohltaube und der Türkentaube ist die Turteltaube die kleinste und seltenste bei uns lebende Art. Und sie ist ein echter Zugvogel, der den europäischen Winter in der afrikanischen Subsaharazone vom Senegal im Westen bis nach Äthiopien im Osten verbringt.

Ab Mitte April und im Mai kehrt *Streptopelia turtur*, vom großen schwedischen Naturforscher und zoologischen Systematiker Carl von Linné (1707 bis 1778) wegen ihres fast monoton „turr turr turr" klingenden Rufes wissenschaftlich so benannt, in ihre europäischen, asiatischen und nordafrikanischen Brutgebiete zurück.

Anmutig und farbenprächtig

Doch es werden immer weniger, die ihr anspruchsloses Nest für die beiden weißen Eier in Bäumen und hohen Hecken bei uns und in den Nachbarländern bauen. Galt die Turteltaube noch bis zur Mitte des letzten Jahrhunderts als häufiger Brutvogel vor allem in Mittel- und Süddeutschland, so brachen ihre Bestände bis heute rapide ein.

Der „Atlas Deutscher Brutvogelarten" gibt für die Jahre 2005 bis 2009 noch 25.000 bis 45.000 Paare an, der NABU beziffert den aktuellen Bestand mit 12.500 bis 22.000 Paaren. Zum Vergleich: Ringeltauben werden mit rund drei Millionen, Hohltauben mit 49.000 bis 82.000 und die erst seit 70 Jahren zugezogenen Türkentauben mit 110.000 bis 200.000 Paaren angegeben.

Seit 1980 haben die Turteltauben nach jüngsten Angaben der Vogelschützer um knapp 90 Prozent abgenommen. Auf der Roten Liste der bedrohten Vogelarten in Deutschland wurde sie 2015 als „stark gefährdet" in die Kategorie zwei hochgestuft. Aus Großbritannien, wo das Beobachten und Monitoring von Vögeln eine lange Tradition hat, wird ein Rückgang von 93 Prozent zwischen 1970 und 2010 gemeldet.

Die anmutigen Turteltauben zeichnen sich durch eine schöne Gefiederfärbung aus. Zwar können sie nicht mit vielen in den Tropen lebenden farbenprächtigen Arten mithalten, doch in Europa sind sie die buntesten: Mit ihren dunkel gemusterten, bräunlich gefärbten Flügeldecken, der rosa gefärbten Kehle und Brust, einem schwarzweißen Ring an beiden Seiten des schlanken Halses, blaugrauen Federpartien am Kopf, vor dem Flügelbug und am helleren Bauch, dem von einem weißen Saum begrenzten dunklen Stoß, also Schwanz, und schließlich den roten Beinen und Füßen und dem leuchtend roten Ring um die gelbschwarzen Augen sorgen sie für eine ganz besondere Erscheinung.

Am liebsten mögen die Tauben Auwälder

Ihr Verhalten ist nicht weniger extravagant. Während der Balz nach der Ankunft aus dem Winterquartier tänzeln die beiden gleich gefärbten Männchen und Weibchen auf einem Ast umeinander, strecken und recken sich dabei und berühren sich gegenseitig zärtlich am Hals und mit den grauen Schnäbeln. Der Tauber steigt von Zeit zu Zeit zu einem Schauflug mehrere Meter in die Höhe, lässt sich in die Tiefe fallen und landet wie ein geöffneter Fallschirm bei seinem Weibchen.

Dort geht das Turteln, nicht selten mit geschlossenen Augen und unter sanftem Gesang, weiter. Viele Paare bleiben ihr Leben lang beisammen. Wenn sie Glück haben und nicht wie mehr als die Hälfte der Jungvögel bereits im ersten Lebensjahr sterben, können sie bis über 20 Jahre alt werden.

Die meisten indes verlieren viel früher ihr Leben. Die Liste der Ursachen ist lang: Den Tieren fehlt es als Folge intensiver Landwirtschaft und Lebensraumzerstörung in ihren Brut- und Überwinterungsgebieten ebenso wie entlang der Zugstrecken an Nahrung; sie werden illegal abgeschossen und in Netzen und mit Leimruten gefangen. Auch intensive legale Bejagung rund ums Mittelmeer, auf dem Zug und im Winterquartier sorgen für hohe Verluste.

Hinzu kommen in jüngerer Vergangenheit als Todesursachen vermehrt Parasiten wie Trichomonaden, mit denen sich die Vögel gegenseitig anstecken können. Infektionsquellen für die als „Gelber Knopf" bekannte Krankheit, bei der sich Wucherungen im Rachenbereich und anderen inneren Organen bilden und von der auch andere Vogelarten wie etwa Hühner, Kraniche und Finken befallen werden können, sind häufig gemeinsam zum Trinken genutzte Gewässer. Um regelmäßig Wasser zu sich zu nehmen, legen die Tiere ihre Zugstrecken so, dass sie entlang ihrer bis zu 700 Kilometer weiten Tagesstrecken genügend Süßwasseroasen finden.

Zum Brüten suchen Turteltauben sich solche Biotope aus, in denen Bäche, Teiche, Sölle, Altarme von Flüssen und selbst Vogeltränken regelmäßige Trinkmöglichkeiten bieten. Daher besiedeln Turteltauben bis heute mit Vorliebe Auwälder entlang der Flüsse, doch die sind durch den Menschen stark geschrumpft, ebenso wie viele kleine Feldgehölze und Gewässer in der modernen Agrarlandschaft. Die industrielle Landwirtschaft erschwert zudem durch ihre rabiate Vernichtung von Ackerwildkräutern, dass Turteltauben wie viele andere ausschließlich oder überwiegend vegetarisch lebende Vogelarten genügend Samen und Körner als Nahrung finden. Statt wie früher zwei oder drei Jahresbruten schaffen Turteltauben nur noch mit Müh und Not eine Jahresbrut – zu wenig, um die Art zu erhalten.

Turteltaube

Rund um das Mittelmeer leben die Tiere gefährlich

Bei der etwa dreiwöchigen Aufzucht ihrer Jungen, die nach einer Brutzeit von nur gut zwei Wochen schlüpfen, bedienen sich die Turteltauben wie viele ihrer Verwandten einer besonderen Methode: Im Kropf der Elternvögel bildet sich ein zähflüssiger milchartiger Brei, den sie ihren Küken in deren geöffneten Schnabel drücken. Diese vorverdaute Intensivspeise aus aufgesammelten oder gepflückten

Samen und Körnern und der im Körper der im zweiten Lebensjahr geschlechtsreifen Alttauben angesammelten „Kropfmilch" sorgt für ein schnelles Wachstum der Jungvögel.

Wo es genügend geeignete Nahrung gibt, kommt es sogar zu Schachtelbruten. Während das Weibchen auf dem zweiten Gelege sitzt, füttert das Männchen die beiden vorher geschlüpften Küken. Auch nach deren Ausfliegen werden sie noch eine Zeit lang versorgt, bis sie selbstständig nach Nahrung suchen können.

Trotz der immer schwierigeren Ernährungssituation, die für viele Turteltauben zum Hungertod führt, werden die Tiere in den süd- und osteuropäischen Ländern weiterhin ganz legal gnadenlos bejagt. In Spanien, Griechenland, Italien, Portugal und Bulgarien gehen die Streckenzahlen bei der Herbstjagd in die Hunderttausende. Auf den Mittelmeerinseln Zypern und Malta ist der Blutzoll ebenfalls hoch. Auf Malta war bis vor kurzem sogar die Frühjahrsjagd erlaubt, zur Zeit gibt es ein Moratorium. Doch wegen des immer noch erlaubten Abschusses der ebenfalls aus Afrika nach Europa zurückziehenden Wachteln, holen Jäger gerne auch mal angeblich versehentlich Turteltauben vom Himmel.

Politischer Druck ist nötig

Neben der immer noch erlaubten Jagd in vielen Ländern fordern illegale Abschüsse und unerlaubte, aber oft nicht verfolgte Fänge in Netzen weitere große Verluste. Auf 600.000 gesetzeswidrig getötete Turteltauben jährlich schätzen seriöse Vogelschützer aus mehreren Ländern allein diese Verlustrate. In Ländern der Europäischen Union werden mindestens 1,4 Millionen Turteltauben pro Jahr legal geschossen – eine unfassbare Zahl, die die Art nach Meinung vieler Wissenschaftler nicht mehr verkraftet.

Seit einigen Jahren baut sich europaweit immer stärkerer Widerstand von Naturschützern gegen die Jagd rund ums Mittelmeer auf.

Die europäische Sektion der Vogelschutzorganisation *Birdlife International*, der auch der NABU als Mitglied angehört, wirbt mit einer Aufklärungskampagne namens „Flight for Survival“ für das Überleben der Turteltaube.

In verschiedenen Forschungsprogrammen in mehreren Ländern werden besenderte Turteltauben über Satellitenortung rund ums Jahr verfolgt, um mehr über ihr Verhalten in den Brutgebieten und auf dem Zug, ihre Habitat-Auswahl und den Einfluss der Verfolgung durch den Menschen herauszufinden. Neben der wissenschaftlichen Arbeit erzeugen die Vogelschützer politischen Druck, um die Bejagung zu reduzieren oder abzuschaffen. Damit wären der EU-Vogelschutzrichtlinie und der international gültigen Bonner Konvention zur Erhaltung wandernder wild lebender Tierarten zur besseren Durchsetzung verholfen.

Die ersten Vertragsverletzungsverfahren gegen Frankreich und Spanien sind eingeleitet. Aber es gibt auch ganz praktische Ansätze, um unserer Turteltaube, von der es außerhalb Europas drei weitere Unterarten gibt, zu helfen. So hat der LBV gemeinsam mit der Landesanstalt für Garten- und Weinbau eine Saatmischung für den ebenfalls hochgradig gefährdeten Ortolan, eine Ammernart, entwickelt, die auch der Turteltaube zugute kommt. Dadurch wird unterstrichen, wie wichtig eine Veränderung der EU-Landwirtschaftspolitik hin zu mehr Förderung ökologischer Feldbewirtschaftung und von dem Naturschutz vorbehaltenen Flächen ist.

GEFAHREN ERKENNEN, SICH SORGEN MACHEN

DAS SCHLEICHENDE VOGELSTERBEN

IN DEUTSCHLAND LEBEN HEUTE 14 MILLIONEN VÖGEL WENIGER ALS VOR 25 JAHREN.
Von Thomas Krumenacker

Fast im Monatstakt versorgt uns die Wissenschaft mit neuen Fakten zum Ausmaß des ökologischen Dramas, das sich gerade unter aller Augen auf unserem Planeten abspielt. Mehr als eine Million Arten stehen vor dem Verschwinden, wenn in der Umwelt-, Klima- und Agrarpolitik weltweit nicht rasch umgesteuert wird, lautete etwa die Warnung des Welt-Biodiversitätsrats aus dem vergangenen Jahr. Dass der Verlust der Artenvielfalt auch hierzulande dramatische Formen angenommen hat, zeigen Studien wie die viel beachtete Analyse der Krefelder Insektenforscher oder der Agrarreport des Bundesamts für Naturschutz. Nun gibt es aktuelle Daten zur Lage der Vögel in Deutschland. Auch sie zeichnen, zumindest in Teilen, das düstere Bild des schleichenden Artensterbens fort. Gute Nachrichten finden sich in dem Report aber auch, für den Hunderttausende Einzeldaten aus vielen Jahren Freilandarbeit Tausender ehrenamtlicher Vogelbeobachter ausgewertet wurden.

Wie steht es um die gut 300 Vogelarten, die hierzulande brüten, und die mehr als 130 Wasservogelarten, die Deutschland regelmäßig zur Rast oder zum Überwintern aufsuchen? Welche Vogelarten nehmen zu, welche gehen weiter zurück? Wie verläuft die Entwicklung der gefiederten Artenvielfalt in den verschiedenen Lebensräumen, und hinterlässt der Klimawandel bereits seine Spuren? Diese Fragen treiben viele Vogelbeobachter um, egal, ob sie als gelegentliche *Birdwatcher* unterwegs sind oder ob sie sich als Wissenschaftlerin beruflich damit befassen. Antworten gibt der soeben erschienene Bericht „Vögel in Deutschland". Der vom Dachverband Deutscher Avifaunisten (DDA) gemeinsam mit dem Bundesamt für Naturschutz und der Länderarbeitsgemeinschaft der Vogelschutzwarten herausgegebene Report ist die umfangreichste Datensammlung sowohl zu Brut- wie zu Rastvogelarten in Deutschland seit 2013, als der Vorgängerreport erschien. In dem gut 60 Seiten starken Zustandsbericht zur Lage der Vögel in Deutschland wird manche bereits bekannte Entwicklung wie der dramatische Vogelschwund in der Agrarlandschaft mit neuen Zahlen unterfüttert. Es gibt aber auch einige Überraschungen.

Starker Rückgang in kurzer Zeit

Der wohl erschreckendste Befund aus dem Bericht ist die Analyse des schleichenden Vogelschwunds in allen Lebensräumen über das letzte Vierteljahrhundert. Erstmals stellen die Vogelstatistiker dem doch eher abstrakten Begriff des Biodiversitätsverlustes hier eine konkrete Zahl gegenüber. Sie lautet: 14 Millionen. 14 Millionen Vögel oder sieben Millionen Vogel-Brutpaare hat Deutschland seit Beginn der 1990er-Jahre der Analyse zufolge verloren. Das entspricht einem Verlust von acht Prozent aller Vögel über einen Zeitraum von 24 Jahren (der Bericht wertet den Zeitraum zwischen 1992 und 2016 aus). 14 Millionen, das ist so viel wie alle Einwohner von Berlin, London und Paris zusammengenommen. 14 Millionen Vögel: Das bedeutet einen Verlust von fast 1600 Vögeln pro Tag über fast ein Vierteljahrhundert hinweg. Legt man einen noch längeren Zeitraum zugrunde und vergleicht die heute dem Bericht zufolge etwa 85 Millionen Vogel-Brutpaare mit Daten aus den 1980er-Jahren, ergibt sich sogar ein Verlust von etwa einem Viertel aller Vögel innerhalb von weniger als 40 Jahren. Der stumme Frühling ist mithin kein düsteres Zukunftsszenario mehr, sondern wird schleichend Realität auch hierzulande. „Unsere Daten zeigen, dass der massenhafte Verlust von Vögeln bereits seit Jahrzehnten im Gang ist", sagt DDA-Geschäftsführer Christoph Sudfeldt.

Alle Lebensräume sind betroffen – außer Wald und Stadt

Der Verlust der gefiederten Vielfalt betrifft alle Lebensräume. Im landwirtschaftlich stark genutzten Offenland gingen der Analyse zufolge seit Beginn der 1990er-Jahre rund vier Millionen Vögel verloren. Im gleichen Ausmaß verringerte sich die Zahl der Waldvögel. In Städten und Dörfern, dem sogenannten Siedlungsraum, fiel der Vogelschwund sogar stärker aus als im landwirtschaftlich genutzten Offenland. Hier leben heute sogar rund fünf Millionen Vögel weniger als vor knapp 25 Jahren. Einen wichtigen Unterschied gibt es aber: Denn während der Negativtrend bei den Agrarvögeln ungebremst anhält, erholen sich die Vogelbestände in Städten, Dörfern und Wäldern seit einigen Jahren wieder von den Tiefständen zu Beginn der 1990er-Jahre.

In Wäldern profitieren Vogelarten wie Spechte und Fliegenschnäpper mancherorts vom Umsteuern hin zu einer naturnäheren Forstwirtschaft, vom Altern der Baumbestände und von einem vielerorts größeren Anteil von insektenreichem Totholz. Aber auch der Klimawandel könnte eine Rolle spielen: Denn durch die höheren Durchschnittstemperaturen kommt es immer häufiger zu Mastjahren mit deutlich verstärkter Samenproduktion bei Eichen, Buchen, Kastanien und anderen Baumarten. Samenfressende Waldvogelarten haben damit eine deutlich bessere Nahrungsgrundlage auch im

Winter. Dies und die zunehmend milderen Winter erhöhen die Überlebensrate. Auch in den Städten geht es seit einigen Jahren wieder bergauf mit den Vogelbeständen. Der Trend zu mehr innerstädtischem Grün und naturnäherer Gestaltung von Gärten und Parks hilft vielen Vogelarten.

Industrialisierte Landwirtschaft produziert „grüne Wüsten", warnen Wissenschaftler

Einzig in den landwirtschaftlich genutzten Vogel-Lebensräumen zeichnet sich keine Entspannung ab. Hier sind viele bis vor ein paar Jahrzehnten häufige Arten mittlerweile aus ganzen Landstrichen verschwunden. 70 Prozent aller hier lebenden Arten verzeichnen einen Bestandsrückgang, einige wie das Rebhuhn stehen vor dem Aus, wenn sich nicht rasch etwas ändert. Die Befunde des Berichts „unterstreichen erneut die Dringlichkeit von Reformen in der Landwirtschaftspolitik", betont auch die Präsidentin des Bundesamts für Naturschutz, Beate Jessel. Das Amt hatte in seinem Agrarreport bereits 2017 deutlich gemacht, dass es ohne eine Abkehr von der Intensivstlandwirtschaft und den politischen Rahmenbedingungen dazu keine Wende im Artensterben geben werde. „Mithilfe der momentan vorhandenen einschlägigen Förderinstrumente lässt sich auf diese Weise in der Agrarlandschaft nicht einmal ein Mindestniveau an biologischer Vielfalt aufrechterhalten", heißt es in dem Report.

„Wir wissen, was zu tun ist"

Erst vor kurzem wandten sich mehr als 2500 Wissenschaftlerinnen und Wissenschaftler aus allen Mitgliedstaaten der EU mit einem Brandbrief an die Europäische Kommission: „Wir beobachten katastrophale Rückgänge bei Vögeln, Säugetieren, Reptilien, Amphibien und Insekten durch eine schädliche landwirtschaftliche Praxis in ganz Europa", schrieben die Forscherinnen und Forscher. An Kommissionspräsidentin Ursula von der Leyen appellierten sie vor dem Hintergrund der gerade laufenden Verhandlungen über die Finanzierung der Gemeinsamen Agrarpolitik (GAP) in den kommenden Jahren: „Handeln Sie auf der Basis wissenschaftlicher Fakten und leiten Sie ohne weitere Verzögerungen eine weitreichende Reform der Gemeinsamen Agrarpolitik ein. [...] Die GAP verwandelt ländliche Gebiete in grüne Wüsten mit unbewohnbaren Monokulturen mit maximalen Erträgen."

Weil zumindest ein großer Teil der Ursachen für den Rückgang der Artenvielfalt bekannt ist, sehen Vogelschützer die Chance zu Verbesserungen. „Auch wenn die Verluste ein düsteres Bild des Zustands unserer Agrarvögel zeichnen, können wir den Rückgang stoppen. Wir wissen in vielen Bereichen, was getan werden muss, um einen wirksamen Schutz der biologischen Vielfalt zu gewährleisten", sagt etwa Stefan Jaehne von der Länderarbeitsgemeinschaft der Vogelschutzwarten. Als Beispiel nennt er erfolgreiche Artenschutzprogramme wie das für Großtrappen in Brandenburg und Sachsen-Anhalt.

Deutschland ist kein Sonderfall

Der dramatische Rückgang vieler Agrarvogelarten in Deutschland ist keine Ausnahme. Auch in anderen europäischen Ländern und auf anderen Kontinenten zeigt sich ein ähnliches Bild. Vor wenigen Monaten veröffentlichten beispielsweise Wissenschaftler vergleichbare Daten für Kanada und die USA. Ihren Berechnungen zufolge leben in den beiden Staaten heute drei Milliarden Vögel weniger als vor 50 Jahren. Das entspricht dem Verlust fast jedes dritten Vogels. „Ein erschütternder Schwund, der darauf hindeutet, dass sich die Struktur des gesamten nordamerikanischen Ökosystems selbst auflöst", schrieben Peter Marra und John W. Fitzpatrick, zwei der führenden Biologen der USA, in einem Leitartikel der *New York Times*. Wie das

Insektensterben sei der Vogelschwund Zeichen einer globalen Ökologiekrise. „Die Vogelkrise ist eine Krise für uns alle“, warnten die Forscher.

Viele Vogelarten haben ihre Bestände gegenüber dem Beginn der 1990er-Jahre stark verändert. Die Ursachen dafür sind vielfältig, neben der Landnutzung spielt auch der Klimawandel eine zunehmende Rolle – und meistens ist eine Kombination vieler Faktoren verantwortlich. Für Zugvögel beispielsweise ändern sich die Bedingungen durch Klimawandel und menschliche Eingriffe in ihren Lebensraum nicht nur am Brutort, sondern auch in den Rastgebieten im Winterquartier. Allerdings kann der Gewinner von heute der Verlierer von morgen sein. Kraniche etwa haben ihre Bestände in Deutschland in den vergangenen Jahrzehnten stark ausgeweitet. Mit der zunehmenden Trockenheit verlieren sie aber immer mehr geeignete Brutplätze für ihre Bodennester, die sie zum Schutz vor Feinden im flachen Wasser anlegen. Das Ende des Kranich-Booms ist absehbar.

DIE GROSSE VERNICHTUNG

DER UN-BERICHT ZUM ARTENSTERBEN: JETZT GEHT ES UM DIE GRUNDLAGEN UNSERER WIRTSCHAFTSWEISE.

Von Christian Schwägerl

Jeder Vorschlag, mehr für die Umwelt oder das Klima zu tun, ruft den Reflex hervor: Aber die Kosten! Ob aktuell bei der Diskussion um die CO_2-Steuer oder über eine umweltfreundlichere Landwirtschaft, es heißt sofort: Das geht nicht, denn es belastet unsere Bürgerinnen und Bürger! Vorgebracht wird dieses Argument gerne von Politikern und Lobbyisten mit BWL-Hintergrund, die darauf trainiert wurden, nur jene kurzfristigen Kosten, die in den Quartalsbilanzen auftauchen, mit dem kurzfristigen Nutzen abzuwägen.

Doch diese Argumente werden nun förmlich pulverisiert – durch den Weltbericht zur Lage der Natur, den 145 Wissenschaftler über drei Jahre erarbeitet und im Mai 2019 der Öffentlichkeit vorgestellt haben. Jedem Erdbewohner, und ebenso dem ganzen Planeten, droht durch unser rücksichtsloses, rein kurzfristiges Wirtschaften eine Verarmung von epochalem Ausmaß.

Jede achte Art – eine Million von schätzungsweise acht Millionen Arten – ist dem Bericht zufolge in den kommenden Jahren und Jahrzehnten vom Aussterben bedroht, sollte es zu keinen grundlegenden Änderungen etwa bei der Landnutzung und dem Ausstoß von Treibhausgasen kommen. Allein die vom Menschen verursachte Erderhitzung könnte rund fünf Prozent der Arten auslöschen, wenn der Schwellenwert von zwei Grad Celsius globaler Temperaturerhöhung überschritten wird. 99 Prozent der Korallenriffe würden bei einer solchen Entwicklung mit großer Wahrscheinlichkeit absterben. Als wichtigsten Faktor des Artensterbens benennt der Bericht landwirtschaftliche Praktiken, die nicht nachhaltig sind.

Eine katastrophale Bilanz für die globale Umweltpolitik

23 Prozent der Landfläche des Planeten seien ökologisch heruntergewirtschaftet und könnten nicht mehr ausreichend genutzt werden, schreiben die Wissenschaftler. Allein der Verlust von bestäubenden Insekten bedrohe Nahrungsmittelproduktion im Wert zwischen 235 Milliarden und 577 Milliarden Dollar pro Jahr. Die Zerstörung von Küstenlebensräumen wie Mangrovenwäldern gefährde die Lebensgrundlage von bis zu 300 Millionen Menschen.

Die Synthese Tausender wissenschaftlicher Studien hat ergeben, dass 85 Prozent der Feuchtgebiete bereits zerstört worden sind; seit dem späten 19. Jahrhundert rund die Hälfte der Korallenriffe verschwunden ist; neun Prozent der Nutztierrassen ausgestorben sind; zwischen 1980 und der Jahrtausendwende 100 Millionen Hektar tropischer Regenwald zerstört wurden, weitere 32 Millionen Hektar allein zwischen 2010 und 2015.

„Die globale Rate des Artensterbens ist mindestens um den Faktor zehn bis Hunderte Male höher als im Durchschnitt der vergangenen zehn Millionen Jahre, und sie wächst", heißt es im IPBES-Bericht – eine katastrophale Bilanz für die globale Umweltpolitik. 2010 hatte sich die Staatengemeinschaft verpflichtet, bis 2020 den Niedergang der Artenvielfalt stark zu bremsen.

Noch immer gilt Naturschutz als Luxusthema

Wir sind dabei, Reichtum, der über Millionen Jahre entstanden ist, zu vernichten. Wir führen ganze Ökosysteme, von denen unsere Ernährung, unser Schutz vor Naturkatastrophen und unsere Versorgung mit neuen Medikamenten abhängen, blindlings in die Insolvenz. Mehr noch, wir verhalten uns wie kriminelle Räuber, die nicht nur anderen Lebensformen, sondern sogar ihren eigenen Kindern das wegnehmen, was sie zum Leben brauchen, nur um es in Müll zu verwandeln. Es ist, als lebten wir auf einer Wegwerf-Erde.

Der Tonfall des sogenannten IPBES-Berichts ist nüchtern, wie es sich für Wissenschaftler gehört. Tausende Studien wurden ausgewertet, zahlreiche Konferenzen abgehalten, um zu einem ausgewogenen Urteil zu kommen. Genau das macht die Lektüre des Berichts schwer erträglich: Wenn dort schwarz auf weiß steht, dass bei einem Weiter-so jede achte Art in absehbarer Zeit auszusterben droht, 99 Prozent der die Küsten schützenden Korallenriffe verschwinden werden und der Rückgang von Bestäubern Ernten im Wert von bis zu 577 Milliarden Dollar jährlich gefährdet, dann müssten bei jedem Politiker, jedem Ökonomen, auch bei Betriebswirtschaftlern, eigentlich die Alarmglocken schrillen.

Tut es aber nicht. Naturschutz gilt noch immer als Luxusproblem, dem man sich widmet, wenn man sonst nichts zu tun hat. Kein prominenter Politiker macht es sich zur Aufgabe, das zu ändern. Auch unter Prominenten und „Influencern" sind die Fürsprecher des Naturschutzes rar gesät. Ein Zyniker würde sagen: Es geht ja nur um unsere Lebensgrundlagen.

Der Erdhaushalt ist tief in den roten Zahlen

Der Bericht der Forscher stellt deshalb eine große Chance dar: Er bietet eine solide wissenschaftliche Grundlage dafür, die Debatte anders als bisher zu führen. Es geht darum zu verstehen, warum

Ökologie und Ökonomie, die als Gegensätze gelten, einen gemeinsamen Wortstamm haben: „Öko“ kommt vom griechischen *oikos*, dem Wort für Haus oder auch Feuerstelle, an der das lebensnotwendige Essen entsteht. Dieses gemeinsame Haus ist die Erde, eine Kugel, auf der wir zusammen um die Sonne reisen. Eine Kugel, die alles ist, was wir haben.

Wir sind mit unserer aktuellen Wirtschaftsweise und unserem aktuellen Lebensstil dabei, dieses wunderbar reiche Haus namens Erde zu plündern, Teile davon niederzubrennen, andere, kunstvoll entstandene Teile zu Schotter zu verarbeiten und zu verhökern. Die Forscher haben die große Leistung erbracht, diesen Vorgang in Zahlen zu fassen. Nun liegt eine Bilanz des Erdhaushalts vor – und die roten Zahlen schreien uns entgegen, dass Ökonomie und Ökologie gleichermaßen davon bedroht sind. Einige haben das schon verstanden: Das Weltwirtschaftsforum führt den Verlust der Naturvielfalt unter den zehn größten Risiken unserer Zeit auf.

Der Bericht selbst bleibt dazu erstaunlich allgemein – mit Ausnahme des Abbaus umweltfeindlicher Subventionen, die für falsche Landnutzungspraktiken und fossile Energieträger noch immer in Höhe von Hunderten Milliarden Euro jährlich fließen. Ein leicht festzunagelndes Therapeutikum, ein Äquivalent zum 1,5- oder 2-Grad-Ziel des Weltklimarats, das mit einem konkreten CO_2-Budget hinterlegt werden kann, sucht man vergeblich. Die IPBES-Autoren haben sich auf die Diagnose einer gefährlichen planetaren Krankheit, eines Lebensschwunds, also einer Art Bioporose, fokussiert.

Katastrophales Zeugnis der globalen Umweltpolitik

Das geschah aber auch in dem Wissen, dass die Vorschläge für Therapien eigentlich längst vorliegen. So lange, nämlich spätestens seit dem „Erdgipfel“ der Vereinten Nationen in Rio de Janeiro 1992, dass sie schon wieder in Vergessenheit geraten, von alten Wirtschaftsinteressen und neuen geopolitischen Krisen überrollt werden konnten. Anfang der 1990er-Jahre herrschte – mit weniger konkretem Anlass als heute, aber umso schärferem Bewusstsein – bereits das Gefühl von Dringlichkeit.

Die versammelten Staatenlenker feierten das Prinzip der Nachhaltigkeit und kreierten einen Prozess mit drei internationalen Vertragswerken: Die Klima-Konvention ist seither zum bekanntesten Ergebnis von Rio geworden, wenngleich mit mäßigem Erfolg, denn die CO_2-Emissionen wachsen und wachsen – auf über 415 ppm (*parts per million*) CO_2, nachdem erst 2016 erstmals 400 ppm gemessen worden waren. Die zweite, die Biodiversitäts-Konvention, ist immer im Schatten des Klima-Themas geblieben. Sie hat bisher selten Schlagzeilen gemacht und noch seltener die Mächtigsten der Welt beschäftigt. Von der dritten, der Konvention gegen die Wüstenbildung, wissen überhaupt nur Experten.

Angesichts der Lebenskrise in erdgeschichtlichen Dimensionen, von der die IPBES-Studie handelt, gilt es nun, zum Ursprungsimpuls des Erdgipfels zurückzufinden: Nicht als Reparaturbetrieb, Kosmetik oder zum weltpolitischen Zeitspiel waren die Konventionen gedacht, sondern als Vehikel echter, tiefgreifender Veränderung in unserer Wirtschaftsweise.

Das ist bisher ganz offensichtlich nicht gelungen. Nur bei vier von 20 Naturschutz-Zielen, die erst 2010 beschlossen worden waren, konnten die IPBES-Autoren Erfolge verzeichnen, bei vielen dagegen hat sich die Lage sogar noch verschlechtert.

Der Bericht der Biodiversitätsforscher legt offen, in welchem Ausmaß in den vergangenen Jahren versäumt wurde, gegenzusteuern – obwohl die Staaten bei einem UN-Gipfel 2010 in Japan versprochen hatten, den Artenschwund bis 2020 zu stoppen. Auch Deutschland ist wortbrüchig geworden: Die Bundesregierung gibt offen zu, dass Bund und Länder im Naturschutz nur etwa ein Drittel der Mittel aufwenden, die nötig wären, um auch nur EU-Naturschutzziele umzusetzen. Obwohl Deutschland 2010 in Japan versprochen hat, umweltfeindliche Subventionen zu beenden, kämpft Bundeslandwirtschaftsministerin Julia Klöckner derzeit in Brüssel dafür, sie zu verlängern.

Ökonomie als Untereinheit der Ökologie des Planeten

Die Rezepte zum Handeln liegen dagegen längst auf dem Tisch – und sie kennen eigentlich nur Gewinner, ob Bauern, indigene Völker, Verbraucher oder umweltfreundlich wirtschaftende Unternehmen. Fürchten müssen sich nur diejenigen mit jenem kurzfristigen ökonomistischen Tunnelblick, der wie eine radikale Ideologie wirkt. Es geht schlicht darum, alle perversen Belohnungen abzustellen, die Energieverschwendung, Flächenverbrauch, Regenwaldrodung und andere Attacken auf Natur und Artenvielfalt antreiben.

Würde man dann noch dazu übergehen, naturverträgliches Wirtschaften sogar zu belohnen – etwa durch eine an Biodiversitätsindikatoren geknüpfte Gemeinwohlprämie statt der üblichen Flächenprämie für Landwirte – so ließe sich eine ökologische Regeneration einleiten. In unseren Breiten hieße das: Auf die Flurbereinigung muss jetzt die Flurbereicherung folgen. Das ist nur eine Frage des politischen Willens.

Der IPBES-Bericht besagt: Noch ist Zeit zum Handeln – jetzt ist Zeit zum Handeln. Er ruft nach jenen grundlegenden Veränderungen unserer Wirtschaftsweise, um die es auch in der Klima-Diskussion geht: Sie hinauszuzögern würde jedem Geschäftsführer eines Unternehmens den Vorwurf einhandeln, fahrlässig zu handeln, Vermögen zu verschleudern und mutwillig eine Insolvenz herbeizuführen. Das sollten alle wissen, die jetzt wieder vor den Kosten von Umweltpolitik warnen.

Die Kosten, nicht zu handeln, werden um Potenzen größer sein. Unsere Nachfahren werden es als primitiv ansehen, dass früher Ökologie und Ökonomie als Gegensätze angesehen wurden. Die menschliche Ökonomie, das zeigt der Bericht überdeutlich, ist ein Ergebnis, eine Untereinheit der Ökologie des Planeten. Es ist Zeit, endlich danach zu handeln.

DIE PAPAGEIEN VOM RHEIN

GEHÖREN EINGEWANDERTE ARTEN ZU HEIMISCHEN FAUNA ODER SIND SIE EINE BEDROHUNG?

Von Claudia Ruby

Kurz bevor die Dämmerung beginnt, kommen sie angeflogen. Zuerst hört man nur ihre lauten, durchdringenden Rufe, und dann landet ein Trupp nach dem anderen in den Platanen am Kölner Rheinufer. Es ist ein merkwürdiger Kontrast: kahle Bäume, Menschen in Winterjacken und Mützen – und die knallgrünen Papageien mit ihren leuchtend-roten Schnäbeln. Nach kurzer Zeit sitzen Hunderte Halsbandsittiche in den Bäumen. Der Schlafplatz ist ihr zentraler Treffpunkt, eine Art Markt. Hier finden Singles einen Partner, Paare schnäbeln, die Vögel plappern, putzen sich und fliegen noch ein paar Mal hin und her. Etwa eine Stunde dauert das Abendritual – dann herrscht Ruhe bis Sonnenaufgang.

Zwei Mal im Jahr positionieren sich Helfer des NABU an strategisch ausgeklügelten Punkten rund um die Schlafplätze und zählen die Vögel. Auf die Ergebnisse ist man stolz: „Wir haben zwischen 2100 und 2670 Sittiche gezählt“, sagt Achim Kemper vom NABU Köln. „Genauer können wir es nicht sagen, denn die Vögel wurden von ihrem zentralen Schlafplatz vertrieben und pendeln derzeit zwischen mehreren Baumgruppen in der Innenstadt hin und her.“ Für die Winterzählung ist das eine ungewöhnlich hohe Zahl.

Achim Kemper vermutet, dass ein Trupp Vögel aus Leverkusen umgezogen ist: „Dort haben die Tiere einen Schlafplatz aufgegeben, und von den rund 500 Vögeln fehlt jede Spur“ Andererseits passt die Entwicklung zum Trend, denn bundesweit steigt der Bestand der Vögel langsam an.

Erfolgreiche Weltenbummler

Halsbandsittiche sind die am weitesten verbreitete Papageienart weltweit. Ursprünglich besiedelten die vier Unterarten weite Bereiche von Afrika und Asien. Mit Ausnahme der Antarktis hat der Mensch sie mittlerweile auf allen anderen Kontinenten angesiedelt – zumeist unfreiwillig. Die europäischen Vögel stammen überwiegend aus Indien und sind bereits vor Jahrzehnten aus Käfigen entflogen. Deutschland haben die Vögel von Köln aus erobert. Die Stadt am Rhein ist bekannt für ihr mildes Klima, und offenbar kamen hier gleichzeitig mehrere Vögel frei: beste Voraussetzungen für eine stabile Kolonie.

Spätestens 1967 brüteten in Köln die ersten Halsbandsittiche, schrieb die Ornithologin Angelica Kahl-Dunkel in einer Studie über die Vögel. Langsam wuchs der Bestand – und von Köln aus machten sich Trupps Richtung Norden und Süden auf. Die Papageien besiedelten Leverkusen und Düsseldorf, Brühl und Bonn. Heute leben die Vögel in mindestens 25 deutschen Städten, vor allem entlang der Rheinschiene – nicht alle gehen auf die Kölner Gründerpaare zurück.

Auch in anderen europäischen Städten – zum Beispiel in Paris, London, Brüssel und Amsterdam – brüten die Papageien. Die Vögel fressen alles, was ihnen vor den Schnabel kommt: Knospen, Blüten, Früchte, Sämereien, und im Winter machen sie sich über die Vogelhäuschen her, erbeuten Meisenknödel und andere Leckereien. Auch an die kalte Jahreszeit haben sich die Vögel mit der Zeit gewöhnt. In langen und strengen Wintern sind die Verluste noch immer hoch, doch solche Winter waren in letzter Zeit selten. Und ein paar kalte Tage überstehen sie in der Stadt mittlerweile sehr gut. „Bei manchen Tieren sieht man dann, dass sie Erfrierungen an den Zehen haben“, sagt der Biologe Michael Braun, „vor allem, wenn sie auf Metall sitzen, aber damit können sie gut überleben.“

Geliebt und gehasst – Halsbandsittiche in Köln

Überall wo die bunten Vögel auftauchen, sorgen sie für Aufmerksamkeit. In Düsseldorf haben sie sich Bäume an der Kö, dem zentralen Einkaufsboulevard, als Schlafplatz ausgesucht. In Köln übernachten die Halsbandsittiche auf Platanen in unmittelbarer Nähe zu Dom und Altstadt. Vor allem Touristen bleiben immer wieder stehen, um die Vögel mit ihren Handys zu fotografieren. „Das ist ja wie im Urlaub“, sagt eine Passantin. Die unmittelbaren Anwohner der Schlafbäume sind dagegen zumeist wenig begeistert von den lärmenden Vögeln und ihren Hinterlassenschaften. Jahrelang hatten die Kölner Sittiche ihren Schlafplatz ein Stück weiter südlich, direkt an der viel befahrenen Rheinuferstraße. Voll gekotete Straßen, Bürgersteige und Bänke sorgten immer wieder für Probleme. Die Anwohner beklagten sich über den Lärm, der im Sommer bereits einsetzt, sobald es gegen fünf Uhr hell wird.

Drei Jahre lang gab es immer wieder Beschwerden – bis die Stadt schließlich aktiv wurde. Auf Antrag der Grünen – und mit Unterstützung von SPD, CDU und FDP – beschloss die Stadt Anfang 2017, die Vögel zu vertreiben oder zu vergrämen, wie es in der Jägersprache heißt: „Eine Vergrämung löst das Problem mit hoher Wahrscheinlichkeit nicht nachhaltig, vermeidet jedoch für einzelne Bürgerinnen und Bürger un-

Halsbandsittich

zumutbare Härten durch eine dauerhafte Belastung“, so heißt es im Antrag des Umweltausschusses. Doch wie vertreibt man einen Trupp Papageien von seinem angestammten Schlafplatz?

Einige Wochen grübelten die Verantwortlichen der Stadt, dann waren sie das Problem plötzlich los. Einem Vater, der seine Tochter jeden morgen zum nahe gelegenen Kindergarten brachte, wurde es zu viel. Er installierte eine Böllerschussanlage: In Panik verließen die Vögel ihre Schlafbäume. Und dann geschah etwas, was sowohl den NABU als auch das städtische Umweltamt überraschte: Die Vögel kehrten nie wieder zu ihrem alten Schlafplatz zurück. Auch heute noch – fast zwei Jahre später – halten sie sich von den Platanen in der Südstadt fern.

Allzu weit sind sie allerdings nicht weggezogen: Derzeit nutzen sie verschiedene Schlafplätze in der Altstadt sowie im Kölner Rheinauhafen. „Die Lage ist unübersichtlich geworden“, sagt Achim Kemper vom NABU. Die Stadt ist mit der jetzigen Situation zufrieden: Am neuen Standort gibt es kaum direkte Anwohner, eher Hotels und Gaststätten. „Aktuell haben wir keine Beschwerden“, sagt Irina von Maravic von der Naturschutzbehörde. Doch weil sich das jeden Tag ändern kann, hat die Stadt eine Biologin beauftragt, ein Vergrämungskonzept zu erstellen. Der Beschluss der Stadt garantiert den Vögeln nämlich an jedem neuen Schlafplatz ein Bleiberecht von zwei Jahren: „Geht die Belastung über diesen Zeitraum hinaus und liegen Beschwerden aus der Bevölkerung vor, sind die Tiere zu vergrämen.“ Doch mit welcher Methode? Das sei noch offen, sagt die Biologin von Maravic, nur soviel: „Greifvögel wird die Stadt nicht einsetzen.“

Neozoen – Gefahr oder Gewinn?

Die Halsbandsittiche sind ein besonders auffälliger und erfolgreicher Vertreter der sogenannten Neozoen – so bezeichnet man tierische Neubürger, also Arten, die ursprünglich in einem Gebiet nicht heimisch waren und nur mithilfe des Menschen dort hingelangen konnten. Als Stichtag für die Definition von fremd und heimisch haben Biologen das Jahr 1492 festgelegt. Ein Wendepunkt im weltweiten Reiseverkehr, denn damals hat Christoph Kolumbus Amerika entdeckt.

Seitdem reisen Menschen, Tiere und Pflanzen immer schneller und immer häufiger rund um die Welt. Straßen, Brücken, Schienen und Fluglinien verbinden, was Jahrmillionen getrennt war. „Früher war es für einen Planktonkrebs der Karibik unmöglich, aus eigener Kraft in den tropischen Pazifik zu gelangen", schreibt Bernhard Kegel in seinem Buch über biologische Invasionen. „Unmöglich der Versuch einer europäischen Maus, sich ins entlegene Tasmanien abzusetzen." Heute gibt es keine unüberwindlichen Hindernisse mehr.

Die meisten der tierischen und pflanzlichen Einwanderer sind harmlos, manche jedoch breiten sich massiv aus und verdrängen einheimische Arten. Ganz grob gilt in der Invasionsbiologie eine Zehnerregel: Von 100 eingeschleppten Arten können sich zehn dauerhaft in ihrem neuen Lebensraum etablieren, nur eine wird zum Schädling – wie die Kaninchen in Australien. Welche das ist, weiß man jedoch oft erst, wenn es bereits zu spät ist.

Invasive Arten – eine Gefahr für die Artenvielfalt

Weltweit sind eingeschleppte Arten ein großes Problem für die Artenvielfalt. Auf der Pazifikinsel Guam etwa hat eine eingeschleppte Nachtbaumnatter praktisch alle Waldvögel vernichtet. Und in Neuseeland bringen eingeschleppte Ratten, Kusus und Katzen viele der dortigen oft flugunfähigen Vögel an den Rand des Aussterbens. Mühsam versuchen Naturschützer, die eingeführten Arten wieder auszurotten – oft ein aussichtsloser Kampf.

Auch in Europa verursachen invasive Arten Probleme. Zum Beispiel verdrängen Flusskrebse, die ursprünglich aus Nordamerika stammen, einheimische Arten. Doch von allzu gravierenden Auswirkungen sind wir bisher verschont geblieben. Für den Zoologen und Naturschützer Josef Reichholf ist das kein Zufall: „Auf der einen Seite sind die europäischen Pflanzen und Tiere weltweit ein äußerst erfolgreiches Eroberungsteam“, sagt Reichholf, auf der anderen Seite seien sie sehr widerstandsfähig gegen Eindringlinge aus anderen Ländern. „Die europäische Fauna und Flora war durch die Wechselbäder der Eiszeit einer harten Auslese unterworfen“, so Reichholf, „sie konnte nicht einfach vom Norden in den Süden ausweichen, die Alpen versperrten den Weg.“

Eine Garantie für die Zukunft ist das jedoch nicht. Das Europäische Parlament hat deshalb 2015 eine Verordnung zum Umgang mit invasiven Arten verabschiedet. Kernstück ist die sogenannte „Unionsliste“, auf der Spezies aufgeführt sind, die bei uns zu Problemen führen können. Derzeit stehen 49 invasive Tier- und Pflanzenarten auf der Liste, darunter vier Vogelarten: Nilgans, Schwarzkopf-Ruderente, Heiliger Ibis und die Glanzkrähe – letztere kommt in Deutschland bisher nicht vor.

Verdrängen die Sittiche heimische Arten?

Der Halsbandsittich landete als „potenziell invasiv“ auf der Beobachtungsliste. In Deutschland haben die Papageien in der freien Natur keine Chance, sie brauchen den Schutz und die Wärme der Stadt. Doch wie reagieren die heimischen Park- und Gartenvögel auf die tropischen Mitbewohner? „Futter ist kein Problem“, erklärt der Ornithologe Achim Kemper, „Konkurrenz gibt es allenfalls um Brutplätze.“ Spechte, Dohlen, Stare und andere Höhlenbrüter beanspruchen oft dieselben Baumhöhlen. An einzelnen Standorten können die Halsbandsittiche ihre Konkurrenten vertreiben, aber auf die Population der heimischen Arten habe das keinen Einfluss, sagt der Biologe und Sittich-Experte Michael Braun.

Das heißt: Wo Sittiche leben, gibt es nicht weniger Spechte, Stare oder Eichhörnchen als anderswo. Die Papageien sind dabei auf die Vorarbeit der Spechte angewiesen: Sie nutzen Specht-Höhlen und erweitern sie dann. „Die seltene Hohltaube profitiert sogar von der Anwesenheit der Sittiche", sagt Achim Kemper vom NABU. Die Sittiche paaren sich bereits im Februar, sodass die Jungen im Mai das Nest verlassen. Als Nachmieter ziehen dann Hohltauben ein und legen oft zum zweiten Mal Eier. So „können sie ihren Bestand nicht nur halten, sondern teilweise sogar erhöhen", schrieb die Ornithologin Angelica Kahl-Dunkel bereits 2002.

„Es gibt also keinen Grund, die Papageien zu verfolgen", sagt Achim Kemper, „ganz abgesehen davon, dass das gegen Natur- und Tierschutzgesetze verstoßen würde." Auch natürliche Feinde sorgen dafür, dass sich die Vögel nicht unkontrolliert vermehren: Vor allem Jungvögel fallen regelmäßig Habicht, Wanderfalke, Marder und anderen Beutegreifern zum Opfer. Und in Köln bekommen die Halsbandsittiche neuerdings Konkurrenz durch die eigene Verwandtschaft: Der Große Alexandersittich, eine eng verwandte Art, hat sich in der Stadt angesiedelt. Der Alexandersittich ist ein ganzes Stück größer, sieht seinem kleineren Vetter ansonsten aber extrem ähnlich. „Wahrscheinlich wurde die zweite Arte deshalb erst relativ spät entdeckt", vermutet der Ornithologe Michael Braun.

Bereits mindestens seit Anfang der 1990er-Jahre brüten die Vögel in Köln – und zwar äußerst erfolgreich. Dank der Vorarbeit der kleineren Sittiche gibt es reichlich Bruthöhlen. „Dort, wo die Halsbandsittiche früher besonders häufig waren, etwa auf dem Melaten-Friedhof und in der Flora, sieht man heute fast nur noch Große Alexandersittiche," sagt Achim Kemper vom NABU.

Zahlenmäßig sind die kleinen den großen aber noch immer weit überlegen: In Köln leben rund 500 Alexandersittiche und vier bis fünf Mal so viele Halsbandsittiche, schätzt Michael Braun. Außerdem belebt Konkurrenz das Geschäft und führt zu erstaunlichen Anpassungen: Ursprünglich haben die Halsbandsittiche vor allem in der Kolonie gebrütet. Seit die Höhlen knapp werden, suchen sich immer mehr Paare ihren eigenen abgelegenen Baum, bauen eine Spechthöhle aus und ziehen dort im Schnitt mehr Küken groß als die Artgenossen in der Kolonie. „Die Wahrscheinlichkeit, dass Elstern oder andere Feinde das Nest finden, ist bei den einzeln brütenden Vögeln viel geringer", erklärt Achim Kemper.

Andere Strategien sind weniger erfolgreich: Einige Vögel haben die Wärmedämmung von Häusern als Brutplatz entdeckt. Keine gute Idee, denn irgendwann bemerken die Hausbesitzer den Mitbewohner und verschließen das Papageiennest. „Bitte erst nach der Brutzeit", sagt Achim Kemper, „sonst kann es sein, dass noch Küken in der Höhle sind und verhungern."

Seit die Halsbandsittiche am Rhein heimisch geworden sind, haben sie immer wieder neue und überraschende Strategien entwickelt, um sich an ihren Lebensraum anzupassen. Eine Unterart ist in den vergangenen 50 Jahren noch nicht entstanden, aber sicher ein eigener Ökotyp mit ganz eigenen Verhaltensweisen und Ansprüchen an den städtischen Lebensraum. Die vor einigen Jahren verstorbene Ornithologin Angelica Kahl-Dunkel hat das vorausgesehen und dem neuen Vertreter schon vor vielen Jahren einen Namen gegeben: der Kölsche Halsbandsittich.

MAGERE ZEITEN FÜR PAPAGEITAUCHER

RUND UM DEN NORDATLANTIK BRÜTEN IMMER WENIGER SEEVÖGEL. FORSCHER SUCHEN NACH DEN URSACHEN DAFÜR.

Von Anne Preger

Nach Monaten auf hoher See kehren die Papageitaucher im Frühjahr zu ihren Brutgebieten zurück. Vor ihnen liegt eine Mammutaufgabe: Den Partner finden, sich paaren, die alte Nisthöhle in Beschlag nehmen und herrichten für das eine Ei, aus dem nach rund 40 Tagen das Küken schlüpft. Auf Skomer in Südwales passiert das Anfang Juni. Auch für Ornithologen gibt es dann viel zu tun. Ros Green liegt tief im Gras. Ihr linker Arm ist komplett in einem Loch im Boden verschwunden. Daraus holt die rothaarige Seevogel-Feldforscherin ein Papageitaucher-Küken hervor. Der Nestling ist dunkelgrau und flauschig. Seinen Eltern sieht er noch nicht sehr ähnlich. „Jetzt ist er etwa anderthalb Wochen alt," sagt Green. „Als ich ihn das erste Mal aus dem Nest geholt habe, war er noch halb so groß. Er ist viel gewachsen, offensichtlich ist er gut gefüttert worden. Man fühlt unter dem Flaum richtig das Fett." Doch so fühlen sich die Küken längst nicht in allen Brutkolonien an.

Die Insel gehört den Seevögeln

Wer Papageitaucher auf Skomer erleben will, braucht Geduld und muss früh aufstehen. Im Frühjahr und Sommer ist die Schlange für einen Platz auf dem Boot zur Insel lang. Um die Seevögel so wenig wie möglich zu stören, lässt der *Wildlife Trust of South and West Wales* höchstens 250 Tagesbesucher auf die Insel, vorausgesetzt Wind und Wellengang erlauben das. Vom Schiffsanleger führt eine Steintreppe zur Hochebene von Skomer. Beim Hinaufsteigen kommt man zuerst an Trottellummen und Tordalken vorbei. Weiter oben sitzen dann die Papageitaucher.

Die meisten Besucher wollen direkt los, um in den wenigen Stunden so viel wie möglich von der Insel und ihren Bewohnern zu sehen. Doch vorher müssen sie sich von der Inselwartin ausführlich erklären lassen, was auf Skomer erlaubt ist und was nicht. Wichtig: Papageitaucher haben Vorfahrt. Die Fußwege führen mitten durch die Brutkolonien, direkt an Höhleneingängen vorbei. Die dürfen nicht blockiert werden – weder von Rucksäcken noch von abgelenkten Papageitaucherfans und -fotografen. Verboten ist außerdem, die Wege zu verlassen, denn die Insel ist durchlöchert wie ein Schweizer Käse. Überall sind unzählige Höhlen von Kaninchen, Papagei- und Atlantiksturmtauchern.

Papageitaucher zählen ist eine Mammutaufgabe

„Mitte April, am Anfang der Saison, zählen wir alle Papageitaucher," erklärt Ros Green. Dafür wird die Insel in sieben Bereiche aufgeteilt. In jedem zählen gleichzeitig zwei oder drei Personen die Vögel an Land, auf dem Wasser und in der Luft. Danach gleichen sie ihre Ergebnisse ab. „Am Ende kommt dabei eine Schätzung heraus. Aber weil jedes Jahr die gleiche Methode angewendet wird, lässt sich daraus immerhin ein Trend ableiten." Und der geht auf Skomer seit Jahrzehnten spürbar aufwärts: Von knapp 7000 im Jahr 1988 auf rund

Papageitaucher

18.000 bis 22.500 in den Jahren 2014 bis 2016, in denen Ros Green als Feldforscherin der Universität Gloucestershire auf Skomer gearbeitet hat, bis auf knapp 31.000 Vögel im Frühjahr 2018.

Damit ist Skomer eine Ausnahme, und Seevogel-Forscher wollen wissen, was die Bedingungen für die Vögel hier besser macht. In vielen Brutgebieten rund um den Nordatlantik geht der Trend seit Jahren abwärts: So nimmt die norwegische Population seit 1979 im Schnitt jährlich um rund zwei Prozent ab. Besonders extrem ist die Situation in der größten norwegischen Kolonie auf der Insel Røst. Dort ist die Zahl der Brutpaare seit 1980 um mehr als 70 Prozent zurückgegangen, von 1,5 Millionen auf unter 400.000 Paare. In Island sind es laut Erpur Snær Hansen vom ökologischen Forschungsinstitut in Südisland rund 25 Prozent weniger Vögel als noch 2002. Deswegen stehen Papageitaucher seit 2015 als gefährdet auf der Roten Liste. *BirdLife International* rechnet damit, dass die Papageitaucherbestände in Europa von 2000 bis 2065 um 50 bis 79 Prozent zurückgehen werden, für die Bestände außerhalb Europas sind zu wenig Daten verfügbar. Im Moment gibt es weltweit geschätzt noch 12 bis 14 Millionen der Seevögel.

Die Ursachen für ihren Rückgang sind wahrscheinlich vielfältig. „Obwohl sie ziemlich bekannt sind und viele Menschen wissen, wie Papageitaucher aussehen, ist immer noch so viel über ihre Lebensweise ungeklärt," sagt die Biologin Annette Fayet. Sie will das ändern.

Die Französin arbeitet an der Universität Oxford im Bereich Seevogel-Ökologie. Sie interessiert sich nicht nur für den Showteil des Papageitaucher-Jahres – wenn die Vögel im Sommer als putzige Clownvögel mit ihrem Watschelgang und dem auffälligen Make-up gefilmt, fotografiert und gepostet werden –, sondern auch für das, was davor und danach passiert. Am Ende des Sommers verlieren die Vögel ihre bunten Hornplatten an den Augen und am Schnabel. Den Winter verbringen sie inkognito auf hoher See. Wo genau, war lange unklar.

Papageitaucher sind auch im Winter Gewohnheitsvögel

Um mehr darüber zu erfahren, untersucht Annette Fayet mit Kollegen verschiedene Papageitaucherbestände auf Skomer in Wales, auf Røst in Norwegen und auf Heimaey und Grímsey in Island. Fayet geht davon aus, dass der Winter mit über den Fortpflanzungserfolg entscheidet: „Es ist wichtig, was das ganze Jahr über passiert." Um das Geheimnis zu lüften, nutzen Fayet und ihr Team Geolokatoren. Die Miniatur-Datensammler werden auf dem Rücken der Vögel befestigt und erfassen unter anderem die Tageslänge. Darüber lassen sich grob die Aufenthaltsorte und Wanderrouten der Seevögel erfassen.

Im Winter bleiben die Vögel aus einer Kolonie nicht zusammen. Auch Paare trennen sich. Annette Fayets Forschung hat ergeben, dass sie sich in alle Himmelsrichtungen zerstreuen: Von den Vögeln, die auf Skomer brüten, überwintert ein Teil im Nordatlantik, ein Teil bleibt in der Nähe der Britischen Inseln, einige Vögel fliegen bis in den Golf von Biskaya oder sogar erst in den Nordatlantik und später noch an Gibraltar vorbei bis ins Mittelmeer. Für Vögel mit so kleinen Flügeln eine ziemlich erstaunliche Leistung. Denn Papageitaucher haben Allzweckflügel zum Tauchen und Fliegen – energiesparend segeln lässt sich mit ihnen aber nicht besonders gut. Vögel, die im Winterhalbjahr Atlantik und Mittelmeer abklappern, sind offenbar im Frühjahr darauf bei der Kükenaufzucht auf Skomer erfolgreicher. Möglicherweise profitieren sie vom guten Nahrungsangebot im Mittelmeer am Ende des Winters.

Eine neue Erkenntnis ist auch, dass Papageitaucher offenbar Gewohnheitsvögel sind. Darauf deuten die Geolokatordaten hin, die Fayet über mehrere Winter von den gleichen Tieren gesammelt hat: Die Vögel blieben ihrer alten Route weitgehend treu und flogen jeden Winter die gleichen Gebiete an. Diese mangelnde Flexibilität könnte zu einem Problem werden, falls es in den angestammten Wintergebieten zu wenig zu fressen gibt.

Der Schnabel ist schick und praktisch

Für das Überleben der Art kommt es aber nicht nur auf die Bedingungen in den Wintergebieten an. Es ist auch entscheidend, ob es genügend Fisch gibt, um die Küken großzuziehen. An vielen Orten kommen die Eltern immer öfter mit leeren Schnäbeln zurück zum Nest. Auf Skomer jedoch können die Papageitaucher täglich unter Beweis stellen, dass ihr Schnabel nicht nur hübsch aussieht, sondern auch äußerst praktisch ist, um massenhaft kleine Fische für die Nestlinge zu fangen. Minütlich treffen Vögel mit neuen Lieferungen ein. Sie finden rund um die Insel genügend Sandaale und andere Fische. „Sie können bis zu 18 Fische auf einmal halten," so Feldforscherin Ros Green. Der Rand des Schnabels hat nach hinten Widerhaken, ebenso der Gaumen. „Sobald sie einen Fisch gefangen haben, kann er nicht mehr entkommen und bleibt im Schnabel hängen." Bis der Moment gekommen ist, den Nestling in der Höhle zu füttern.

Ganz andere Erfahrungen als auf Skomer hat Annette Fayet 2018 in einer der früher größten isländischen Papageitaucherkolonien gemacht: „Als ich auf der Westmänner-Insel Heimaey gearbeitet habe, habe ich in den Nisthöhlen ein Küken nach dem anderen gefunden, das verhungerte. Das hat mir das Ausmaß des Problems vor Augen geführt: Es waren nicht nur ein paar Küken, die starben, es waren die meisten.“ In Island brütet ein Großteil der Papageitaucher – rund 60 Prozent des weltweiten Bestands. Doch in vielen Gebieten fehlen Fische zum Fangen, vor allem die Sandaale. Elternvögel müssen zu weit fliegen, um den Schnabel vollzukriegen. Das kostet viel Energie, und die Nestlinge werden trotzdem nicht satt.

Natürliche Schwankungen, Überfischung oder Klimawandel?

Das Problem der isländischen Papageitaucher fängt möglicherweise ganz unten in der Nahrungskette an: Nahrhaftes Kaltwasser-Plankton wurde im Atlantik stellenweise durch Warmwasser-Plankton verdrängt, das weniger nahrhaft ist. Dadurch gehen die Sandaal-Bestände zurück. In wärmerem Wasser überleben außerdem weniger Sandaale den Winter. All das könnte die Folge natürlicher Schwankungen sein: Im Atlantik verändern sich die Meeresströmungen rund um Island im Laufe von Jahrzehnten. Die Entwicklung könnte sich also möglicherweise wieder umkehren. Aber auch die Erwärmung der Ozeane durch den Klimawandel kommt als Ursache infrage und wird von Forschern untersucht.

In der Nordsee werden Sandaale zum Teil in industriellem Maßstab gefangen und unter anderem zu Fischmehl oder Tierfutter verarbeitet. „Falls Überfischung sich als das Hauptproblem herausstellt, dann ist es eine Option, den Fang von Sandaalen und anderen entsprechenden Fischarten in den Jagdgebieten der Vögel einzuschränken oder vielleicht sogar komplett zu verbieten.“ Mit diesem Vorschlag ist Annette Fayet unter Seevogel-Forschern nicht allein.

Ratten fressen Eier und Küken

In Island kämpfen Papageitaucher noch mit einem anderen Problem. Dort werden sie zum Teil immer noch mit Netzen gejagt und gegessen. „Die Jagd ist nicht der Hauptgrund für ihren Rückgang," sagt Annette Fayet. „Aber in dem Moment, wo Bestände abnehmen, ist Jagen nicht nachhaltig." Auf Skomer werden Papageitaucher dagegen höchstens von Mantel-, Silber- und Heringsmöwen gejagt.

Die Insel ist außerdem rattenfrei. Auf vielen anderen Inseln sind eingeschleppte Ratten ein Problem, weil sie die Eier und Küken der Seevögel fressen. Die Rattenbestände komplett zu vernichten, ist extrem aufwendig. Auf der Shiant Inselgruppe in den Äußeren Hebriden hat es aber offenbar geklappt: Das meldete die *Royal Society for the Protection of Birds RSPB* im Frühjahr 2018. Bis sich das positiv auf die Bestände der Papageitaucher auf der schottischen Inselgruppe auswirkt, wird es aber noch dauern. Denn wie viele andere Seevogelarten leben Papageitaucher lang – im Schnitt knapp 20 Jahre – und brauchen mehrere Jahre, bis sie geschlechtsreif sind.

Die Suche nach Antworten und Lösungen für einen besseren Schutz der Papageitaucher und ihres Lebensraums geht weiter: Annette Fayet wird erneut nach Skomer aufbrechen, um ihre Geolokatoren wieder einzusammeln und neue auf dem Rücken der Papageitaucher anzubringen.

ZUR FALSCHEN ZEIT AM RICHTIGEN ORT

WIE DER KLIMAWANDEL VÖGEL UNTER DRUCK SETZT.
Von Thomas Krumenacker

Hitzerekorde, Waldbrände, Dürren und Unwetterkatastrophen: Die Folgen der globalen Erderwärmung bestimmen immer stärker die Schlagzeilen und das tägliche Leben vieler Menschen. Noch viel ungeschützter als wir selbst sind den Veränderungen Tiere ausgesetzt, die in und von der Natur leben. Ja, die Natur ist widerstandskräftig. Aber es gibt Grenzen. Besonders Zugvögel – und unter ihnen vor allem Langstreckenzieher – sehen sich massiven Veränderungen gegenüber, die sie überfordern könnten.

Für einige Arten sind die Folgen schon jetzt dramatisch. Die einzelnen Lebensphasen der Vögel – Jungenaufzucht, Wegzug, Überwinterung und Heimzug – sind bisher eng aufeinander abgestimmt. Doch durch die Erderwärmung werden die Abläufe massiv durcheinandergebracht. Weil Vögel heute meistens nicht mehr in rein natürlichen Lebensräumen zuhause sind, sondern in einer von Menschen geprägten Umwelt, kommt ein weiteres Problem hinzu: Sie müssen sich nicht allein an die direkten Folgen des Klimawandels anpassen, sondern auch an die menschliche Reaktion darauf.

Neben vielen anderen negativen Umweltveränderungen wird der vom Menschen gemachte Klimawandel das Schicksal der Vogelwelt massiv beeinflussen. In diesem Report gehen wir am Beispiel der Vogelarten Knutt, Weißwangengans, Trauerschnäpper, Wiesenweihe, Alpenschneehuhn, Birkhuhn, Kiebitz, Baumpieper und Brachvogel stellvertretend für viele andere Arten der Frage nach, wie das schon heute geschieht.

Schauplatz Arktis: Wettrennen gegen die Zeit

Wenn im arktischen Frühling die Schneeschmelze einsetzt, entwickelt sich im tauenden Boden rasch neues Leben: Millionen von Kleinlebewesen streben an die Oberfläche und bieten energiereiche Nahrung im Überfluss. Jetzt heißt es für die hier brütenden Vogelarten, schnell zu sein, um im kurzen arktischen Sommer Nachwuchs großzuziehen. Die wenigen Vogelarten, die unter diesen extremen Bedingungen brüten, haben ihren Jahreszyklus exakt auf diesen Höhepunkt des Nahrungsangebots abgestimmt. Unter ihnen der Knutt, ein kleiner Watvogel, der im Prachtkleid knallrot leuchtet und während des restlichen Jahres unscheinbar grau ist.

Doch das arktische Brutgebiet des Knutts verändert sich rasend schnell. Keine Region der Erde ist vom Klimawandel so stark betroffen wir die Arktis. Seit Jahren verlagert sich die Schneeschmelze – und damit der Beginn des kurzen nahrungsreichen Frühlings – stetig nach vorne, im Schnitt um einen halben Tag in jedem Jahr. Für die Knutts und andere Vogelarten, die als Langstreckenzieher in Westafrika überwintern, schafft das ein riesiges Problem: Das in Millionen von Jahren sorgsam aufeinander abgestimmte präzise Uhrwerk des Vogeljahres sieht vor, dass ihre Jungvögel genau dann schlüpfen, wenn die Entwicklung der Nahrungstiere ihren Höhepunkt hat.

Durch den schnellen Klimawandel gerät diese Verzahnung nun immer stärker aus dem Takt. Verlagert sich der Frühling stetig weiter nach vorne, ist der Höhepunkt des Larven-Booms bereits vorbei, wenn die jungen Knutts aus ihren Eiern schlüpfen. Die Folge ist Nahrungsmangel und Tod für viele Jungvögel. „*Trophic mismatch*", also Nahrungs-Ungleichzeitigkeit, nennen Wissenschaftler das Phänomen.

Der Klimawandel trifft Knutts und andere Arktisvögel deshalb so stark, weil er gleichzeitig alle grundlegenden Parameter ihres Lebens verändert: Temperaturen, Niederschläge, das Wachstum von Pflanzen und die Entwicklung von Insekten. Die Veränderungen finden nicht nur in den Brutgebieten, sondern überall statt, auch an den Rastplätzen während des Zugs und in den Winterquartieren. Im Leben dieser Vögel sind diese unterschiedlichen Stadien existenziell miteinander verbunden. Eine Veränderung am einen Ende der Zugrouten beeinflusst das Geschehen am anderen. Seit langem sind in der ornithologischen Forschung solche sogenannten „*Carry-over*"-Effekte belegt. Der Knutt bietet ein besonders frappierendes Beispiel.

Kürzere Schnäbel – ungewöhnliche Folgen des Klimawandels

Der niederländische Biologe Jan van Gils erforscht den Knutt seit Langem. Gemeinsam mit Kollegen analysierte er Daten, die polnische Ornithologen gesammelt haben, indem sie durchziehende Knutts in der Danziger Bucht beringten. Die Bucht ist ein Rastplatz der Art auf dem Weg von den hocharktischen Brutgebieten in die westafrikanischen Winterquartiere. Dort wurden über drei Jahrzehnte fast 2000 Jungvögel gefangen, vermessen und beringt.

Die Messungen förderten einen überraschenden und dramatischen Befund zutage: Arktische Knutt-Jungvögel, die in Jahren mit einer frühen Schneeschmelze geboren wurden und entsprechend unter einem Nahrungs-*Mismatch* litten, waren deutlich kleiner als Artgenossen aus noch eher normalen Jahren mit später Schneeschmelze und entsprechend zeitlich gut getaktetem Nahrungshöhepunkt.

Die Knutt-Jungvögel aus den stark vom Klimawandel betroffenen Jahren traten ihren ersten Zug über viele Tausend Kilometer nach Westafrika aber nicht nur mit geringerer Körpergröße an, sie hatten zudem einen deutlich kürzeren Schnabel – eine Folge des Nahrungsmangels beim Heranwachsen.

Knutt

Von den Daten der polnischen Beringer überrascht, fingen die Forscher um van Gils zwischen 2002 und 2013 auch in einem traditionellen Überwinterungsgebiet, der Banc d'Arguin im westafrikanischen Mauretanien, Knutts und unterzogen inzwischen mehr als 2300 von ihnen einer speziellen Analyse mithilfe von stabilen Isotopen, um mehr über die Ernährungsgewohnheiten herauszufinden.

Auch hier mit einem überraschenden Ergebnis: Knutts mit längeren Schnäbeln ernährten sich hauptsächlich von den weit verbreiteten und äußerst nahrhaften Glänzenden Mondmuscheln, die allerdings zu einem erheblichen Teil so tief im Sand steckten, dass sie außer Reichweite der kürzeren Schnäbel der klimabedingt unterernährten Knutts waren.

Können Knutts sich anpassen?

Die kurzschnäbligen Tiere mussten dagegen mit dem Verzehr weniger nahrhafter Muscheln oder von Seegras-Rhizomen Vorlieb nehmen. Die Forscher legten den Knutts Farbringe an, um ihr künftiges Schicksal individuell verfolgen zu können. Wenn beringte Vögel wieder gesichtet wurden, sammelten die Forscher neue Daten. Sie kommen zu dem Ergebnis, dass Knutts mit einem kürzeren Schnabel – insbesondere Jungvögel zwischen ihrem ersten und zweiten Winter – eine geringere Überlebensrate aufweisen als Artgenossen, die einen längeren Schnabel haben. Die früher normale, nun aber wegen des Klimawandels „verspätete" Brut in der Arktis hat also Folgen für die Vögel selbst im Winterquartier. Dieser „*carry-over*"-Effekt schmälert ihre Überlebenschancen.

Es gibt allerdings auch Anzeichen für eine Anpassung der Knutts an die frühere Schneeschmelze: So findet der Durchzug der Art in Frankreich im Frühling immer früher statt. Es ist, als wollten die Vögel versuchen, rechtzeitig zum Nahrungsboom anzukommen. Allerdings sind sie bei dieser Anpassung zu langsam, um mit dem Klimawandel mitzuhalten.

Die Tiere ziehen nun um durchschnittlich 0,25 Tage früher pro Jahr, während die Schneeschmelze im Brutgebiet auf der Taimyr-Halbinsel in den vergangenen drei Jahrzehnten mit doppeltem Tempo von 0,5 Tagen pro Jahr voranschreitet. Für den Knutt könnte es zu einem Wettlauf um Leben und Tod mit dem Klimawandel werden.

„Ich sehe große Probleme für den Knutt und andere hocharktische Arten", sagt Studienautor Jan van Gils. „Und wir stehen erst am Anfang der Entwicklung." Es sei dramatisch, wie schnell die Schneeschmelze voranschreite. Über die nächsten 30 Jahre werde die Schmelze um weitere zwei Wochen nach vorne wandern. „Mit den zwei Wochen Verfrühung, die wir bereits jetzt gegenüber den 1980ern sehen, macht das einen ganzen Monat aus", sagt van Gils.

Aber auch standorttreue Vogelarten sind vom Klimawandel betroffen. Ihr Lebensraum verändert sich, sie werden zu Heimatvertriebenen, ohne ihre Habitate zu verlassen. Das gilt vor allem für Arten der Hochgebirge, die in immer kleinere Nischen gedrängt werden. Der Lebensraum des Alpenschneehuhns beispielsweise, das Gebirgshänge und steiniges Gelände mit wenig Vegetation bewohnt, schmilzt buchstäblich hinweg, weil die Baumgrenze aufgrund milderer Klima-Bedingungen immer weiter nach oben rückt. Schweizer Ornithologen werteten Tausende Beobachtungen über drei Jahrzehnte aus und fanden heraus, dass sich die an Wald nicht gewöhnten Vögel an immer höher gelegenen Orten aufhielten. Pro Jahr machten sie eine Höherverschiebung von sechs bis neun Höhenmetern aus.

Die Verschiebung der Baumgrenzen hat auch für Singvogelarten, die auf Bergwiesen und Matten brüten, negative Folgen. Sie meiden aus Schutz vor Feinden die Nähe von Bäumen. Die Überwachung dieser Arten in mehr als 100 künstlichen Nestern durch Forscher in den italienischen Alpen zeigte, dass der Bruterfolg umso größer war, je weiter das Nest von einer Baumreihe entfernt war. Je näher Bäume standen, desto eher wurden die in die Kunst-Nester ausgelegten Eier gefressen. Eine steigende Baumgrenze heißt also auch: weniger Bruterfolg für auf Wiesen brütende Singvögel wie den Baumpieper.

In den Hochgebirgen zeichnet sich eine neuartige Konkurrenz um Raum ab. Schon jetzt werden Arten wie das Birkhuhn massiv durch Skigebiete gestört. Italienische Wissenschaftler modellierten, wie sich der Interessenkonflikt zwischen Birkhuhn und Skifahrern in den italienischen Alpen weiterentwickeln wird, wenn Skigebiete in neue Areale vordringen müssen, um den Wintertourismus aufrechtzuerhalten.

Sie kommen zu dem Ergebnis, dass sich die Konkurrenz zwischen Vögeln und Skifahrern um die für beide geeigneten Flächen drastisch verschärfen wird, weil diese zunehmend nur noch in höheren Regionen zu finden sein werden. Für die Vogelarten dieser Regionen laufe dies auf den Verlust von über der Hälfte bis knapp 70 Prozent ihres Lebensraums im Jahr 2050 hinaus, je nachdem, welche Annahme zum Temperaturanstieg zugrunde gelegt wurde.

Der Klimawandel ist, wie der Knutt und viele andere Arten zeigen, bereits jetzt eine reale Bedrohung auch für die Vielfalt in der Vogelwelt.

Der fortgesetzten Erderwärmung entgegenzutreten, ist deshalb auch eine vordringliche Aufgabe des Vogelschutzes. Dabei entsteht aber ein harter Zielkonflikt: Die Windkraftnutzung mit zahlreichen, immer größeren Rotoren gilt vielen Regierungen und Energieunternehmen als schnellster und kostengünstigster Weg, den Ausstoß an Treibhausgasen zu reduzieren.

Der Ausbau der Windkraft hat den Plänen zufolge erst begonnen. Und oftmals werden Windanlagen ausgerechnet in den wenigen verbliebenen Lebensräumen für Vögel und andere Tiere gebaut. Das Beispiel des Schreiadlers zeigt, welche gravierenden Fehlentwicklungen es gibt. Noch haben Energie- und Umweltpolitiker für diesen Zielkonflikt keine Lösung gefunden.

DIE VÖGEL SIND AN IHREM RÜCKGANG SELBST SCHULD!

ABER WER SAGT ES IHNEN?

Von Christian Schwägerl

Die Artenvielfalt ist im Niedergang, und daran ist die Bundesregierung schuld, denn sie tut zu wenig, sagen die Naturschutzverbände.

Wir können nicht schuld sein, sagt die Bundesregierung, wir fördern, was wir können, aber zuständig für den Naturschutz sind hauptsächlich die Länder. Ja, die Länder sind schuld!

Wir? Wir machen doch so viel und legen seit Jahrzehnten Naturschutzprogramme auf, aber wie sollen die helfen, wenn die Bauern die Landschaft ausräumen, Fragt die Bauern doch selbst!

Aber die Landwirtschaft ist doch nicht schuld am Rückgang der Artenvielfalt, sagen die Bauern. Wir bewirtschaften nur unser Land und erzeugen die Lebensmittel. Die Katzenbesitzer sind schuld!

Die Katzen sind doch nicht schuld daran, dass es immer weniger Vögel gibt, sagen die Katzenbesitzer. Unsere Haustiere gehören zur

Natur, sie gehen nur ihrem Jagdinstinkt nach. Die Architekten sind schuld mit ihren riesigen Glasfassaden!

Wir sind doch nicht schuld am Schwund der Vielfalt, sagen die Architekten. Städte sind doch winzig klein im Vergleich zum offenen Land. Es ist doch klar: Die Windradbauer sind schuld!

Die Windräder sollen schuld sein? Das ist doch absurd, sagen die Windradbauer. Wir erzeugen umweltfreundlichen Strom und halten Abstand zu den Nestern ein. Es liegt doch auf der Hand: Die Kohlekonzerne sind schuld, sie verursachen den Klimawandel und heizen den Tieren ein!

Wir sollen schuld sein, das ist doch abwegig, sagen die Kohleunternehmen, in früheren Tagebauen brüten seltene Vögel wie Uferschwalben und Bienenfresser. Da müsst Ihr Euch schon einen anderen Schuldigen suchen. Die Leute am Mittelmeer könnten schuld sein, die jagen die Vögel auf dem Zug.

Wir sind ganz bestimmt nicht schuld, sagen die Jäger am Mittelmeer. Wir machen das schon immer so und holen nur einen Teil der Tiere vom Himmel, das kann doch nicht schädlich sein! Schaut mal in den Spiegel, Ihr im Norden, Ihr pflastert alles mit Straßen und Siedlungen zu, wie soll man da überleben? Eure Straßenbauer sind schuld!

Wir bitten Sie, sagen die Straßenbauer, das ist sehr unsachlich. Wir legen seit Jahren für jeden Straßenkilometer neue Tümpel an und begrünen unsere Böschungen. Wir sind es ganz bestimmt nicht. Die Feuerwerkskracher sind schuld, die machen den Vögeln mitten im Winter Stress!

Aber was soll das denn jetzt, sagen die Feuerwerk-Fans. Unser bisschen Böllern richtet doch keinen Schaden an. Die Vögel fliegen eben einmal mitten in einer Winternacht 500 Meter nach oben und wieder zurück. Es sind nur einzelne Tiere, die tot vom Himmel fallen. Der Rest ist Panikmache. Nein, nein, das wissen doch alle: Die Bauern sind schuld mit ihren Pestiziden und großen Geräten!

Aber wir haben es doch schon gesagt, die Landwirtschaft ist nicht schuld am Rückgang der Artenvielfalt, rufen die Bauern. Versteht es doch endlich, wir bewirtschaften nur unser Land und erzeugen die Lebensmittel. Die Katzenbesitzer sind schuld!

So kann das doch nicht weitergehen, sagen die Vögel, Ihr dreht Euch ja im Kreis! Was sagt denn das Volk?

Das Volk sind wir, sagen da die Populisten, und es ist doch klar, wer schuld ist: Ihr seid selbst schuld. Ihr Vögel fresst den Vögeln die Nahrung weg. Das kann ja nicht gut gehen!

„DEUTSCHLAND IST EIN PARADIES FÜR VOGEL-SCHMUGGLER“

ILLEGALER HANDEL BEDROHT SELTENE VOGELARTEN. IMMER WIEDER SPÜRT DIE POLIZEI TIERHÄNDLER AUF. DIE MEHRHEIT ABER BLEIBT UNENTDECKT.

Von Joachim Budde

Ob die Honigbienen und Hummeln wissen, in welcher Gefahr sie schweben? Jedenfalls schwirren sie in einer kleinen Wolke ganz oben in einer Voliere im Kölner Zoo herum. „Die Bienen leben schon gefährlich“, sagt Bernd Marcordes. Der Vogelkurator des Kölner Zoos hat die Bienenstöcke dieser Tiere extra in die Voliere hineinstellen lassen. Als Futter für das Dutzend Bienenfresser.

Die Vögel sitzen auf einer Leitung, die quer durch ihren Käfig gespannt ist. Im Moment sieht man keinen von den Bienenfressern jagen. „Wahrscheinlich haben die heute im Laufe des Tages schon ganz gut gefressen“, sagt Marcordes. Erst seit ein paar Wochen wohnen die bunten Vögel mit dem langen Schnabel hier im Zoo: „Diese Vögel stammen aus einer Beschlagnahme.“

Die Autobahn A3 bei Regensburg im September 2018. Auf einer Raststätte hält die Polizei einen Transporter mit niederländischem Kennzeichen an – Routinekontrolle …

Im Laderaum finden die Beamten etwa 30 Bienenfresser, zwei Kormorane sowie Sandregenpfeifer und eine Reihe anderer Watvögel. Den Fahrern fehlen die nötigen Papiere für den Transport. Ein Teil der Vögel trägt Ringe aus Tschechien. Ein paar Anrufe bei Experten später wissen die Polizisten, dass die Niederländer die Vögel illegal transportieren, und beschlagnahmen die Tiere. Der Zoo in Nürnberg versorgt die Vögel erst einmal mit dem Nötigsten und verteilt sie später auf andere Zoos.

„Ob die wirklich aus Tschechien sind oder nur diese Ringe tragen, ist schwer zu sagen", befindet Bernd Marcordes. Der Fall hat ihn überrascht: „Ich habe eigentlich gedacht, in Deutschland sei dieser illegale Kleinvogelhandel völlig weg." Inzwischen weiß er: „Bienenfresser sind sehr gefragt, die kosten richtig gutes Geld."

Zwei Zufallsfunde – hohe Dunkelziffer

Axel Hirschfeld vom „Komitee gegen den Vogelmord" (CABS) kennt den Fall der Kölner Neubürger. Und er weiß: Der Bienenfressertransport war bereits der zweite in zwei Jahren, den die Polizei bei Regensburg auf dem Weg in die Niederlande aufgegriffen hat. Beim ersten Fall ging es um 20 Jungtiere aus Ungarn, die auch bei einer Zufallskontrolle gefunden wurden. „Da kann man sich vorstellen, wie viele Touren durchgehen, ohne dass sie entdeckt werden – da ist man allein beim Bienenfresser schon bei Hunderten von Vögeln, die über Deutschland in die Niederlande verbracht werden", schätzt der Biologe.

Hirschfeld weiß auch, auf welche brutale Weise die Schmuggler an die Vögel gelangen – sie graben sie aus. Bienenfresser mögen es warm und trocken. Sie graben ihre Bruthöhlen in sandige Steilhänge, auf die viel Sonne scheint. Die Schmuggler bohren die Nester von oben an und holen Eier oder Küken heraus. „Wir haben Kontakt zu ungarischen Vogelschutzverbänden", sagt Axel Hirschfeld, „die Kollegen haben immer wieder solche Eierklau- oder Kükenklau-Fälle an ihren Kolonien." Den geraubten Jungvögeln können die Kriminellen noch gefälschte Zuchtringe über die kleinen Füße ziehen. Diese Ringe sind geschlossen, damit solche Leute sie nicht bereits erwachsenen Tieren anlegen und so ihre Herkunft verschleiern können.

„Die 50 Bienenfresser sind wirklich nur die Spitze des Eisberges," sagt Axel Hirschfeld – „da kann man mindestens noch eine Null dranhängen, dann ist man in dem Bereich der tatsächlich geschmuggelten Tiere." Und natürlich werden seltene Vögel nicht nur in Tschechien oder in Ungarn aus ihren Nestern oder Brutröhren geholt.

In freier Natur sind Bienenfresser in Deutschland selten. Der „Dachverband Deutscher Avifaunisten" hat zuletzt mehr als 2000 Brutpaare in Deutschland gezählt. Die Art breitet sich in den letzten Jahren aber nach Norden aus – begünstigt vom Klimawandel. Das trockene warme Klima in Mitteldeutschland gefällt ihnen. In Sachsen-Anhalt gibt es einige Brutpaare, aber auch am Mittel- und Oberrhein, sogar in Nordrhein-Westfalen und an der Wesermündung sind Vorkommen bekannt. In den Südwestschweizer Alpen hat ein Bienenfresserpaar erst in der Brutsaison 2018 einen neuen Höhenrekord außerhalb des mediterranen Beckens aufgestellt. Schweizer Forscher fanden ihr Nest in einer Höhe von 1165 Metern über dem Meeresspiegel. Vier Junge wurden daraus flügge. Aber auch wenn es bei uns mehr Bienenfresser gibt als vor einigen Jahren – die Art ist immer noch sehr selten. Und natürlich ist sie streng geschützt.

„Das Risiko, erwischt zu werden, ist in Deutschland klein"

„Was das Risiko, erwischt zu werden angeht, ist Deutschland schon im europaweiten Vergleich ein Paradies für illegale Vogelhändler und Vogelschmuggler", sagt Axel Hirschfeld vom „Komitee gegen den Vogelmord". „Das liegt einfach daran, dass in Deutschland unserer

Ansicht nach viel zu wenig kontrolliert wird." Es müsse schon viel passieren, damit in Deutschland eine Behörde von sich aus einen Tierhalter oder -händler überprüfe. Erst wenn ein Verband wie das CABS den Behörden Hinweise gebe, rühren sie sich. „Wenn wir Anzeige erstatten, dann finden die in der Regel auch was." In den letzten Jahren hat das CABS allein in Nordrhein-Westfalen mehrere Dutzend Fälle mit einer vierstelligen Zahl von Vögeln bearbeitet. „Und das sind nur die Fälle, die wir zur Anzeige gebracht haben."

Wie dreist die illegalen Tierfänger vorgehen, zeigt ein Fall aus Düren, bei dem das CABS der Polizei jüngst einen Tipp gegeben hat. „Da hat jemand sein gesamtes Grundstück in einen riesigen Fanggarten verwandelt", erinnert sich Axel Hirschfeld, der bei der Kontrolle anwesend war: „Da hing ein 20 Meter langes Japannetz, standen Dutzende von kleinen Käfigen mit lebenden Lockvögeln, Klappfallen." Bei der Razzia habe die Polizei fast 100 angebliche Zuchtringe sichergestellt und fast drei Dutzend Vögel beschlagnahmt.

„Dieser Händler war bei ‚Ebay-Kleinanzeigen' aktiv." Längst kein Einzelfall. Auch auf spezialisierten Plattformen im In- und Ausland mischen sich die Vogel-Schieber mit ihren Waren unter die legalen Angebote. Für jede Vogelgruppe gibt es eine Szene: Greifvögel, bunte Waldvögel, Watvögel – um nur ein paar einheimische Beispiele zu nennen. Und das Geschäft lohnt sich: „Wir gehen davon aus, dass dieser Schwarzmarkt in Deutschland auf jeden Fall im zweistelligen Millionenbereich liegt – mindestens", schätzt Axel Hirschfeld. Ein Bienenfresser könne mehrere Hundert Euro erzielen.

Und noch mehr, wenn man die Tiere als Nachzuchten aus Gefangenschaft verkauft: „Das ist ja die Methode: Die Tiere

Bienenfresser

werden aus der Natur geklaut und dann hier als Nachzuchten ausgegeben, um sie sozusagen zu waschen", sagt Hirschberg, „dann dürfen sie offiziell verkauft werden, und dann geht der Preis auch schon mal in den vierstelligen Bereich." Weltweit zählt illegaler Wildtierhandel zu den fünf ertragreichsten kriminellen Geschäften überhaupt.

Dass es diese Leute in Deutschland so leicht haben, führt Axel Hirschfeld darauf zurück, dass es in Deutschland im Gegensatz zu anderen europäischen Ländern keine spezialisierte Anti-Wilderei- oder Umwelt-Einheiten bei der Polizei gibt. Wenn das CABS auf einen Fall von illegalem Vogelfang stoße, sei es oft so, dass die Polizisten, die dann als erste beim Tatort sind, noch nie von dieser Art Kriminalität gehört hätten und zum ersten Mal in so einer Sache ermittelten. „Das sind nicht die besten Voraussetzungen dafür, dass so ein Fall dann am Ende aufgeklärt wird und alle rechtlichen Möglichkeiten ausgeschöpft werden." Der Vogelschützer hat einen weiteren traurigen Trend ausgemacht: „Weil die Staatsanwaltschaft in illegalem Handel mit Wildvögeln offensichtlich kein besonderes öffentliches Interesse sieht, kommen die Täter oft mit einer niedrigen Geldauflage davon, und dann dürfen die weitermachen."

„Deutschland braucht Spezialeinheiten gegen illegalen Tierhandel"

Die Polizei müsse auch in Deutschland spezialisierte Einheiten aufbauen. „Das ist wie Wirtschaftskriminalität", findet Axel Hirschfeld, „wenn man das bekämpfen will, kann man auch keine Verkehrspolizisten einsetzen – daran müssen Leute arbeiten, die Ahnung haben vom Vogelschmuggel, vor allem auch von der Biologie der betroffenen Arten."

Der Trend geht in Deutschland sogar in die entgegengesetzte Richtung. Mehr als zehn Jahre lang gab es in Nordrhein-Westfalen eine „Stabsstelle Umweltkriminalität“, die beim Umwelt- und Landwirtschaftsministerium des Landes angesiedelt war. „Wir haben im Bereich Artenschutzstraftaten sehr intensiv mit der Stabsstelle zusammengearbeitet, wir haben ihnen immer wieder unsere Fälle übermittelt“, erinnert sich Axel Hirschfeld. In diesen Jahren habe es mehrere Hundert Anklagen in Fällen von illegalem Tierhandel gegeben. „Ich gehe davon aus, dass nur ein Bruchteil der Täter verurteilt worden wäre, wenn diese Stabsstelle sich nicht dafür eingesetzt hätte.“

Direkt nach ihrem Amtsantritt im Jahr 2017 hat die NRW-Umweltministerin die Stabsstelle jedoch aufgelöst. Jetzt gebe es wieder mehr Fälle, in denen das Verfahren eingestellt wurde, bei denen Hirschfeld und seine Kollegen denken: Mit der Stabsstelle wäre das nicht passiert.

Bernd Marcordes, der Vogelkurator vom Kölner Zoo, vermutet, dass die Schmuggler seine Bienenfresser für einen Kenner beschafft haben. „Ein Bienenfresser ernährt sich, wie der Name schon sagt, in erster Linie von Bienen und anderen Fluginsekten, die als Nahrung zu beschaffen recht teuer sind,“ sagte er. Im Zoo in Köln bekommen die Vögel lebende Bienen – Honigbienen aus den zooeigenen Bienenvölkern, aber auch Hummeln, die der Lavendel vor der Voliere anlockt. Außerdem haben Marcordes und seine Kollegen an mehreren Stellen Mist ausgelegt, um Fliegen anzulocken – eine weitere Ergänzung des Speiseplans.

Dass die Bienenfresser lebende Beute machen sollen, hat zwei Gründe. Zum einen brauchen sie einen Fettfarbstoff aus den wilden Insekten, damit sie schön gelb bleiben. Wenn sie nur Honigbienen zu fressen bekommen, verblassen die Federn am Hals. „Deshalb muss man gucken, dass sie Wildinsekten fangen, dann behalten sie ihre Färbung.“ Der zweite Grund hat damit zu tun, dass Bernd Marcordes die Bienenfresser hier im Zoo vermehren und die Nachkommen auswildern will. Die Vögel müssen dafür natürlich in der Lage sein, Beute zu fangen.

Nachwuchs der Kölner Bienenfresser soll ausgewildert werden

Schon direkt nach dem Fund des Vogeltransports hat es Überlegungen gegeben, die Tiere wieder auszuwildern. Doch wohin? „Wir wussten nicht ganz genau – woher kommen die denn?“ Bringt man sie in das falsche Gebiet, riskiert man, dort Krankheiten einzuschleppen. Außerdem war Herbst, man hätte die Vögel in ein Überwinterungsgebiet bringen müssen. Aber den Weg dorthin lernen die Jungvögel von den Alten. Hätte man sie dort ausgesetzt, hätten sie nicht in die Brutgebiete zurückgefunden.

Für die Wilderer hat Bernd Marcordes überhaupt kein Verständnis: „Ich kann gar nicht sagen, wie doof ich das finde“, sagt er, „niemand braucht solche Tiere mehr zu halten, denn die Tiere kommen ja zurück zu uns – das ist das Schöne, man kann in die Natur gehen, dort kann man sie angucken.“

WENN WALDSCHNEPFEN GEGEN DIE CDU-ZENTRALE RASEN

JEDES JAHR STERBEN ALLEIN IM BERLINER ZENTRUM TAUSENDE VÖGEL AN DEN MODERNEN GLASFASSADEN. DABEI WÄRE ABHILFE MÖGLICH.

Von Christiane Habermalz

An diesem Tag waren die Fensterputzer schon da. Die riesige Glasfassade des Paul-Löbe-Hauses, in dem die Abgeordneten des Bundestags ihre Sitzungssäle und Büroräume haben, spiegelt in der Sonne. Vergeblich sucht Claudia Wegworth die Fassade des Gebäudes mit dem Fernglas ab. Normalerweise könne man hier regelmäßig die Abdrücke zerschellter Vögel an den Scheiben sehen, sagt sie.

Doch jetzt ist alles blitzsauber. Sie zeigt mir Fotos, die sie an anderen Tagen aufgenommen hat: kein schöner Anblick. Wie geisterhaft sind die Umrisse der Vögel im Augenblick ihres gewaltsamen Todes zu sehen: Flügelspitzen, Federreste, manchmal Blut. „Es ist vor allem der Talg aus dem Gefieder, der an den Scheiben kleben bleibt", erklärt Wegworth. „Allerdings hinterlassen die Vögel erst ab Taubengröße Abdrücke. Die kleinen Arten wie Wintergoldhähnchen oder Meisen sind zu leicht, von denen bleibt nichts am Glas zurück." Sterben tun sie trotzdem.

Das Berliner Regierungsviertel mit seinen Neubauten aus den 1990er-Jahren, architektonisches Sinnbild für Transparenz und Moderne, bringt jedes Jahr vielen Vögeln den Tod. Zum Verhängnis wird ihnen auch die Nähe zum Tiergarten. „Glas und grüne Umgebung, das verträgt sich einfach nicht", sagt Wegworth. Himmel und Bäume spiegeln sich in den Fassaden, das suggeriert den Vögeln freien Flug in die Landschaft. Noch schlimmer sind begrünte Innenhöfe hinter Glasfassaden. Wie beim Kanzleramt, das gegenüber vom Paul-Löbe-Haus den verlockenden Kanzlergarten hinter Betonwänden mit großen Glaselementen versteckt. Dass das für Vögel ein Problem sein könnte, daran hat beim Bau niemand gedacht. „Ganz besonders gefährlich sind gläserne Eckkonstruktionen wie bei der CDU-Parteizentrale", sagt Wegworth. „Vögel können nicht erkennen, dass sie da nicht durchfliegen können." Hier hat sie im vergangenen Jahr für eine Studie tote Vögel aufsammeln lassen. Unter den Opfern waren Rotkehlchen, Trauerschnäpper und sogar eine Waldschnepfe.

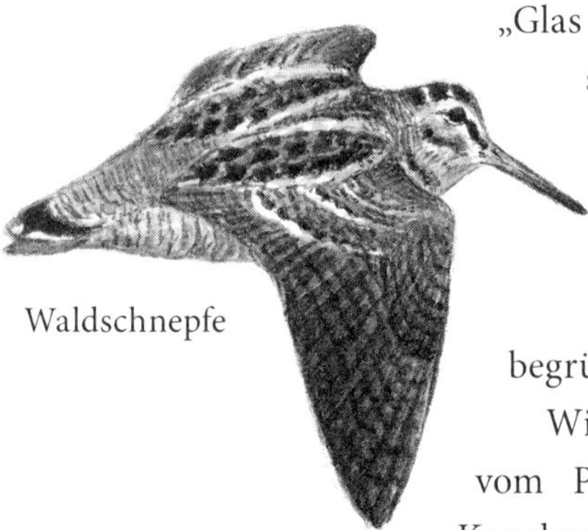
Waldschnepfe

Bis zu 115 Millionen Todesopfer in Deutschland?

Claudia Wegworth ist Vogelschutzreferentin beim Bund für Umwelt und Naturschutz (BUND), und sie hat sich angewöhnt, moderne Architektur mit kritischen Augen zu betrachten. Einer wissenschaftlichen Studie zufolge zerschellen in den USA pro Jahr zwischen 400 Millionen und einer Milliarde Vögel an Fensterscheiben.

Der Hotspot des Vogelschlags ist Chicago – hier ragen zahllose gläserne Super-Skyscraper ausgerechnet auf einer der wichtigsten

Vogelzugrouten des Kontinents in den Himmel. Aber auch Manhattan mit seiner Skyline wird jedes Jahr zum zigtausendfachen Vogelgrab. Deutschland hat zwar deutlich weniger Hochhäuser. Doch rechnet man die Zahlen aus den USA auf Deutschland um, wie es die Länderarbeitsgemeinschaft der Vogelschutzwarten getan hat, kommt man auch hierzulande auf eine Zahl von 100 Millionen bis 115 Millionen tote Vögel pro Jahr. Und das sei eher konservativ geschätzt, betonen die Wissenschaftler.

Bei der Hochrechnung wurden nur Gebäude erfasst, nicht aber die zahlreichen Bushaltestellen aus Plexiglas, die transparenten Lärmschutzwände, die gläsernen Überführungen oder Verbindungsgänge, an denen Vögel ebenfalls den Tod finden. Die Mehrzahl der gefiederten Opfer überlebt die Kollision nicht. Und selbst wenn, sterben viele später an inneren Verletzungen – oder werden, benommen vom Zusammenprall, von Katzen oder Krähen gefressen. Letztere sind auch der Grund, warum es schwer ist, die genauen Todeszahlen zu ermitteln. Die toten Vögel werden schnell gefunden. „In Berlin kennen die Krähen alle für Vögel gefährlichen Ecken genau – und statten ihnen regelmäßig Besuche ab", erzählt Wegworth.

Vogelschlag an Gebäuden ist kein neues Thema – dennoch ist es bis heute in den Baubehörden und Architekturbüros kaum angekommen. Jedes Jahr werden über 700 Millionen Quadratmeter Glas verbaut – weltweit. Immer kühner geraten die gläsernen Konstruktionen moderner Büro- und Wohngebäude. Verglaste Fassaden laden zur Rundumsicht beim Arbeiten, Essen, Wohnen ein. Man möchte möglichst hautnah an der Natur sein. Doch was schön ist für die Menschen, bedeutet den Tod für Millionen von Vögeln. Sie krachen gegen die Fensterfronten von Einfamilienhäusern ebenso wie gegen große Bürotürme. Wobei grundsätzlich gilt: je größer die Glasflächen, desto höher die Opferzahl.

Die Bundesregierung tut so gut wie nichts – mit einer Ausnahme

Immer wieder versuchen Naturschutzverbände wie der BUND, bei laufenden Bauprojekten auf die Problematik aufmerksam zu machen, Architekten anzusprechen, bei der Naturschutzbehörde nachzufragen, ob Vogelschutzbelange eingehalten werden. So wie beim neuen „Cube“, der gerade vor dem Hauptbahnhof in die Höhe wächst. Schon jetzt ist klar, dass der gläserne Turm mit Büros für Vögel ein Riesenproblem darstellen wird – doch Vogelschutz spielte bei der Planung und Genehmigung offenbar keine Rolle. Oder das künftige Besucherzentrum des Bundestags, das als gläserner Pavillon mitten im Tiergarten entstehen soll. Vogelschutzglas? Bislang nicht vorgesehen.

Bauherren und Architekten wissen oft wenig über die Gefahren, die von ihren Glaskonstruktionen ausgehen. Manchmal führt die Intervention der Naturschutzorganisationen dazu, dass Pläne geändert oder Gebäude nachgerüstet werden. „Viel besser wäre es, wenn Vogelschutz von Anfang an in den Baurichtlinien fest verankert wäre“, sagt Wegworth. Eigentlich ist die gesetzliche Grundlage dafür gelegt: Im Naturschutzgesetz gilt für geschützte Tiere – und das sind in Deutschland so gut wie alle Vögel – ein Tötungsverbot. Doch am Ende ist es eine Frage der Interpretation, ob das Verbauen von großen Glasflächen zumindest unter besonders ungünstigen Bedingungen unter die Kategorie „absichtsvolles Töten“ fällt.

In der Bundesregierung ist man sich zumindest des Problems bewusst, wie aus einer Antwort auf eine Kleine Anfrage hervorgeht, die die Bundestagsfraktion der Grünen vor drei Jahren stellte. Bei Neubauten des Bundes werde das Thema Vogelschutz „durch vogelfreundliche Fassadengestaltung“ berücksichtigt werden, heißt es in der Antwort. Und: „Die Bundesanstalt für Immobilienaufgaben bemüht sich in eklatanten Fällen von Vogelkollisionen auch um Abhilfe im Rahmen der Verhältnismäßigkeit.“

Das gilt freilich nur für die Gebäude im Eigentum des Bundes. Verbindliche Bauvorschriften, die Vogelschutz an Neubauten vorschreiben, seien vorerst nicht geplant. Stattdessen verwies das damals noch für beide Bereiche zuständige Bundesministerium für Umwelt und Bauen auf den weiteren Forschungsbedarf. Doch der ist begrenzt, denn Abhilfe gibt es längst.

Regeln für verantwortungsvolle Gebäudebesitzer

Am einfachsten wäre es, weniger Glas zu verbauen – im Zeitalter des Klimawandels und der im Sommer aufgeheizten Städte ohnehin eine naheliegende Lösung. Wo Architekten und Bauherren auf Licht und Transparenz beim Bauen nicht verzichten wollen, können Glasfassaden mit Mustern bedruckt werden. Das kann sogar sehr ästhetisch aussehen. Tramhaltestellen oder Wartehäuschen für den Bus können einfach mit Strukturen oder Streifen versehen werden. Der Durchblick bleibt trotzdem erhalten.

„Bei großen Fassaden geht maximal sechs Prozent an Licht verloren", sagt Wegworth. Wichtig sei, dass die „Handflächenregel" eingehalten werde. Zwischen den aufgedruckten Elementen darf nicht mehr als eine Handbreit frei sein. Denn Vögel sind geschickte Flieger, sie wissen genau, wie groß sie sind. Eine solche Lücke nehmen kleine Singvögel noch als „schnell durchfliegbar" wahr.

Mit Glasmarkierungen beschäftigt sich der Wiener Ornithologe Martin Rössler. Er erprobt seit 15 Jahren in speziellen Flugtunneln, welche Art von Glas Vögel als Hindernis wahrnehmen und welche nicht. Dass die Greifvogelsilhouetten, die jahrzehntelang zur Beruhigung des Gewissens auf Scheiben geklebt wurden, leider gar nichts bringen, hatten vor ihm schon andere Wissenschaftler herausgefunden.

In Studien stellte sich heraus, dass Vögel die Aufkleber nicht als bedrohliche Räuber wahrnehmen, sondern lediglich als Hindernis, das sie umfliegen – und dann rechts oder links davon gegen die Scheibe knallen. Rössler hat auch nachgewiesen, dass das extra entwickelte Ornilux-Vogelschutzglas mit UV-Beschichtung, das lange vom NABU empfohlen worden war, ebenfalls nahezu wirkungslos ist. „Nur etwa die Hälfte der Vogelarten können UV-Licht überhaupt wahrnehmen", sagt Rössler. Und für diejenigen, die es sehen, bedeutet es eher „freie Bahn Richtung Himmel" – sie erkennen es nicht als Warnsignal, das sie zum Ausweichen bewegt.

„Ich kann verstehen, dass es eine große Sehnsucht nach solchen durchsichtigen Wunderlösungen gibt, aber das UV-Glas funktioniert einfach nicht", so Rösslers Bilanz. Um Vögel für seine Testflüge möglichst geringen Belastungen auszusetzen, arbeitet er mit der Vogelberingungsstation Hohenau-Ringelsdorf im Nordosten Österreichs zusammen. Bevor die Vögel nach der Beringung freigelassen werden, müssen sie einmal durch den Flugtunnel. Dort haben sie die Wahl zwischen einem durchsichtigen Referenzglas und dem zu testenden Vogelschutzglas. 40 Zentimeter vor dem Aufprall werden sie mit unsichtbaren Japannetzen abgefangen.

Das Bundesforschungsministerium zeigt, wie es geht

Das Ergebnis dürften viele Anhänger grenzenloser Transparenz nicht gerne hören: Wirklich hilft nur, was auch Menschen sehen. Also Muster. Diese müssen außen aufgedruckt oder aufgeklebt sein, denn sonst werden sie von Spiegelungen überblendet. Senkrechte Strukturen sind besser als waagerechte. Und größere Objekte wirken besser als filigrane. Ansonsten sind der Gestaltung eigentlich kaum Grenzen gesetzt: Punkte, Streifen, Rillen, Vögel, Delfine – alles ist denkbar. „Schwarze und orange Muster funktionieren besonders gut, weiße eher schlechter", ergänzt Rössler.

Seit einiger Zeit wenden sich immer mehr Architekten und Unternehmen an Rössler, um ihre Entwürfe oder Produkte testen zu lassen. Das macht Hoffnung, dass sich insgesamt mehr Menschen als früher mit dem Problem Vogelschlag auseinandersetzen. Doch so lange das auf freiwilliger Basis geschieht, wird es ein Randthema der Baubranche bleiben, ist sich Rössler sicher. Dabei habe sich in den meisten Fällen herausgestellt: Ist das bemusterte Glas einmal eingesetzt, stört sich in der Regel kein Mensch daran. „An die Unzumutbarkeit der nicht vollständigen Transparenz glaube ich nicht", sagt Rössler.

Warum also nicht ein Paul-Löbe-Haus mit Streifenmuster? Auch vor die Scheibe gespannte dünne Nylon-Schnüre wären denkbar. Oder aufgedruckte Paragraphen? Ein Design-Wettbewerb könnte die besten Ideen küren.

Dass vieles möglich ist, zeigt ein Positivbeispiel aus dem Regierungsviertel: Das frisch errichtete Bundesforschungsministerium wurde vor kurzem nachgerüstet. Erst vor fünf Jahren war es stolz eingeweiht worden als Beispiel für Energieeffizienz und Nachhaltigkeit. Doch das Thema Vogelschutz war vergessen worden. Der begrünte Innenhof wurde durch gläserne Verbindungsgänge zwischen den Stockwerken für Vögel regelrecht zur Todesfalle. Jetzt sind die Gänge durch Spezialglas mit aufgedrucktem Muster ersetzt worden. Die durchbrochenen Linien nehmen geschickt die Form der Fenster wieder auf: Ein Gestaltungselement, das aussieht, als sei es von Anfang an so geplant gewesen. Der BUND hat den Architekten dabei beraten. Seitdem sind keine Vögel mehr umgekommen.

Claudia Wegworth gibt auch Tipps, was jeder selbst tun kann, um Vogelschlag wenigstens zu minimieren. Wo verglaste Büros auf einen grünen Innenhof hinausgehen – wie an vielen Abgeordnetenbüros – hilft es schon viel, wenn abends nach Dienstschluss die Außenrollos heruntergelassen und erst morgens wieder hochgezogen werden. Denn die meisten Unfälle mit Vögeln finden in den frühen Morgenstunden statt. „Auch tagsüber können Außenlamellen so oft wie möglich waagerecht gestellt werden.“ Gleiches gelte für große Balkon- und Terrassenfenster zuhause: „Es gibt immer Zeiten, in denen man nicht daheim ist. Dann können die Rollos unten bleiben“, erklärt Wegworth.

Unterdessen greifen zumindest in der CDU-Parteizentrale die Vögel zur Selbsthilfe. Dort vertreiben sich die Krähen die Zeit damit, kleine Steinchen auf das Glasdach zu werfen. Einfach nur weil es so schöne Geräusche macht. Schon mehrfach mussten beschädigte Scheiben deswegen ausgewechselt werden. Transparenz hat eben ihren Preis.

DEUTSCHLANDS HEIMLICHER WAPPENVOGEL UNTER DRUCK

WINDKRAFTANLAGEN UND NAHRUNGSMANGEL AUF FELDERN UND WIESEN MACHEN ES DEN ROTMILANEN SCHWER.

Von Carl-Albrecht von Treuenfels

Selbst für einen nicht so geübten Vogelbeobachter ist es eher einfach, einen Rotmilan bei seinem Suchflug am Himmel von anderen Greifvögeln wie etwa dem Mäusebussard oder dem selten sichtbaren Habicht oder gar von der Rohrweihe zu unterscheiden. Sein volkstümlicher Name „Gabelweihe“ weist auf das untrügliche Kennzeichen von *Milvus milvus* hin: der gegabelte Stoß (Schwanz), den der Vogel beim Fliegen gerne als sehr bewegliches Steuerinstrument einsetzt. Der Stoß ist oberseits wie ein Teil des übrigen Gefieders leuchtend rotbraun gefärbt – diese Merkmale haben für die beiden Namen gesorgt. Lediglich der Kopf ist grau. Nur ein naher Verwandter kann bei flüchtigem Hinsehen für Irritation und Verwechslung sorgen: Der Schwarzmilan (*Milvus migrans*), mit 50 bis 58 Zentimetern Körperlänge rund zehn Zentimeter kleiner als der Rotmilan, hat einen schwächer eingekerbten Stoß und dunkelbraune Gefiederfarben. Er wird deshalb auch „Brauner Milan“ genannt. In manchen Gegenden

Deutschlands lassen sich beide Arten gleichzeitig beobachten und in ihrem Flugbild vergleichen. Rund um den Bodensee, im baden-württembergischen Hegau, im Harzvorland und in der Altmark gibt es noch größere Konzentrationen beider Milane. Auch in der Schweiz fühlen sich beide Arten wohl.

In Deutschland brüten 12.000 bis 18.000 Paare

Rotmilan

Während der Schwarzmilan mit seinen sechs Rassen ein weites Verbreitungsgebiet von Mitteleuropa, Afrika, dem Nahen Osten bis nach Asien hat und selbst in Japan anzutreffen ist, konzentriert sich das Vorkommen des Rotmilans auf Mittel- und Südeuropa und Teile Vorderasiens. Deutschland spielt eine besondere Rolle für den Rotmilan, denn hier brüten zwischen 12.000 und 18.000 Paare (doppelt so viele wie Schwarzmilane) und damit mehr als die Hälfte des Weltbestandes. Kein anderer Brutvogel hat in Deutschland dieses Alleinstellungsmerkmal. Daher weisen Naturschützer und Ornithologen stets auf die besondere Verantwortung Deutschlands für den Rotmilan hin.

Zweitwichtigstes Land für die Rotmilane ist Spanien, denn dort verbringen viele die Wintermonate, um ab Ende Februar in ihre nördlichen Brutgebiete zurückzukehren. In jüngerer Zeit bleiben jedoch immer mehr Rotmilane auch im Winter in Deutschland. Bis zu 1500 Vögel ziehen nicht mehr nach Süden und bilden abends an bevorzugten Orten in Bäumen Schlafgesellschaften, auch in Frankreich. In England, wo der Rotmilan dank der Ansiedlungsprojekte wieder heimisch ist, zieht er auch nicht mehr im Winter fort.

Aber der Aufenthalt zur Brutzeit in Deutschland wird für die „Königsweihe“ immer unwirtlicher und gefährlicher. Die nach den Methoden der modernen Landwirtschaft bestellten Felder und Wiesen geben immer weniger Nahrung für den Rotmilan her. Ratten, Mäuse, Maulwürfe, Feldhamster (wo es die noch gibt), Junghasen, Reptilien, kleine Vögel, Regenwürmer, Fische von Gewässeroberflächen und schließlich Aas – eigentlich ist die Nahrungspalette vielseitig genug zum Überleben der Altvögel. Und sie sollte auch zum Aufziehen der zwei bis vier Jungen im Baumhorst ausreichen. Aber in dem Ausmaß, wie die Geflügelhaltung in den Dörfern abgenommen hat – dort konnten sich die „Hühnergeier“ bei ihren regelmäßigen Kontrollflügen früher erfolgreich bedienen –, so wenig lebende Beute bieten die schon zeitig im Jahr hoch und dicht gewachsenen Weizen-, Gerste-, Raps- und Maiswüsten auf den großen landwirtschaftlichen Flächen. Auf den mit Einheitsgras bewachsenen Wiesen lässt sich allenfalls nach der – im Jahr mehrfach durchgeführten – Mahd der Kadaver eines tödlich verletzten Rehkitzes oder Junghasen finden. Heuschrecken oder andere Großinsekten suchen Milane und andere Vögel dort meistens vergebens.

Neben der prekären Ernährungslage, die nicht selten zur Folge hat, dass manche Jungmilane während ihrer siebenwöchigen, bis in den Juli dauernden Nestlingszeit in ihren Horsten verhungern, ist in den vergangenen Jahren eine Gefahr herangewachsen, die immer mehr Opfer besonders unter den Rotmilanen (neben anderen Groß- und Kleinvogelarten sowie Fledermäusen) verursacht: die kontinuierlich zunehmende Zahl von Windkraftanlagen (WKA), deren Rotoren zudem von Generation zu Generation größer werden. Die Staatliche Vogelschutzwarte des Landesamtes für Umwelt in Brandenburg sammelt seit 2002 Daten von an Windkraftanlagen verunglückten Vögeln und Fledermäusen für Deutschland und – soweit verfügbar – auch für Europa. Obwohl laut Vogelschutzwarte „als sicher gelten kann, dass die Datenbank nur einen Bruchteil der tatsächlich an WKA verunglückten Tiere enthält", sind die bis Januar 2019 veröffentlichten Zahlen erschreckend genug. An den nach Angaben des Bundesverbands Windenergie 2018 in Deutschland 29.213 an Land (*onshore*) vorhandenen WKA sind seit 2002 unter ihnen 458 getötete Rotmilane gefunden worden. Nur unter den Mäusebussarden gab es mit 562 mehr Opfer. Als nächstes folgen Seeadler mit 158, Turmfalken mit 123 und Schwarzmilane mit 43. Die Dunkelziffer ist nach einhelliger Meinung von Fachleuten um ein Mehrfaches höher. Wer kann schon den Boden unter knapp 30.000 WKA regelmäßig absuchen und vielen Beutegreifern wie Fuchs, Dachs, Waschbär und anderen Kadaverververwertern zuvorkommen? Viele verletzte Kollisionsopfer verenden auch nicht in unmittelbarer Nähe unter den Rotoren.

Hinzu kommt, dass die Windmühlen nicht nur von Jahr zu Jahr zahlreicher werden, sondern auch höher und die Rotoren großflächiger. Betrug die durchschnittliche Nabenhöhe im Jahr 2000 noch 71 Meter und der Rotordurchmesser 58 Meter, so maßen die Masten der jüngeren Generation im vergangenen Jahr 132 Meter und die Rotordurchmesser 118 Meter. Die Planungen für die nächste Stufe sehen noch höhere Anlagen mit gewaltigeren Rotorblättern vor. Doch nicht nur die unmittelbaren tödlichen Folgen eines Zusammenstoßes, vielfach durch den enormen Sog ausgelöst, sorgen für große Verluste unter den eigentlich mit bis zu 35 Lebensjahren langlebigen Rotmilanen. Im Vorfeld von Ausweisungen von Windeignungsgebieten und konkreten Planungen neuer WKA (zunehmend auch in Wäldern, besonders in Hessen) werden Vögel vergiftet und Horstbäume gefällt. Da nach dem 2015 von der Länderarbeitsgemeinschaft der Staatlichen Vogelschutzwarten verabschiedeten und von der Bundesregierung anerkannten „Neuen Helgoländer Papier" der Mindestabstand zwischen einer Windmühle und einem Rotmilanhorst 1500 Meter betragen muss und in einem Radius von 4000 Metern zu prüfen ist, ob es regelmäßig von der Art aufgesuchte Nahrungshabitate, Schlafplätze oder andere genutzte Biotope gibt, versuchen immer wieder „interessierte Kreise“, solche Hindernisse illegal aus dem Weg zu räumen. In mehreren Bundesländern wurden schon Brutplätze zerstört und Brutpaare während der Aufzuchtzeit der Jungen abgeschossen oder vergiftet mit der Folge, dass auch die noch nicht flüggen Jungen starben.

Diesen vielen Ursachen, die dem „heimlichen Wappenvogel Deutschlands“ das Leben schwer machen oder vorzeitig beenden, will eine Initiative mit dem Namen „Rotmilan – Land zum Leben“ entgegenwirken. Gemeinsam mit dem Deutschen Verband für Landschaftspflege, dem Dachverband Deutscher Avifaunisten (DDA) und neun lokalen Partnern arbeitet die 1992 vom inzwischen verstorbenen Hamburger Unternehmer Haymo Rethwisch gegründete und mit einem Vermächtnis von gut 100 Millionen Euro ausgestattete Deutsche Wildtier Stiftung seit fünf Jahren intensiv daran, die Lebensbedingungen für den Rotmilan in seinem Kernverbreitungsland entscheidend zu verbessern. „Bereits über 15.000 Hektar Nahrungsflächen wurden seitdem für den Rotmilan optimiert und 450 einzelne Maßnahmen zum Schutz der Nestbäume und Bruthabitate umgesetzt“, schreibt die Deutsche Wildtier Stiftung in ihrem Jahresbericht 2018 und betont die wissenschaftliche Begleitung aller Projekte.

Auf die besondere Verantwortung Deutschlands für den Rotmilan hat schon der Naturschutzbund Deutschland (NABU) im Jahr 2000 hingewiesen, als er ihn zum „Vogel des Jahres“ erkor. Seitdem haben sich seine Lebensumstände nicht nur durch die beschriebenen Gefahren und Einschränkungen dramatisch geändert. Auch natürliche Feinde haben sich vermehrt. Geschützte Greifvögel wie

Uhu, Habicht und gelegentlich Seeadler, die sich dank verbessertem Schutz vermehrt haben, bedienen sich immer wieder mal im Horst des Milans bei dessen Jungen als Beute.

Dass der Rotmilan gelegentlich als „liederlicher Vogel" bezeichnet wird, liegt an der Art, wie er sein Nest baut. Oft nutzt er ein altes Bussard- oder Krähennest als Unterlage für seine zwei bis drei, selten vier Eier, die hauptsächlich das Weibchen je nach Eizahl bis zu gut sechs Wochen bebrütet. Doch bevor es dazu kommt, trägt das Männchen zum Einbau als wärmende Sitzpolster neben Zweigen und Stroh mit Vorliebe Lumpen, Plastikfetzen und Abfälle von Müllkippen zum Nest. Auch im Laufe der Brutzeit, während der das Männchen seinem Weibchen Nahrung bringt, schleppt es gerne „Müllergänzungsmaterial" mit seinen im Vergleich zu anderen Greifvogelarten eher schwach ausgebildeten Fängen heran. Wenn das Paar in einem Jahr erfolgreich gebrütet und seine Jungen aufgezogen hat und im Radius seiner Nahrungsflüge von etwa fünf Kilometern sich die Landschaft nicht wesentlich verändert, bezieht es im März oder April mehrere Jahre hintereinander dasselbe Nest auf einem Baum, der sowohl im hohen Altbuchenbestand, im Randbereich eines Kiefernwaldes, in einem Feldgehölz, im Uferbewuchs eines Fließgewässers oder im dorfnahen Bauernwald stehen kann. Besonders während der Balz im Frühjahr lassen sie ihre weittragenden „pfeifend-klagenden" Rufe hören. Der etwas leisere Schwarzmilan bevorzugt die Nähe von Bächen, Flüssen und Seen zum Brüten, da er stärker als der Rotmilan Fische als Beute fängt. Deshalb wird er mancherorts auch „Wassermilan" genannt.

DIE EULEN-FEUERWEHR

WIE VOGELSCHÜTZER VERSUCHEN, SELTENE SUMPFOHREULEN VOR DER INTENSIVEN LANDWIRTSCHAFT ZU RETTEN.

Von Thomas Krumenacker

„Vogelschützer?“, fragt der Mann und entsteigt seinem SUV. Ein Fernglas um den Hals zu tragen, garantiert dieser Tage in einigen Regionen Schleswig-Holsteins Aufmerksamkeit, selbst auf dem Supermarkt-Parkplatz. Eine Antwort wartet der stämmige Herr im Geländewagen erst gar nicht ab. „Ich hab auch ‘ne Eule auf meinen Wiesen und kann deshalb nicht mähen“, sprudelt es aus ihm heraus.

Da weiß er noch gar nicht, dass er tatsächlich an die Richtigen geraten ist. Klaus Jödicke, Biologe und Schutzgebietsbetreuer in Dithmarschen im Westen Schleswig-Holsteins tritt hinzu und erklärt, dass wir nur schnell einen Kaffee trinken und uns sofort wieder auf den Weg machen, um sein Problem zu lösen. Jödicke ist in diesen Wochen im Dauereinsatz. Er sucht in den weiten Wiesenflächen zweier Dithmarscher Flussniederungen nach Nestern von Sumpfohreulen, um die Gelege und Jungvögel vor dem Tod durch die Mähwerke der Landwirte zu retten, die in den späten Junitagen fast überall unterwegs sind, um ihre Wiesen zu mähen.

Findet er nichts, gibt er den Bauern grünes Licht und die Mahd kann weitergehen. Findet er aber ein Eulen-Revier, müssen die

Mäharbeiten ruhen, bis das Nest aufgespürt und umzäunt ist. Der Bauer auf dem Supermarkt-Parkplatz ist nicht gegen Sumpfohreulen und er murrt nur verhalten über die Auflagen des Vogelschutzes. Aber er will auch endlich mähen: Das Wetter könnte jederzeit umschlagen und Regen würde die Ernte noch weiter verzögern. Und er will in den Urlaub fahren und die Feldarbeit wenigstens zum Teil vorher erledigt haben. Ganz normale Probleme.

Auch Biologe und Vogelschützer Jödicke will in wenigen Tagen in den Urlaub fahren. Denn eigentlich ist die „Saison" für ihn vorbei. Er und sein Kollege Hilger Lemke arbeiten für das Bündnis Naturschutz in Dithmarschen im sogenannten Gemeinschaftlichen Wiesenvogelschutz. Eigentlich gilt ihre Aufmerksamkeit Kiebitzen, Rotschenkeln, Austernfischern und vor allem Uferschnepfen. Ab dem zeitigen Frühjahr werden Reviere kartiert, Nester gesucht, mit Landwirten gesprochen und Gelege mit Elektrozäunen abgesteckt.

Nomaden der Lüfte

Die Landwirte erhalten Geld dafür, dass sie ihre Bewirtschaftung auf die Bedürfnisse der Vögel abstimmen: Walzen, Schleppen, Mähen – alles muss so getaktet werden, dass die auf dem Boden brütenden Vogelarten keinen Schaden nehmen. Mitte Juni sind Uferschnepfen, Austernfischer und Kiebitze flügge und die beiden Biologen widmen sich anderen Projekten. Normalerweise. Aber nun ist alles anders.

Zum ersten Mal seit 2003 gibt es nämlich wieder eine Sumpfohreulen-Invasion. So nennen sich die unregelmäßigen Einflüge und Brutansiedlungen der äußerst nomadisch lebenden und in Deutschland vom Aussterben bedrohten Eulen. Es ist ein Jahrzehnt-Ereignis, mindestens. Und so machen Jödicke und Lemke natürlich weiter. Jetzt kartieren sie Reviere der Sumpfohreulen, suchen Nester, sprechen mit Landwirten und stecken Schutzzäune in den Boden.

Der Einflug der Sumpfohreulen ist spektakulär und trotz manchen Erkenntnissen aus wissenschaftlicher Forschung immer noch geheimnisvoll. Er ist allenfalls zu vergleichen mit dem Wunder des Vogelzugs. Die auch am Tag, vor allem aber in der Dämmerung aktiven Eulen sind die wahren Nomaden der Lüfte. Sie besiedeln die ganze Welt – nur in der Antarktis und in Australien fehlen sie.

Sumpfohreule

Zahl der Brutpaare drastisch nach unten revidiert

Das Faszinierendste ist aber, dass Sumpfohreulen – mehr noch als andere Eulenarten – ein extrem feines Gespür dafür haben, wo das Nahrungsangebot, vor allem Mäuse, gerade besonders gut ist. Dort überwintern sie und dort brüten sie. Oft nur für ein Jahr, dann verschwinden sie wieder, immer auf der Suche nach neuen Gebieten mit besonders vielen Kleinnagern. Allein in Dithmarschen haben sich in diesem Jahr gleich mehrere Dutzend Paare eingefunden – mehr, als in manchen Jahren in ganz Deutschland brüten.

Immer wieder sind Forscher überrascht, wie flexibel die Eulen sind: In Niedersachsen als Nestlinge beringte Sumpfohreulen tauchten später in Russland, Finnland, Schweden und Norwegen als Brutvögel auf. Nestgeschwister aus Bayern wurden später fast zeitgleich weit entfernt voneinander in West-Sibirien und Nordfrankreich beobachtet.

Die Brutbestände in den einzelnen Ländern schwanken, ganz dem nomadischen Lebensstil der Vögel entsprechend, enorm und deshalb ist es sehr schwierig, verlässliche Zahlen zu ermitteln. Der Trend ist aber eindeutig negativ. In Finnland – nach Russland und gemeinsam mit Schweden das wichtigste Land im eurasischen Verbreitungsgebiet – haben Forscher beispielsweise die lange gültigen Brutpaar-Angaben drastisch nach unten revidiert.

Im Mittel brüten derzeit in Finnland nur noch 760 Paare, wie der Frühjahrszensus des Finnischen Naturkundemuseums an der Universität Helsinki (LUOMUS) in diesem Jahr ergab. Die früheren Zahlen von bis zu 10.000 Paaren werden längst nicht mehr erreicht, wie LUOMUS-Koordinatorin Heidi Björklund erklärt. „Langzeit-Daten zeigen, dass die Population in Finnland in jedem Jahr um 3,2 Prozent abnimmt“, sagt die Forscherin. Ähnliches gilt für Schweden und weitere Länder. In Deutschland brüten regelmäßig nur wenige Dutzend Vögel auf den nord- und westfriesischen Inseln. Möglicherweise ist der Bestand dort relativ stabil, weil es auf den Inseln reichlich zu fressen gibt. Zur Nahrung gehören dort auch ziehende Kleinvögel.

Wiesenvogelschutz als Überlebenshilfe auch für Sumpfohreulen

Die wichtigste Ursache für den Rückgang der Sumpfohreulen-Bestände ist in vielen Ländern dieselbe: Die immer flächendeckendere und intensiver betriebene Landwirtschaft lässt den Vögeln keinen Platz für die Aufzucht ihrer Jungen. Gelege und Jungvögel werden von den Mähwerken zermahlen.

Dem spektakulären Gastvogel geht es damit nicht anders als anderen Arten, die auf Offenland und Wiesen zum Überleben angewiesen sind: Rebhuhn, Feldlerche, Braunkehlchen und Wiesenpieper sind nur einige Beispiele für Vogelarten, deren Bestände innerhalb weniger Jahre ins Bodenlose gestürzt sind.

Programme wie der Gemeinschaftliche Wiesenvogelschutz in Schleswig-Holstein versuchen, sich gegen diesen Trend zu stemmen. Und der aktuelle Einflug der Sumpfohreulen zeigt, wie wichtig das ist: Die höchsten Dichten werden in diesen Wochen in Gebieten festgestellt, die Teil von Wiesenvogelschutzprogrammen sind oder sich in Besitz von Stiftungen wie der Stiftung Naturschutz Schleswig-Holstein befinden. Und das ist kein Zufall, denn natürlich haben sich die Eulen auch auf anderen Wiesenflächen in Niedersachsen und Schleswig-Holstein niedergelassen, schließlich gibt es in diesem Jahr an vielen Orten ein überreiches Angebot an Mäusen: Doch auf vielen Flächen haben die Küken keine Chance.

Meistens findet bereits im Mai ein erster Schnitt auf Grünlandwiesen statt. Die Gelege der Vögel kommen buchstäblich unter die Räder oder die Mähwerke der immer stärkeren, immer schnelleren und immer gründlicher jeden Quadratmeter ausnutzenden Industrie-Landwirtschaft. Durch die um sich greifende Praxis der nächtlichen Mahd werden auch brütende Altvögel getötet.

Auch auf Flächen, die von Naturschützern gemanagt werden, kommen in jedem Jahr Vögel und Gelege um. Zum Schutz der „Zielarten" Uferschnepfe, Kiebitz, Rotschenkel und Austernfischer ist mit den Landwirten vereinbart, dass sie frühestens ab dem 21. Juni erstmals mähen dürfen. Doch auch danach kann man noch beobachten, wie Wiesenpieper, Braunkehlchen und andere bedrohte Singvögel eifrig Insekten zur Versorgung ihrer Nestlinge in noch ungemähte Wiesen eintragen, auch, wenn die modernen Riesenmäher schon anrücken.

Viele Vögel kommen also selbst in gemanagten Flächen ums Leben. Man kann noch Stunden nach der Mahd beobachten, wie irritierte Elternvögel mit Futter im Schnabel herumfliegen, um ihre Nester zu suchen, die es aber nicht mehr gibt.

„Mahdtermin ist ein Kompromiss"

„Uns allen ist klar, dass der Mahdtermin ab dem 21. Juni für einige Arten immer noch zu früh kommt", sagt Jödicke und verweist etwa auf Zweitbruten von Wiesenpiepern. „Das Datum ist ein Kompromiss", sagt auch Julia Riepen, die Flächenmanagerin der Stiftung Naturschutz Schleswig-Holstein, auf deren Flächen zahlreiche Eulen brüten. Es gelte aber, einen Ausgleich zu finden zwischen einem Maximum an Naturschutz und einem Minimum an Attraktivität für die Landwirtschaft.

Bei noch späteren Mahdterminen werde es schwer, überhaupt Pächter für die Flächenbewirtschaftung im Sinne des Wiesenvogelschutzes zu finden. Das Dilemma ist offensichtlich: Denn eine Verbuschung von Wiesen ganz ohne Nutzung nützt auch den Wiesenvögeln nichts, damit würde wertvoller Lebensraum verloren gehen. Und die Praxis gibt Jödicke, Riepen und ihren Mitstreitern recht.

Auf den durch die Stiftung gemanagten Flächen in Dithmarschen beispielsweise ist es gegen den Trend gelungen, die kleine aber wichtige Population der Uferschnepfen langjährig bei rund 25 Paaren stabil zu halten. Gleiches gilt für die Populationen von rund 80 Kiebitz- und 30 Austernfischer-Paaren. Wiesenpieper, einst Allerweltsvögel und nun in der Roten Liste der Brutvögel Deutschlands als stark gefährdet eingestuft, bringen auf den Stiftungsflächen immerhin eine erste Brut zum Ausfliegen.

Für die Sumpfohreulen reicht ein Aufschub der Mahd bis zum 21. Juni aber nicht aus. Noch Ende Juni finden wir Gelege mit Eiern oder gerade erst geschlüpften Jungen. Andere Eulenpaare haben früher mit dem Brüten begonnen und versorgen jetzt bereits flügge Jungvögel, die mit Einbruch der Dämmerung plötzlich auf Pfählen an Wegrändern oder auf Feldwegen herumsitzen und unablässig mit spielerischen Jagdflügen auf ihre Geschwister oder Sturzflug-Übungen die Gegend unsicher machen.

Trotz des immer noch zu frühen Mahdtermins profitieren die Sumpfohreulen von dem Wiesenvogelschutzprojekt. Denn durch die Naturschutzauflagen für andere Arten und den beständigen Kontakt zwischen Naturschützern und Landwirten seien die Bauern sensibilisiert und die Bereitschaft zum Schutz der Eulen groß, berichten die Gebietsbetreuer.

Die meisten Bauern verzichteten freiwillig auf einen strikten Mahdbeginn in Eulen-Verdachtsflächen und warteten grünes Licht durch die Gebietsbetreuer ab. Andere meldeten von selbst gefundene Nester. Durch diese Kooperation konnten zahlreiche Neststandorte gefunden, abgezäunt und bei der Mahd ausgespart werden. Nur deshalb findet man in manchen dieser Flächen spektakuläre Siedlungsdichten. An einigen Stellen liegen die Nester nur gut 100 Meter auseinander.

Auch „ordnungsgemäße Landwirtschaft" tötet

Wie viele Sumpfohreulen in diesem Jahr in Deutschland flügge werden, lässt sich noch nicht abschätzen. Vielleicht wird die Zahl des Jahres 2003 mit rund 100 Paaren allein in Schleswig-Holstein übertroffen. Im niedersächsischen Binnenland könnten es am Ende ebenfalls 50 bis 60 Paare sein, schätzt Thorsten Krüger von der Staatlichen Niedersächsischen Vogelwarte. So erfreulich dies ist, klar ist aber auch: Es könnten sehr viel mehr sein, wenn Wiesen vielerorts nicht ausschließlich als reine Wirtschaftsflächen betrachtet würden, sondern als das, was sie auch sind: Lebensräume für Tiere.

Dabei kann mit wenigen Auflagen bereits viel erreicht werden: weniger Schnitte im Jahr, späterer Mahdbeginn, Aussparen von Randstrukturen, verpflichtendes Suchen von Nestern und eine geringere Mahdgeschwindigkeit. Einige Projekte zeigen, wie es gehen kann. Die heute als „ordnungsgemäße Landwirtschaft" akzeptierte und legale Praxis der Intensivlandwirtschaft dagegen macht Wiesen zu einem Schlachtfeld, auf dem massenhaft geschützte Arten getötet werden.

WETTEREXTREME: WARUM TÜMPEL UND FEUCHT-GEBIETE ZUR KRITISCHEN INFRASTRUKTUR GEHÖREN

WIR BRAUCHEN EINE FLÄCHENDECKENDE FLURBEREICHERUNG.

Von Christian Schwägerl

Ob Hurrikane oder Dürren – Extremereignisse geben einen Vorgeschmack auf die Welt, die uns droht, wenn die Klimakrise nicht zumindest eingedämmt wird. Seit Jahrzehnten warnen Klimaforscher, dass Wetterextreme zunehmen werden, wenn die Erde wärmer wird und die Menschheit weiter Milliarden Tonnen Kohlendioxid pro Jahr in die Atmosphäre bläst. Kein seriöses Klimamodell sagt eine ruhigere, gemäßigtere Welt voraus.

Doch auch der beste Klimaschutz, die härteste CO_2-Minderung werden nicht verhindern, dass heute und in Zukunft mit mehr und heftigeren Extremwetterereignissen zu rechnen ist. Und selbst für den extrem unwahrscheinlichen Fall, dass die Desaster unserer Zeit ganz natürliche Ereignisse wären, verdient jetzt ein gigantisches Umweltthema viel mehr Beachtung. Die Rede ist vom Schutz der Feuchtgebiete.

Die Dürre des Jahres 2018, als in Deutschland die Flüsse zu Rinnsalen wurden, setzte sich 2019 und auch in der ersten Hälfte des Jahres 2020 fort. Vielerorts herrscht Waldbrandgefahr. Ackerböden sind gefährlich trocken. Die ganze Natur lechzt nach Wasser. Dass kein Wasser von oben kommt, ist das eine Problem. Aber jetzt rächen sich auch Jahrzehnte, in denen wir bei uns und weltweit sorglos mit wertvollen Landschaftselementen umgegangen sind: Tümpel, Feuchtwiesen, Moore und viele feuchte Biotoptypen mehr.

Kernelemente der ökologischen Infrastruktur

Feuchtgebiete – von Küstenbiotopen über kleine Tümpel und Feuchtwiesen in der Agrarlandschaft bis hin zu Mooren im Küstenbereich und im Gebirge – sind für den Menschen und für eine Vielzahl von Tier- und Pflanzenarten überlebenswichtig. Sie speichern Wasser für Dürrezeiten und sie nehmen wie Schwämme überschüssiges Wasser auf, wenn es unaufhörlich regnet. Feuchtgebiete tragen zur lokalen Abkühlung bei, filtern Schadstoffe, sind wichtige Nahrungs- und Rastgebiete für Zugvögel. Sie können alle diese Funktionen auch deshalb so gut erfüllen, weil sie artenreiche Lebensräume sind, die sich selbst regulieren. Wenn Feuchtgebiete fehlen, sammeln sich große Mengen Regen- oder Schmelzwasser nicht in der Natur, sondern in jenen Siedlungen, die der Mensch in Täler baut – mit katastrophalen Folgen.

Feuchtgebiete stehen dann als Wasserspender zur Verfügung, wenn es wie in den vergangenen Monaten zu wenig regnet. Sie sind Schwämme, die ihre Umgebung befeuchten, wenn Dürre herrscht. Sie sind eben nicht, als was Generationen von Landwirten und Landschaftsplanern sie behandelt haben: wertloses Ödland oder Störfaktoren, die die Linien der Traktoren unterbrechen. Sie sind Kernelemente unserer ökologischen Infrastruktur. Doch diese Infrastruktur wurde in den vergangenen Jahrzehnten massiv beschädigt.

Kaum ein anderer Lebensraum wurde und wird von uns Menschen so konsequent bekämpft und zerstört wie Tümpel und andere Feuchtgebiete. In Deutschland spiegelt die Trockenlegung des Oderbruchs durch Kolonisten Friedrichs des Großen im 18. Jahrhundert, die Regulierung des Rheins durch Johann Gottfried Tulla im 19. Jahrhundert und die Entwässerung der norddeutschen Moore durch die Nationalsozialisten im 20. Jahrhundert wider, wie lange der Angriff des Menschen auf Feuchtgebiete schon läuft und wie effizient er war und ist. Mehr als 90 Prozent der deutschen Moorgebiete sind verschwunden.

Nötig wäre eine flächendeckende Strategie

Für die Schweiz gibt es eine erschreckende Bestandserhebung: Der Biologe Beat Oertli von der Fachhochschule Westschweiz (HES-SO) in Genf hat ermittelt, dass die aktuell 32.000 Tümpel in dem Alpenland nur noch ein kleiner Überrest sind. Ende des 18. Jahrhunderts habe es zehn Mal so viele Tümpel gegeben. Ähnlich sieht es rund um den Globus aus. Das Fehlen von Feuchtgebieten wird mit teuren, abenteuerlichen und oftmals völlig unwirksamen Ingenieursprojekten zu kompensieren versucht. Viel besser wäre es, den Schutz der vorhandenen Feuchtgebiete zu forcieren und verlorene Gebiete nach Kräften zu restaurieren. Dafür gibt es bereits wegweisende Projekte. Nötig wäre aber eine flächendeckende Strategie – eine „Flurbereicherung", die die Sünden der Flurbereinigung vergangener Jahrzehnte ausbügelt und eine wahrhaft moderne Landschaft entstehen lässt – eine Landschaft, die den neuen ökologischen Bedingungen gewachsen ist.

Eigentlich müssten Feuchtgebiete, ihr Schutz und ihre Restaurierung also gemeinsam mit dem Klimaschutz im Zentrum der politischen Debatte stehen. Doch Organisationen wie *Wetlands International*, die Geschäftsstelle der UN-Konvention für Feuchtgebiete namens „Ramsar" oder das *Intergovernmental Science-Policy Platform on Biodiversity and Ecosystem Services* (IPBES), eine Art Weltklimarat für Biodiversität, führen leider eher Randexistenzen – ganz wie die Lebensräume, für die sie einstehen sollen.

Auch in der deutschen Politik spielte Naturschutz über viele Jahre keine Rolle. Es galt als exotisch, als Bundeskanzlerin Angela Merkel vor einiger Zeit sagte, die Zerstörung von natürlichen Lebensräumen zähle „zu den zentralen Problemen dieser Zivilisation". Alle seien für den Klimawandel sensibilisiert, aber das Thema Biodiversität werde unterschätzt. Diese sei „ein Panzer für unsere eigene Gesundheit". Die Bevölkerung, sie selbst eingeschlossen, wisse viel zu wenig über bedrohte Arten und ihre Bedeutung. Ein wichtiges Statement – aber es hilft nichts, wenn keine Taten folgen und die Biodiversität auf der Themenliste dann wieder ganz nach unten rutscht.

Subventionen nur für lebendige Ökosysteme

Beim Artenvielfalts-Volksbegehren in Bayern hat sich nun gezeigt, dass die Bevölkerung durchaus versteht. was die Stunde geschlagen hat. Politisch aber hat sich noch nicht viel getan. Die Bundesumweltministerin kündigt dies und das an, kann aber noch wenig vorweisen. Die Landwirtschaftsministerin verteidigt alte Interessen aus einer Zeit vor dem Klimawandel. Und der Infrastrukturminister kämpft lieber für alte Dieselfahrzeuge, als dass er eine intakte, resiliente Landschaft neu in sein Aufgabenportfolio aufnehmen würde. „Kritische Infrastruktur" – dieser Begriff bezeichnet Überlebenswichtiges und wird häufig im Zusammenhang zum Beispiel mit Stromleitungen genannt. Die Dürre zeigt uns: Auch Tümpel sind Teil der kritischen Infrastruktur.

Der Preis für unsere bisherige Ignoranz und unser fortgesetztes Nichtstun ist hoch – nicht nur in Form von Milliardensummen, die nach Hochwassern für Aufräumarbeiten und Wiederaufbau nötig sind und die nach dürrebedingten Ernteausfällen an Landwirte gezahlt werden.

Es geht darum, unsere Welt auf jenen Klimawandel vorzubereiten, der auch im besten Szenario unvermeidbar sein wird. Wenn also in Zukunft noch EU-Agrarsubventionen fließen, dann sollten sie in die Regeneration der Landschaft investiert werden – einer Landschaft, für die der Dürrestress unserer Tage erst der Vorgeschmack sein könnte, wenn die Welt nicht umgehend auf die einhelligen Warnrufe der Klimawissenschaftler hört.

DER FRIEDENSGEIER

EIN GÄNSEGEIER GERÄT IN DIE WIRREN DES SYRIENKRIEGS. DANN GESCHIEHT EIN MODERNES WUNDER.

Von Thomas Krumenacker

Ein Vogel gerät in die Wirren des syrischen Bürgerkriegs. Ausgerechnet dorthin, wo sich die Frontlinien zwischen den Extremisten des Islamischen Staats, syrischer Regimetruppen und Untergrundkämpfern der „Freien Syrischen Armee" kreuzen, verschlägt es den ermatteten Gänsegeier. Fast an jedem Tag gibt es hier erbitterte Kämpfe. Damit nicht genug: Der Vogel kommt aus Israel, er trägt einen Satellitensender mit Herkunftsangabe und Flügelmarken.

In diesem Teil der Welt ist jedes Flugobjekt verdächtig. Und es gibt einen Feind, auf den sich alle syrischen Kriegsparteien einigen können – Israel. Damit gerät jeder, der sich um den Gänsegeier kümmert, unter Spionageverdacht für den „jüdischen Feind" und somit in Lebensgefahr.

Doch ein Milizionär der syrischen Opposition ist ein Vogelliebhaber. Er trotzt der Gefahr und kümmert sich um das Tier. Eine komplizierte Mission zur Rettung des Geiers beginnt. Syrische Rebellen an der Front, ein Unterstützer im fernen Deutschland, eine unerschrockene israelische Aktivistin, israelische Vogelschützer und die israelische Armee sind beteiligt.

Dies ist eine Geschichte darüber, wie ein seltener Vogel an einem der derzeit feindlichsten Orte der Erde Menschen über Grenzen hinweg zusammengeführt und ihnen sogar einen Schimmer Hoffnung auf Frieden gebracht hat.

Der Rebell

Es ist ein Tag wie viele andere für Ayman. Der 27-Jährige ist ein Kämpfer der „Freien Syrischen Armee“, einer Oppositionsmiliz der ersten Stunde im Bürgerkrieg gegen Präsident Baschar al-Assad. Wie in den vergangenen Monaten auch patrouilliert Ayman nahe seines Heimatdorfs am Fuße des Golan – jenes Höhenzugs, der nicht nur Syrien von Israel trennt, sondern auch aktiven Krieg von brüchigem Frieden. Auf dem Golan liegen auf wenigen Metern Welten voneinander entfernt. Und während sich der syrische Bürgerkrieg nach mehr als sechs Jahren, nach einer halben Million Toter und Millionen vertriebener Syrer andernorts dem Ende entgegenneigt, geht er hier im syrisch-libanesisch-israelischen Grenzgebiet unvermindert weiter.

Hier kämpfen die Rebellen der „Freien Syrischen Armee“ (FSA) und anderer Gruppen weiterhin heftig sowohl gegen die Reste der Extremistenmiliz Islamischer Staat (IS) als auch gegen die Regierungstruppen. Auch die zahlreichen verschiedenen Milizen der Regimegegner untereinander sind sich nicht immer grün. Gefahr allerorten. Auch die Not ist allgegenwärtig. Einige Dörfer in der Region werden seit Jahren von den Assad-Truppen belagert. Der Krieg hat das Leben der Menschen von Grund auf verändert. Auch das von Ayman, der eigentlich Ingenieur werden wollte.

„Als das Regime damit begann, friedliche Demonstranten zu töten, die nur mehr Demokratie wollten, war ich noch auf der Schule und stand kurz vor dem Abitur, ich wollte zur Uni gehen“, berichtet der Untergrundkämpfer in einem Interview, das wir über einen Mittelsmann geführt haben. „Aber die Verhaftungen meiner Freunde, die ewige Verfolgung, Folter und die Ermordungen von Oppositionellen durch das Regime zwangen mich dazu, auch zu den Waffen zu greifen. Ich musste mich, meine Eltern und mein Dorf verteidigen." So schildert der junge Mann seinen Weg in den Untergrund.

Nun dient er schon seit vielen Jahren in einer Einheit, in der die meisten anderen entweder Mitglieder seiner Großfamilie sind oder aus seinem oder einem der Nachbardörfer stammen. Seine Aufgabe und die seiner Kameraden ist es, die Frontlinien mit dem Regime und mit dem IS rund um die Uhr zu überwachen. „Wir haben eine Front mit Daesh (*Anm: gemeint ist die Terrorgruppe IS oder Islamsischer Staat*) südlich von Kuneitra und eine weitere mit den Regimetruppen im ‚Dreieck des Todes' im Osten des Gouvernats Kuneitra", beschreibt Ayman die Situation vor Ort. Während der Patrouillen sind Ayman und seine Kameraden der Bombardierung durch Flugzeuge der Assad-Truppen ausgesetzt, ebenso wie Heckenschützen Assad-treuer Milizen. Auch IS-Scharfschützen sind eine ständige Gefahr. „Wenn es Versuche gibt, in unser Gebiet vorzudringen, versuchen wir, das mit unseren primitiven Waffen zu stoppen", sagt Ayman.

Gänsegeier

An einem ruhigen Tag im September ist er wieder unterwegs. Diesmal an der südlichen Front gegen den IS. Es wird nicht gekämpft und der Rebell nutzt die Ruhe, um seinerseits mögliche Positionen für einen Hinterhalt gegen die Islamisten auszukundschaften. „Plötzlich nahm ich nicht weit entfernt Bewegung war. Es war sehr heiß, die Luft flimmerte stark. Zuerst dachte ich an einen Menschen, einen Hinterhalt von Daesh, aber als ich mich heranschlich, sah ich, dass da ein großer Vogel saß. Und dass er Probleme hatte." So erinnert sich Ayman an seine erste Begegnung mit Gänsegeier „S98". Probleme hatte nun auch der tierliebe Rebell.

Der Vogel

Schon der Start ins Leben steht für Gänsegeier „S98" unter keinem besonders guten Stern. Er schlüpft im Sommer 2016 in einem Nest an einer Felsklippe im idyllischen Hochland von Tarragona in Katalonien. Aber noch als Nestling wird er von den Eltern verlassen. Geierschützer retten das Küken und bringen ihn in das Wildtierzentrum der Region Katalonien in Lleida.

Spanien ist die Hochburg der Geier in Europa. Weil es den großen Greifen dort sehr gut geht, haben sich Vogelschützer und die katalanische Regionalregierung entschlossen, Jungvögel aus der Freiheit zu entnehmen und zur Stützung der bedrohten Bestände in anderen Ländern zur Verfügung zu stellen. Die Situation für Geier in Israel ist dagegen alles andere als gut. Zwar gibt es erhebliche Anstrengungen, die majestätischen Vögel vor dem Aussterben zu bewahren. Doch reicht der Schutz in einem kleinen Land inmitten einer für Vögel eher feindlichen Umgebung nicht aus. Geier überwinden mühelos im Segelflug Hunderte von Kilometern am Tag. Israelische Geier, das haben an ihnen befestigte Satellitensender belegt, unternehmen Ausflüge in den Libanon, nach Jordanien, Saudi-Arabien – und eben auch nach Syrien.

Auf ihren Ausflügen, aber auch in Israel selbst, werden sie oft Opfer von Vergiftungen. Das Gift gilt nicht ihnen. Hühner-, Ziegen-

oder Schafhalter legen es aus, um Füchse, Wölfe oder Schakale zu töten. Oft trifft es dann auch Geier, die sich als Aasfresser häufig als erstes an die Kadaver der verendeten Tiere wagen. Auch durch das Fressen von Tieren, die von Jägern angeschossen werden und erst später irgendwo in der Wildnis ihren Verletzungen erliegen, werden Geier und andere Greifvögel in Israel wie auch in Europa vergiftet. Mit dem Kadaver nehmen sie auch Blei aus den Kugeln auf – ein schon in geringen Dosen hochgiftiges Schwermetall. Aber auch an Elektroleitungen verlieren in jedem Jahr Geier ihr Leben. Die jüngste Gefahr für den kleinen Geierbestand von nur rund 40 Brutpaaren in Israel sind – wie andernorts – Windkraftanlagen.

Viele Gefahren also für den stolzen Vogel. Der Gänsegeierbestand in Israel muss deshalb, sollen die Tiere nicht aussterben, ständig gestützt werden. Bis zu 20 Vögel müssen dazu pro Jahr ausgewildert werden. Schon mehr als 140 importierte Gänsegeier, vor allem aus Spanien, sind im Zuge des vor über 20 Jahren gestarteten Projekts „Porsim Kanaf" (etwa „die Schwingen ausbreiten") in Israel freigelassen worden oder dienen als Zuchtvögel dem Erhalt ihrer Art im „Heiligen Land". Mit Erfolg: Die Zahl der Gänsegeier liegt derzeit wieder bei etwa 200 und steigt leicht. Vielen der Geier wird vor der Freilassung ein kleiner GPS-Sender auf den Rücken geschnallt, damit ihre Flugwege auch wissenschaftlich ausgewertet werden können.

Auch der als Waise aus seinem spanischen Nest geholte Geier „S98" wird als „Entwicklungshelfer" für die israelische Geierpopulation gebraucht. Für ihn ist es am 7. Juli 2016 soweit. Zusammen mit sechs etwa gleichaltrigen Artgenossen kommt der Jungvogel in Lleida in einen Käfig und wird zum Flughafen ins 150 Kilometer entfernte Barcelona gefahren. Von dort geht es an Bord einer Maschine der israelischen Arkia-Airline nach Tel Aviv. Zunächst verbringt er einige Zeit in Quarantäne im Jerusalemer Zoo, dann kommt er zur Vorbereitung seiner Freilassung in das Naturschutzgebiet Gamla im israelischen Teil der Golan-Höhen, wo der immer noch sehr junge Geier weiter von Hand aufgezogen wird.

Fast zwei Jahre lang kümmert sich hier Eldad Eitan um den Vogel. Jeden einzelnen Tag verbringt er viele Stunden an seiner Seite. „S98“ lebt in dieser Zeit in einer Voliere inmitten der Wildnis, um sich an ein Leben in Freiheit zu gewöhnen und sich die Umgebung einzuprägen. Ende Juni 2017 ist es endlich soweit: Die Türen der Voliere in Gamla öffnen sich, „S98“ ist wieder ein freier Vogel. Bis er nach nur wenigen Wochen mit ein paar Flügelschlägen in Richtung Syrien abbiegt.

Dunkelheit

Um sich nicht dem Feuer von IS-Heckenschützen auszusetzen, kehrt Ayman nach der Entdeckung des Geiers zunächst um und wartet bis zum Einbruch der Dunkelheit, um sich dem Geier zu nähern. Jetzt sieht er auch erstmals die Flügelmarke. In weißer Schrift auf schwarzem Grund steht dort „S98“. Auf der Rückseite auf Englisch ein Hinweis, dass der Vogel von der Universität Tel Aviv markiert wurde. Auf dem Rücken trägt der Geier einen mit dünnen Bändern befestigten GPS-Sender und eine Antenne, die aus dem Federkleid herausragt.

Ayman ist klar, dass ihn die Herkunft des Vogels aus Israel in Gefahr bringt. Er selbst hat aber, wie viele in seinem Dorf keinerlei Hass gegen die jüdischen Nachbarn, im Gegenteil. „Vom Norden und Osten aus belagern uns die Regimetruppen und ihre verbündeten iranischen Milizen. Daesh belagert uns im Süden. Die humanitäre Lage ist schlimm. Unsere einzige Verbindung zur Außenwelt ist der angebliche israelische Feind im Westen. Dieser „Feind“ versorgt uns über die Grenze hinweg mit medizinischer Hilfe und anderen Hilfsgütern. Ohne diese Hilfe würden wir noch mehr hungern und unter Epidemien leiden." Ayman wehrt sich gegen die offizielle Darstellung Israels als Feind. „Ich glaube an das, was ich sehe und nicht an das, was uns das Regime seit Jahrzehnten weismachen will."

Es ist immer noch heiß und Ayman hat Wasser mitgebracht. Der völlig erschöpfte Vogel lässt sich ohne Gegenwehr greifen. „Es war klar, dass er in schlechter Verfassung war, und als ich sah, dass er nicht fliegen konnte, entschied ich ohne zu zögern, ihn mit nach Hause zu nehmen – so lange, bis er wieder gesund ist und für sich selbst sorgen kann." Ayman tunkt Wasser in ein Taschentuch und träufelt es dem Geier über Gesicht und Schnabel. „Über eine halbe Stunde lang", erinnert er sich. Die Lage ist immer noch gefährlich, IS-Heckenschützen könnten immer noch in der Nähe sein. „Aber Gott meinte es gut mit uns. Ich nahm eine feuchte Decke, wickelte den Geier darin ein und nahm ihn mit nach Hause."

Die Decke sollte den Geier auch vor fremden Blicken schützen, denn ansonsten würden Ayman unangenehme Fragen drohen. Er bringt den Vogel in einen Schuppen seines Hauses und verständigt den Kommandeur seiner Einheit über seinen Fund. Der Kommandeur unterstützt Ayman. Sie kommen überein, den Vogel zu pflegen und so schnell wie möglich nach Israel zurückzubringen. Der Kommandeur teilt Ayman den Auftrag zu, den „verwöhnten Geier" mit Nahrung zu versorgen. Dem Vogel wird der Sender vom Rücken genommen und ihm werden die Schwungfedern gestutzt. Sicher ist sicher. Der Kommandeur verspricht, sich um den Kontakt zu Israel zu kümmern.

Der Vermittler

Seit über einem Vierteljahrhundert lebt Issam Zeitoun in Deutschland. Seit Ausbruch des Bürgerkriegs in Syrien versucht er, die Versorgung der Bevölkerung in den von Regierungstruppen belagerten Gebieten seiner Heimat zu unterstützen. Er ist strikter Gegner der Assad-Regierung und agiert als eine Art inoffizieller Repräsentant der FSA im Ausland. Seine Rolle beschreibt er in akzentfreiem Deutsch so: „Ich bin kein offizieller Vermittler, aber ich bin drinnen und helfe bei der Koordination, wenn israelische Hilfsorganisationen Hilfe nach Syrien bringen wollen."

Aymans Vorgesetzter, der Kommandeur der lokalen FSA-Zelle, meldet sich per Telefon bei Zeitoun. Der Kommandant sei zwar „kein direkter Freund, aber jemand, den ich kenne", sagt Zeitoun. Der Anrufer sagt, er werde dafür sorgen, dass dem Vogel keine Feder gekrümmt werde und dass er ihn als Zeichen der Wertschätzung und des Dankes für die humanitäre Hilfe an die Israelis zurückgeben wolle.

„Die Bevölkerung dort weiß sehr genau, dass Israel einen guten Job macht und Verletzte in seinen Krankenhäusern aufnimmt. Aber einen Geier mit israelischem GPS-System auf dem Rücken dort zu verstecken, ist gleichzeitig sehr gefährlich", sagt Zeitoun. Er versteht das Dilemma des Kommandeurs nur zu gut. Besenderte Vögel wurden in Syrien schon des Öfteren als israelische Spione verdächtigt. Jede Verbindung zu ihnen ist gefährlich. Zeitoun verspricht dem Rebellen-Kommandeur seine Unterstützung. „Ich habe die Sache sofort als wichtig betrachtet und Gal Luski kontaktiert", sagt er.

Die Aktivistin

Mit Vögeln hat Gal Luski eigentlich nichts zu tun, außer, dass sie die Natur mag, seit sie als Kind in einem kleinen Kibbuz nahe des Sees Genezareth am Fuße der Golan-Höhen aufwuchs. Ihr Engagement gilt nicht den Vögeln, sondern den Menschen. „Gal hat die internationale Notfallhilfe revolutioniert", sagt ein Mitstreiter über die vor Energie strotzende Frau. 2005 gründete sie aus Empörung darüber, dass die Statuten der Vereinten Nationen Regierungen in Kriegssituationen weitgehende Rechte einräumen, den Zugang von Hilfsorganisationen zu blockieren, ihre eigene Hilfsorganisation, „Israeli Flying Aid“ (IFA)

Das Konzept von IFA ist es, dorthin zu gehen, wo Hilfe von den Regierungen nicht zugelassen wird, und über Zusammenarbeit mit lokalen Gruppen Hilfe zu leisten. Eine potente Gruppe Spender im Hintergrund und viele kleine Einzelspenden ermöglichen IFA große Mengen an Hilfsgütern, von Lebensmitteln bis zu Feldlazaretten zur Verfügung zu stellen. Luski und ihre Mitstreiter waren schon an den schlimmsten Krisenorten der Erde aktiv. Von Tschetschenien bis Darfur, von Sumatra bis Myanmar, vom Irak bis Pakistan – immer dort, wo Regierungen Hilfsorganisationen nach Katastrophen oder Krieg den Zugang verweigerten. „Niemand fragt um Erlaubnis, Menschen zu töten. Also fragen wir auch nicht um Erlaubnis, Leben zu retten“, erklärt Luski den Grundsatz ihrer Arbeit. „Wir folgen nicht dem Gesetz, wir folgen der Gerechtigkeit.“

Auch das „dröhnende Schweigen der Weltgemeinschaft“ angesichts der Gräueltaten und des Leids der Zivilbevölkerung in Syrien empören Luski und ihre Mitstreiter seit langem. 120 Tonnen Hilfsgüter hat IFA in den vergangenen Jahren schon in das Nachbarland gebracht. Nahrung, Zelte, 3-D-Drucker, sogar ein komplettes Feldlazarett. Und sie haben die Einheimischen in effektiver Bekämpfung von Bränden unterrichtet. „Feuer sind oft die schlimmsten Folgen von Bombardierungen“, erläutert Luski. „Wir haben drei Zugänge nach Syrien, viel mehr kann ich nicht sagen“, erklärt Luski. „Ich sage nicht, wir haben drei Zugänge aus Israel, ich sage nur, wir haben drei Zugänge.“

Wenn es um Details dessen geht, wie die Gruppe konkret Hilfe in Länder bringt, die Israel offiziell als Feind ansehen, wird die lebensfrohe Frau wortkarg. Keine Geheimniskrämerei, sondern

Schutz, sagt sie entschuldigend. „Ich kann gegenüber den Medien nicht zu viel sagen, das werden Sie verstehen.“ Operieren Helfer von „Israeli Flying Aid“ in einem Kriegsgebiet, arbeiten sie oft unter einer Tarnidentität – in der arabischen und muslimischen Welt kann die Herkunft aus Israel lebensgefährlich sein und auch für die hilfsbedürftigen Menschen vor Ort kann ein Kontakt zu einer israelischen Organisation schnell zu Haft und Schlimmerem führen.

In Syrien arbeitet IFA seit Anbeginn des Bürgerkriegs 2011. Mittlerweile im ganzen Land, von Nord bis Süd. Rund zwei Dutzend lokale Kooperationspartner gibt es inzwischen, Luski und ihr Team sind gut vernetzt. Weil auch Rebellen-Repräsentant Zeitoun im fernen Deutschland die Kooperation mit Luskis Organisation in guter Erinnerung hat, ruft er sie an und erzählt ihr die Geschichte vom Geier, der in die Hände seiner Kameraden gelangt ist. Zeitoun bittet Luski, den Kontakt zu den zuständigen israelischen Naturschützern herzustellen. So wird die Aktivistin für humanitäre Hilfe zur Vermittlerin bei der Freilassung eines Geiers.

Selbst für Luski, die viel erlebt hat in den Kriegs- und Krisengebieten der Erde, ist das ein ungewöhnliches Anliegen. „Es klang alles so verrückt.“ Nach dem Anruf Zeitouns greift Luski zum Telefon und kontaktierte den in der israelischen Nationalparkbehörde für Vögel zuständigen Biologen Ohad Hatzofe. „Vermisst Ihr einen Geier?“, fragte sie ihn.

„Sie waren so happy, als ich ihnen sagte, dass der Vogel lebt und der Sender nur abgenommen worden war. Sie fragten, wo der Geier ist und ich antwortete: Syrien. Schweigen, dann ‚Wow.‘ “

Die Vogelschützer

Ohad Hatzofe greift nach dem Gespräch mit Luski zum Telefon und ruft den Mann an, der so etwas wie der „nächste Angehörige“ von

Geier „S98“ ist, quasi sein menschlicher Ziehvater: Eldad Eitan, den Manager des Naturschutzgebiets Gamla im israelischen Teil des Golans, der den Geier über fast zwei Jahre hinweg tagein tagaus betreut hat, bis zu seiner Auswilderung. Dass der GPS-Sender des Vogels seit einigen Tagen keine Signale mehr schickt, hat Eitan bislang noch nicht einmal Sorgen gemacht. „Es passiert immer wieder, dass Sender plötzlich nicht mehr senden. Sie fallen ab oder die Batterien geben den Geist auf. Das kommt vor.“ Das letzte Signal, das er von „S98“ empfing, kam aus einem weiten, für Zivilisten unzugänglichen Tal, das Israel von Syrien trennt. Eine wilde Oase der Natur im Niemandsland zwischen den verfeindeten Staaten, seit Israel im Sechstagekrieg 1967 die Golan-Höhen von Syrien eroberte und die Grenzen neu gezogen wurden.

„Der Geier ist wie mein eigenes Kind. Ich kenne ihn seit der ersten Minute hier. Ich war so stolz auf ihn, als wir ihn freilassen konnten“, sagt Eitan. „Dann zu hören, dass er in den Händen von Rebellen in Syrien ist, das war schon ein Schock.“

Der Rettungsplan

Die Naturschützer Hatzofe und Eitan, die syrischen Rebellen und die Hilfsaktivistin Luski bilden von nun an ein höchst ungewöhnliches Team. Ihre Mission: Die Rückführung von Gänsegeier „S98“. Der Plan: Ayman soll den Vogel zunächst gesund pflegen und ihn dann mithilfe seiner Einheit an einen bestimmten Punkt des Grenzzauns bringen, den die israelische Armee dann öffnen würde. Damit verbunden ist allerdings ein Transport des Vogels über 150 Kilometer durch die Linien verschiedener Rebellengruppen und mit der ständigen Gefahr, von IS- oder Assad-Truppen beschossen zu werden.

Aktivistin Luski übernimmt die Kommunikation mit den Rebellen. Eitan macht sich an die Arbeit, einen Verbündeten zu gewinnen, ohne den eine Rückführung des Vogels undenkbar wäre:

Die israelische Armee. Doch wie kommuniziert man mit Kämpfern in einem Krieg in einem verfeindeten Land? Eitan gibt eine verblüffend einfache Antwort: „Wir gründeten eine Whatsapp-Gruppe."

Eitan lässt Ayman detaillierte Hinweise zukommen, wie das Tier zu behandeln sei, inklusive einer Warnung, sich vor dem mächtigen Schnabel des Geiers in Acht zu nehmen. Die Instruktionen sind offenkundig für Laien geschrieben, was Ayman nicht witzig findet, denn er kennt sich mit Vögeln aus. Er meldet leicht pikiert zurück: „Macht Euch keine Sorgen, ich weiß, wie man mit Vögeln umgeht". „Da musste ich zum ersten Mal lachen, ich wusste, das Tier ist in guten Händen", sagt Luski.

Der Rebell

Ayman hat sich schon lange vor Ausbruch des Kriegs mit der Vogelwelt beschäftigt. Er entstammt einem Beduinenstamm, Verwandte hielten gefangene Greifvögel. Ihnen sah er oft zu und sammelte Erfahrungen. „Es ist immer noch ein Traum von mir, einen eigenen Raubvogel zu halten", sagt er.

Ayman weiß, dass Geier ausschließlich Fleisch fressen. Und das bringt ihn jetzt, wo er den Vogel bis zum Transport gut versorgen will, in Schwierigkeiten. Denn Fleisch ist knapp. Einzige Quelle: Hühner, die Menschen zur Selbstversorgung halten. „Als wir nach Hause kamen, behandelte ich ihn wie ein Falken-Küken. Ich brachte ihm ein zerteiltes Huhn und nachdem ich ihn alleine ließ, fraß der Vogel. Am nächsten Morgen sah er besser aus. Fortan füttert Ayman den Vogel mit Hühnern, die er eigentlich für die Familie schlachten wollte.

„Ich habe mich so sehr gefreut, dass er fraß, dass ich manchmal sogar vergaß, dass wir – meine Eltern, meine Frau und die Kinder – kein Huhn haben werden. Er fraß nichts anderes als frisch geschlachtetes Huhn." Zum Beleg seiner erfolgreichen Fütterung sendet Ayman ein Handy-Video, das den auf dem Boden sitzenden Geier beim gierigen Verschlingen eines Huhns zeigt.

„Ich war glücklich zu sehen, wie er sich erholt, selbst wenn wir in der Zeit nichts anderes zu essen hatten als in Öl getunktes Gemüse." Für Ayman wurde die Lage mit jedem weiteren Tag der Anwesenheit seines gefiederten Gasts gefährlicher. Trotz Geheimhaltung hatte es sich sich als Gerücht verbreitet, dass irgendjemand einen Geier versteckte und dass dieser mit israelischer„Spionagetechnik" ausgerüstet war. Täglich ein Huhn und dazu die Gefahr, als israelischer Spion beschuldigt zu werden – so sehr er den Geier mochte, so groß war auch das Interesse des jungen Mannes, ihn zurückzugeben.

Die israelische Armee

Auf der anderen Seite der Grenze schafft es Eldad Eitan gleichzeitig, Kontakt zu maßgeblichen Leuten in der Armee herzustellen. Er muss sie überzeugen, eine durchaus gefährliche Mission für einen Geier einzuleiten, an einem der militärisch heißesten Abschnitte der israelischen Grenze. Die Soldaten an der „Nordfront" sind in diesen Monaten angespannt bis in die letzten Fasern ihres Körpers.

Der IS trachtet nur wenige Kilometer entfernt danach, dauerhaft Fuß zu fassen, um von der syrischen Seite der Golan-Höhen den verhassten jüdischen Staat angreifen zu können. Immer wieder greift der syrische Krieg in kurzen Episoden auf Israel über. Hier ein Granatbeschuss, dort ein durch einen Irrläufer des Bürgerkriegs jenseits der Grenze entfachtes Feuer. Auch Verletzte durch Querschläger hat es schon auf israelischer Seite gegeben.

Wer weiß, wie kompromisslos Israel für das Leben seiner eigenen Bürger einsteht, der ahnt, wie angespannt die für die Sicherheit der Zivilbevölkerung verantwortlichen Militärs sind. Und dass ein Geier da eigentlich keine Rolle spielt. Und doch sagt die Armee den

Geierschützern Unterstützung zu. Schon, dass die Armee die Kommunikation israelischer Staatsbürger mit einer Kriegspartei im anderen Land überhaupt toleriert, ist ein großes Zugeständnis. Denn Israel ist aufs Äußerste darauf bedacht, sich nicht in den Konflikt hineinziehen zu lassen – von keiner Seite.

Die Grenze

Nach einigen Tagen steht der Plan. Die FSA-Rebellen sollen den Geier in einem Käfig für Hühnertransporte bis zum Grenzzaun nach Kuneitra bringen. Die israelische Armee garantiert, dass sie bei Annäherung der Rebellen an die Grenze nicht schießen wird und den Zaun für die Übergabe des Geiers öffnet.

Doch die Operation gerät ins Stocken. Die Rebellen müssen Umwege nehmen, die gesamte Region ist Front. Und dann passiert es: Eine verfeindete Miliz beschlagnahmt den Geier. Die Befürchtungen, die Ayman die ganze Zeit über gehegt hatte, scheinen sich zu bewahrheiten. „Ich war von Anfang an besorgt, dass jemand versucht, den Geier zu stehlen, um Lösegeld zu fordern. In einem Krieg kannst Du nichts ausschließen." Greifvögel sind wertvolle Beute in den nahöstlichen Ländern. Ein Geier bringt nach Einschätzung von Vogelschützern leicht einige Tausend Dollar ein.

Auch Luski kennt das Phänomen aus Kriegsgebieten. Milizen stoppen selbst Transporte mit Schwerverletzten, um Geld herauszuschlagen, berichtet sie aus ihrer Erfahrung. Und nun wollte eine Miliz also Geld für den Geier. Deren Chefs übermitteln ihre Forderung an Luski in Israel. Statt einer Antwort oder Geld schickt die Aktivistin kommentarlos den Scan eines Überweisungsbelegs über 400.000 Schekel (fast 100.000 Dollar) zurück. „‚Was soll das?', wollten sie wissen", erinnert sich Luski amüsiert. „Ich schrieb: ‚Das ist ein Beleg für den Kauf von Hilfsgütern, die wir Euren Landsleuten gerade geliefert haben. Wenn Ihr mir die bezahlt, habe ich wieder Geld für

Eure Forderung'". Zurück kam – eine Entschuldigung. Der Weg für den Geier durch das Gebiet dieser Miliz war wieder frei.

Ayman und seine Leute bringen „S98" in ein Dorf unweit der Grenze. Hier ist für sie Schluss. Sie wollen keinen Konflikt mit den hier herrschenden Aufständischen. Erneut müssen Vermittler aus Israel ran. Sie überzeugen die lokale Miliz, den Weitertransport an die Grenze zu übernehmen. Die letzten Meter zum Grenzzaun im Visier israelischer Scharfschützen. Die Annäherung an den Grenzzaum ist sonst niemandem erlaubt. Weder Israelis von innen, noch Syrern von außen.

Die Übergabe

Wie versprochen, öffnet die israelische Armee das Tor in einen weiteren Sicherheitskorridor. „S98" wird in seinem Transportkäfig in eine mobile Röntgenbox gestellt. Die Armee will sichergehen, dass es keine versteckten Sprengsätze gibt, dass ihr hier kein gefiederter Selbstmordattentäter untergeschoben wird. Dann ist Eldad Eitan an der Reihe. „Ich hab ihn dann mit meinen Händen noch mal gründlich abgetastet. Ich bin ja derjenige, der ihn am besten kennt."

Ayman und sein Kommandeur haben der Transportkiste noch einen Brief beigelegt. Darin versichern sie, dass sie den Geier nach besten Kräften gepflegt hätten, sodass er nach ihrer Ansicht wieder ganz gesund sei. Außerdem wollten sie sich für die israelische Hilfe für die Zivilbevölkerung bedanken.

Selbst der für die Operation verantwortliche israelische Offizier zeigt – für militärische Maßstäbe – Gefühl. „Vor wenigen Minuten sind wir von einer zivilen Operation zurückgekehrt, die faszinierend war und die Rückkehr eines Geiers betraf", sagt er – den Rücken zur Kamera gewandt, um anonym zu bleiben – noch am Grenzzaun im israelischen Fernsehen. „Der Geier wurde nach Überquerung der Grenze in Syrien gefangen genommen", sagt er, ganz, als handele es sich um einen Menschen. „Der Geier wurde uns übergeben und wird nun medizinisch untersucht.“ Dann aber wird auch der Kommandeur der israelischen Streitkräfte emotional: „Es ist ein Ereignis, das die Grenzen überwunden hat. Es gibt eine geografische Grenze, aber die Natur hat ihre eigenen Grenzen. Ich bin glücklich und bewegt, dass ich Teil einer solchen Operation sein durfte.“

Eitan lädt den Geier in seinen Geländewagen und fährt ihn sofort in das knapp 200 Kilometer entfernte Tierhospital nach Tel Aviv. Dort bestätigen aufwendige Untersuchungen, dass der Gänsegeier bei guter Gesundheit ist.

Was danach geschah

Wieso rettet ein 27-jähriger Milizionär unter derart gefährlichen Umständen einen Geier?

„Dieser Geier hat eine Seele“, sagt Ayman. „Unsere Religion lehrt uns, dass eine Seele heilig ist. Der Geier ist auch ein edler Vogel und wir Beduinen haben eine lange Geschichte der Jagd mit Falken. Ich habe versucht, diesen Geier zu retten, und ich bin stolz auf das, was ich getan habe. Ich erinnere mich, wie wir uns angesehen haben, als ich ihn in der Dämmerung in die Decke gewickelt habe. Als wolle er mir sagen: Ich vertraue Dir. Unsere Beziehung begann im allerersten Augenblick, als ich ihn sah.

Vögel symbolisieren Freiheit. Und wir sind freiheitsliebende Menschen, die sich Freiheit für uns selbst und für andere wünschen.“

Die Gefahr für Ayman ist auch nach der Rückgabe seines Schützlings nicht gebannt. Israelische Medien haben darüber berichtet und auch syrische. Fast niemand weiß, dass er es war, der sich um den Geier gekümmert hat und bei seiner Rückgabe half. „Diese Sache ist ein Geheimnis. Das Assad-Regime hat uns von Anfang an beschuldigt, Kollaborateure von Imperialisten und Zionisten zu sein. Den Geier nannten die Regime-Medien einen Spion. Aber ich sage: Es ist ein Geier des Friedens."

Eldad Eitan kümmert sich auch ein Vierteljahr nach der Übergabe des Geiers weiter um seinen Schützling. „Im ersten Moment nach der Rückgabe war ich nur glücklich für den Geier und für mich, jetzt bin ich auch glücklich, weil ich das Gefühl habe, dass ein Frieden mit den Menschen in Syrien möglich ist", sagt er rückblickend. Eitan weiß bis heute nicht, wieso sein Schützling sich in Syrien hat fangen lassen. Denn medizinische Checks zeigten, dass er eigentlich gesund war. Am wahrscheinlichsten ist, dass er ein oder zwei Wochen keine Nahrung fand und danach zu geschwächt war, um zurückzufliegen. „S98" befindet sich in diesen Tagen wieder einmal in einer Auswilderungsvoliere. Nicht auf dem Golan, sondern im nahe gelegenen Karmel-Gebirge nahe Haifa. Vor seiner Freilassung müssen nur noch die von den Rebellen beschnittenen Schwungfedern voll nachwachsen. Dann soll er wieder in Freiheit sein.

Gal Luski steckt nach dem Abenteuer mit dem Gänsegeier bereits in neuen Projekten, auch in Syrien. Sie selbst ist verwundert über ihre starke Anteilnahme an dem Schicksal des Geiers: „Ich habe Kinder sterben sehen, schreckliches Leid und doch war das hier so emotional", erinnert sie sich. Mit Ayman sprach sie noch mal nach dem glücklichen Ende der Geier-Odyssee. Er ärgere sich über die Vorwürfe, die Geier-Helfer seien Verräter.

„Wenn es Dich tröstet, hier bist Du ein Held", sagte sie ihm.

Über diese Geschichte:

Ich habe den Weg von Geier „S98" nach Syrien und zurück nach Israel in Gesprächen mit zahlreichen Beteiligten rekonstruiert. Alle Angaben wurden, so gut es unter den besonderen Umständen eines Krieges geht, überprüft oder plausibilisiert. Bei einigen Informationen verzichte ich bewusst auf Quellenangaben. Ayman heißt in Wirklichkeit anders. Das Pseudonym wurde zu seinem Schutz gewählt. Das Interview mit ihm konnte nur indirekt über schriftlich gestellte Fragen stattfinden. Die Übersetzung aus dem Arabischen übernahm Reuters-Korrespondent Joseph Nasr. Das ganze Ferninterview mit Ayman erstreckte sich über einige Zeit. Am Ende aber werden alle Fragen beantwortet und es trat das Bild eines ganz normalen Menschen zutage, der unter besseren Umständen ein völlig unscheinbares Leben geführt hätte.

DIE WUNDERSAME KIEBITZ-VERMEHRUNG

AM DÜMMER SEE IN NIEDERSACHSEN ERLEBEN WAT- UND WIESENVÖGEL SEIT JAHREN EINEN NEUEN AUFSCHWUNG – DANK KONSEQUENTEN NATURSCHUTZES.

Von Johanna Romberg

Neulich wollte jemand mein ornithologisches Wissen testen und spielte mir auf dem Handy ein Vogelstimmenquiz vor. Anfangs schlug ich mich gut. Singdrossel, Rotkehlchen, Schwalben, Grasmücken – die meisten heimischen Arten habe ich „drauf“, weil ich sie oft genug höre. Dann aber kam ein Rohrsänger, und ich war unsicher. Schilf- oder Sumpf-? Die nächste Stimme war noch kniffliger: ein hohes „Kalüha, Kalüha“, weich und durchdringend zugleich. Watvogel, klar. Aber welcher? Brachvogel, Rotschenkel, Bekassine, Uferschnepfe, Flussregenpfeifer? Im Prinzip kenne ich auch sie, aber die letzten Begegnungen mit ihnen sind Monate bis Jahre her. Und die meisten hielten dabei den Schnabel.

Das ist eine kleine, traurige Nebenwirkung des anhaltenden Vogelschwunds: Je seltener man eine Art beobachtet, desto mehr verblasst die Erinnerung an sie – ihr Aussehen, ihr Verhalten, ihre Stimme. Irgendwann erscheinen einem selbst früher vertraute Vögel beinahe wie exotische Neuentdeckungen.

In meiner näheren Umgebung gibt es kaum noch Watvögel, bis auf ein paar Kiebitze und den ein oder anderen durchreisenden Goldregenpfeifer. Selbst in den Naturschutzgebieten der Elbtalaue sind die „Limis", wie sie im Beobachter-Jargon heißen (vom Ordnungsnamen „Limikolen" abgeleitet, übersetzt „im Schlamm lebend") zu Raritäten geworden.

Die Gründe für ihr Verschwinden sind in meiner Umgebung dieselben, über die Watvogelschützer überall klagen – an Elbe und Niederrhein ebenso wie in den Marschen Ostfrieslands und Schleswig-Holsteins.

Grund Nummer eins: der Verlust von feuchtem Grünland, dem wichtigsten Watvogel-Habitat – bis auf wenige Schutzflächen, die meist wie Inseln inmitten von intensiv bewirtschaftetem Agrarland liegen. Grund Nummer zwei: zu viele Füchse und Marderhunde, die von ebendiesen Inseln magnetisch angezogen werden und sich vor allem nachts (von Nestkameras dokumentiert) über die Gelege der Vögel hermachen. Deswegen melden fast alle deutschen Limikolen-Reservate sinkende, bestenfalls stagnierende Bestandszahlen.

Aber eben nur *fast* alle.

Es gibt einen Ort, der sich im Laufe der letzten Jahrzehnte zu einem europäischen Modell erfolgreichen Wat- und Wiesenvogelschutzes entwickelt hat: die Dümmerniederung. 4630 Hektar „Natura 2000-Schutzgebiet", bestehend aus Fläche und Umland des zweitgrößten Sees in Niedersachsen. Der Dümmer gehört zu einem Gewässertyp, der in dieser Region „Meer" genannt wird: flach, still, rund, entstanden in von Eiszeitgletschern hinterlassenen Mulden, die ursprünglich von ausgedehnten Mooren umgeben waren.

Im Frühjahr 2017 war ich zum ersten Mal am Dümmer, für die Recherche meines Buchs „Federnlesen" – und hatte das Gefühl, eine Zeitreise zu unternehmen: in die 1970er-Jahre, als die deutsche

Agrarlandschaft noch zu den artenreichsten aller heimischen Biotope gehörte.

Ich war mit dem Auto ins Schutzgebiet gefahren, weil es in Strömen goss. Die Landschaft sah im Vorbeifahren unspektakulär aus: tellerflaches, teils überschwemmtes Grünland, komplett baum- und strauchfrei, von schnurgeraden Wassergräben durchzogen. Aber als ich anhielt, wusste ich gar nicht, wohin zuerst gucken.

Als Naturschützerin wird einem in Diskussionen gelegentlich vorgehalten, dass Biodiversität „kein Wert an sich" sei, im Gegensatz etwa zu landwirtschaftlichen Produkten mit festen Marktpreisen. Oft folgt auf diese Vorhaltung die Frage, wie denn der Aufwand für den Schutz bedrohter Arten zu rechtfertigen sei, und ob man nicht den Nutzen einer Spezies genauer gegen die Kosten für ihre Erhaltung aufwiegen müsse.

Es gibt verschiedene Antworten auf diese Frage, biologische, ethische, auch ökonomische. Aber beim Anblick einer Wiese voller Limikolen fällt mir immer nur die eine ein: dass Artenvielfalt einfach schön ist, ein Fest für die Sinne, und dass unsere Agrarlandschaft durch den Verlust dieser anmutigen Vögel umso vieles ärmer und eintöniger wäre.

Der schlanke, leuchtend rostrote Hals einer Uferschnepfe, der plötzlich zwischen

Kiebitz

zwei Grasbüscheln aufragt. Die gesträubte Halskrause eines Kampfläufers, der wie ein wütender Stier auf seinen Rivalen zurast. Ein Schwarm Kiebitze, die beim Balzflug ihre schneeweißen Flügelunterseiten aufleuchten lassen. Ein Trio von Stelzenläufern, das durch einen Tümpel schreitet, auf so unglaublich langen, dünnen Beinen, dass man fürchtet, sie könnten bei einem Fehltritt mittendurch brechen. Ein Rotschenkel, der seine Flügel ausbreitet, um zwei flaumige, durch ihr graubraunes Sprenkelmuster bestens getarnte Küken vor dem Regen zu schützen.

Selbst wenn Watvögel äußerlich völlig unscheinbar wären – allein der Sound, den sie hervorbringen, ist ein Erlebnis. An diesem grauen Regentag lag eine Wolke aus flötenden, klirrenden, trillernden, pfeifenden Limikolenrufen über der Landschaft, so klangschön, so vielfältig wie ein Singvogelkonzert im Frühling. Und so dicht gewebt, dass ich nur mit Mühe einzelne Stimmen heraushören konnte.

Ich wollte diesen Sound, nach über einem Jahr, endlich wieder hören. Und fuhr, einige Zeit nach dem leidlich bestandenen Stimmenquiz, für ein paar Tage an den Dümmer. Stellte jedoch gleich nach meiner Ankunft fest, dass ich leider zu spät gekommen war: Wegen des anhaltend schönen Wetters waren die meisten Vögel in diesem Jahr früher als sonst mit Brut und Aufzucht fertig geworden und bereits Richtung Westafrika unterwegs. Das erklärte mir der ausgesprochen gut gelaunte Leiter der Naturschutzstation Dümmer, Heinrich Belting.

Man trifft bei Recherchen zum Thema Wiesenvogelschutz ja selten auf optimistische Menschen, aber Heinrich Belting ist die Ausnahme. Es gebe noch keine exakten Zahlen, sagte er, aber alles in allem hätten Kiebitze, Schnepfen, Bekassinen und Rotschenkel eine überdurchschnittlich erfolgreiche Brutsaison hinter sich. So hätten die Uferschnepfen rund zwei Küken pro Gelege aufgezogen, deutlich mehr als im Jahr zuvor. Auch das sei dem Wetter zu verdanken:

Im verregneten Frühsommer 2017 mussten sich die Jungvögel so oft unter die schützenden Flügel ihrer Eltern flüchten, dass manchen zu wenig Zeit blieb, sich an Mückenlarven satt zu fressen.

Dass Uferschnepfen und andere Limikolen überhaupt am Dümmer brüten, nicht nur in stabilen, sondern langfristig sogar steigenden Mengen – das liegt vor allem an der Besonderheit dieses Gebiets und seiner Geschichte. Die übrigens zeigt, wie dringend die Natur auf Menschen angewiesen ist, die sie wertschätzen – vor allem solche mit politischer Verantwortung.

Die Dümmerniederung gehört zu den wenigen deutschen Naturschutzgebieten, in denen der Schutz der Natur tatsächlich Vorrang hat vor anderen Interessen – vor allem denen der Landwirtschaft. Zugleich aber ist sie ein Modellbeispiel für konstruktive Zusammenarbeit von Landwirten und Naturschützern zum Erhalt von Biodiversität, vor allem der Vogelwelt.

Watvögel, aber auch viele andere bodenbrütende Arten sind auf Grasland angewiesen, das ganzjährig offen gehalten wird – durch Mahd oder (schonende) Beweidung – und das bis in den Sommer hinein feucht ist. Das sorgt für reichliches Aufkommen an Futterinsekten und einen weichen Boden, in dem die dünnen Watvogelschnäbel ausgiebig stochern können. Streng genommen ist die Dümmerniederung kein Natur-, sondern ein Artenschutzgebiet: eine Kulturlandschaft, deren Gestaltung sich gezielt nach den Bedürfnissen von Wat- und Wiesenvögeln richtet. Dazu gehört auch, dass die Flächen frei von Buschwerk und Gehölzen gehalten werden, in denen sich vierbeinige Nesträuber verstecken könnten, und dass diese Nesträuber großräumig und strikter als anderswo bejagt werden.

Würde man in diesem Schutzgebiet der populären Devise „Mehr Wildnis wagen“ folgen – die Feuchtwiesen würden sich binnen weniger Jahre in einen Erlenbruchwald verwandeln, ein reizvolles, artenreiches Biotop, in dem aber Wiesenbrüter keinen Platz mehr hätten.

Es ist noch nicht lange her, da waren sie schon einmal weitgehend verdrängt worden. Jedoch nicht durch zu viel Wildnisschutz, sondern das Gegenteil davon: einen brachialen Eingriff ohne Rücksicht auf die Natur.

1954 wurde der Dümmer mit einem Deich umgeben, damit er nicht mehr jedes Frühjahr die umliegenden Wiesen überschwemmte. Diese wurden danach entwässert, umgebrochen und vor allem für den Anbau von Viehfutter genutzt. Die Region am Dümmer ist, wie große Teile Westniedersachsens, eine Hochburg der Massentierhaltung. Die anfallenden Güllemassen landeten über Zuflüsse auch im Dümmer, der zusehends verlandete und verschlammte. Mit absehbaren Folgen für Natur und Vogelwelt.

Eine Bestandsaufnahme von 1984 ergab: Von den 102 Arten, die noch in den 1970er-Jahren regelmäßig am See gebrütet hatten, waren etwa die Hälfte mehr oder weniger stark zurückgegangen, 16 davon so weit, dass ihr endgültiger Verlust abzusehen war. Zu diesen zählten nicht nur alle Limikolen, sondern auch Rohrdommel, Weißstorch, Trauerseeschwalbe, Schafstelze, Braunkehlchen und viele Entenarten. 24 weitere Spezies waren bereits Jahre vorher verschwunden. Auch die Herbst- und Wintergäste, deren Zahl und Artenvielfalt die der ortsansässigen Brutvögel noch übertraf, machten sich zusehends rar.

Gegen die Zerstörung der Lebensräume am Dümmer protestierten Naturschützer aus ganz Niedersachsen. Sie erreichten immerhin, dass Teile von See und Umgebung 1983 zum EU-Vogelschutzgebiet erklärt wurden. Aber wer sich je für Vögel und Natur engagiert hat, weiß: Die besten Schutzgebietsverordnungen und Gesetze sind letztlich nur geduldiges Papier, wenn die Interessen von Landbesitzern und Investoren auf dem Spiel stehen. Diesen räumen politische Entscheidungsträger im Konfliktfall fast immer Vorrang ein.

Aber eben nur *fast* immer.

Ernst Albrecht (CDU), von 1976 bis 1990 Ministerpräsident von Niedersachsen, war einerseits eine Hassfigur der Umweltbewegung, weil er die Einrichtung des Atommüll-Zwischenlagers bei Gorleben durchsetzte. Andererseits gehörte er, als Jäger und Vogelkenner, zu der bis heute extrem raren Spezies von Politikern, die ein echtes Interesse an Naturschutz haben. Er engagierte sich nicht nur für die Gründung des Nationalparks Niedersächsisches Wattenmeer, sondern auch für die Wiederbelebung der Dümmerniederung.

1987 beschloss das Landeskabinett das „Konzept zur langfristigen Sanierung des Dümmersees und seines Umlandes“. Dazu gehörte zum einen der Bau von Kläranlagen an See und Zuflüssen, zum anderen die Umwidmung von 2700 Hektar Agrarfläche zum Wiesenvogelreservat. Dagegen liefen die betroffenen Landbesitzer natürlich Sturm. Sprachen von „kalter Enteignung“, hielten auf Versammlungen Plakate hoch mit der Aufschrift „Honecker lässt grüßen!“ Setzten sich am Ende aber doch an den Verhandlungstisch, als klar wurde, dass die Landesregierung an ihrem Konzept festhalten würde. Nach längeren Verhandlungen erhielten die betroffenen Bauern das Angebot, ihre Flächen ans Land Niedersachsen zu verkaufen oder gegen außerhalb des Schutzgebiets liegende zu tauschen. Die meisten gingen darauf ein – auch deshalb, weil die Böden in Seenähe moorig und wenig ertragreich sind.

Die nunmehr landeseigenen Schutzflächen wurden im Laufe der 1990er-Jahre wieder in Grünland umgewandelt und erneut an Landwirte verpachtet – unter der Auflage, sie ausschließlich „extensiv“ zu nutzen. Das heißt: keine Gülle, keine Pestizide, Beweidung nur mit einer begrenzten Zahl an Vieh, Grasschnitt erst nach Ende der Brutsaison. Trotz dieser strengen Vorgaben sind die Flächen am Dümmer bei Landwirten aus der Region gefragt, denn sie sind zu extrem günstigen Pachtpreisen zu haben, und für die naturfreundliche Bewirtschaftung gibt es Fördermittel aus den Agrarumweltprogrammen des Landes.

Die Vogelschützer setzen nicht nur die Regeln für die Landnutzung fest, sie bestimmen, was noch wichtiger ist, auch über den Wasserstand im Gebiet – mit einem eigenen System von Pumpen und Wehren. Dies ermöglicht es, einzelne Flächen unterschiedlich hoch und lang zu überstauen, maßgeschneidert nach den Bedürfnissen der verschiedenen Vogelarten. Kampfläufer etwa schätzen es, noch bis in den Juli hinein mit den Füßen im Wasser zu stehen, und das können sie hier. Um diese großflächige „Wasserhoheit" werden Belting und seine Kollegen von Vogelschützern in anderen Regionen beneidet. Denn sie ist der entscheidende Grund dafür, dass sich Kampfläufer, Kiebitz, Schnepfe und etliche andere am Dümmer wieder fast so wohlfühlen wie vor seiner Eindeichung.

Als Ende der 1980er-Jahre die ersten Bagger anrückten, um die Pläne der Wasserbauingenieure umzusetzen, war das noch nicht abzusehen. Die Dümmersanierung war auch ein Experiment: Ist es überhaupt möglich, großräumige Umweltzerstörungen zu „reparieren"? Würden die über Jahrzehnte verdrängten Vögel zurückkehren und die neu geschaffenen Brutreviere annehmen?

Die Antworten darauf lieferten die jährlichen Vogelzählungen; sie ergaben, im Laufe der Zeit, ein vorsichtiges Ja. Die Bestände der noch ansässigen Brutvögel haben sich vermehrt bis vervielfacht: Die der Kiebitze etwa von 200 auf 700, die der Uferschnepfe von knapp 50 auf 120. Das sind so viele wie zuletzt in den 1970er-Jahren. Etliche Arten, die seit Jahrzehnten nur noch auf dem Durchzug am Dümmer Station machten, haben sich wieder zum Brüten eingefunden: etwa Krick- und Löffelente, Tüpfelsumpfhuhn und der Wachtelkönig, dessen Schnarren regelmäßig aus den Wiesen zu vernehmen ist. Auch der Kampfläufer, bislang nur regelmäßiger

Gast, hat in diesem Jahr vermutlich zum ersten Mal seit langer Zeit wieder am See gebrütet.

Um diese Vögel wieder zurückzuholen, nicht nur an den Dümmer, bräuchte es radikale Maßnahmen: etwa eine großflächige Renaturierungsoffensive zur Schaffung neuer Niedermoore und Feuchtwiesen in ganz Norddeutschland. Aber das dürfte bis auf Weiteres Utopie bleiben: Die Geschichte der wunderbaren Wat- und Wiesenvogelvermehrung am Dümmer ist bis heute ein Ausnahmefall geblieben.

Denn um das, was am Dümmer funktioniert, auch anderswo umzusetzen, fehlt es Wiesenvogelschützern europaweit an einer entscheidenden Ressource: Land.

In den vergangenen Jahrzehnten haben sich die Preise für Agrarflächen vervielfacht – durch Zersiedelung, Straßenbau, Spekulation und die Förderung von Maisanbau zur Biogasproduktion. Das macht es schwierig bis unmöglich, neue Gebiete für den Naturschutz zu erwerben, wie es in den 1980er-Jahren am Dümmer noch in großem Umfang möglich war. Damals kostete ein Quadratmeter Agrarland in Seenähe etwa zwei Mark, heute sind es zwölf Euro. Pachten ist auch keine Alternative, bei Preisen bis zu 1000 Euro pro Hektar und Jahr.

Um den Sinkflug der Wiesenvögel, aber auch anderer Arten in der offenen Landschaft dauerhaft aufzuhalten, sagt Heinrich Belting, komme man um die vielbeschworene Agrarwende nicht herum: „Die EU-Fördermittel für Landwirte müssten endlich an die Einhaltung von Umweltstandards gebunden werden. Dann wären wir Naturschützer nicht gezwungen, für den Erhalt bedrohter Arten extra Flächen anzukaufen."

Man kann heute in Deutschland keine Vogelexkursion mehr unternehmen, ohne dass einen früher oder später die triste Realität der EU-Agrarpolitik einholt. Aber über dem Anblick – und dem

Klang – der sommerlichen Dümmerlandschaft kann man sie zumindest für ein paar Stunden ausblenden.

Morgens im Ochsenmoor, am Südufer des Sees: Die Limikolen-Sinfonie der Frühlingsmonate ist verklungen; auch die Feldlerchen singen nur noch vereinzelt. Aber die Landschaft ist deshalb nicht stiller geworden, ihr Sound ist nur ein anderer. Bei den Vögeln geben jetzt Bachstelzen und Wiesenpieper den Ton an. Ihre Rufe sind kurz und schlicht, aber fast ununterbrochen zu hören, gelegentlich übertönt vom Geschnatter der Graugänse, die am Rand der Wassergräben mit ihren halbwüchsigen Gösseln rasten. Und beim Anblick eines Fußgängers nur wachsam die Hälse recken, aber nicht fortfliegen: Schlau wie sie sind, wissen sie, dass sie hier niemand jagt.

An den Gräben ist der Grundton der Landschaft am intensivsten: das Summen der Insekten, die den üppig blühenden Saum aus Weidenröschen, Mädesüß, Hahnenfuß, Rotklee und Klappertopf umschwärmen – all das, was in der „Normallandschaft" um diese Zeit längst weggemäht und -gespritzt ist. Aus dem Schilf lässt sich, ein paar Minuten lang, ein Rohrsänger hören. Ich tippe auf Schilfrohrsänger, und wie um mich zu bestätigen, klettert der Vogel an einem Halm hoch, sodass ich sein auffälligstes Merkmal sehen kann: den weißgelben Streifen über dem Auge.

An diesem Morgen bin ich schließlich auch noch einem Watvogel begegnet. Zuerst hörte ich ihn. Aus einer noch ungemähten Wiese kam ein Wummern, das an das Geräusch eines durch die Luft trudelnden Modellflugzeugs erinnerte. Nach einiger Zeit flog der Vogel auf: langer, gerader Schnabel, gedrungener Körper, schneller Flügelschlag. Eine Bekassine.

Ich hätte sie nicht auf Anhieb erkannt, hätte ich nicht vor Jahren in einem Bestimmungsbuch etwas über ihre Lautäußerungen gelesen. Die Beschreibung war so ungewöhnlich, dass ich sie mir gemerkt habe: Die Bekassine hat die Eigenart, ihre Schwanzfedern während es Balzflugs so abzuspreizen, dass dabei ein Geräusch entsteht. Weil dieses angeblich an ein Meckern erinnert, wird die Bekassine auch „Himmelsziege“ genannt.

Ich finde den Namen, ehrlich gesagt, nicht sehr passend. Bekassinen meckern nicht, sie wummern. Und sie tun das auch nicht nur im Flug, sondern auch am Boden. Wie sie ihre Federn ohne Luftstrom zum Vibrieren bringen, tief im Gras verborgen, an einem windstillen Morgen – keine Ahnung. Aber sie tun es. Und ich finde es wunderbar, dass es immer noch Orte gibt, an denen man ihnen dabei zuhören kann.

Das „Kalüha, Kalüha“ aus dem Vogelstimmenquiz, das ich nicht bestimmen konnte, war übrigens ein Rotschenkel. Ich habe mir fest vorgenommen, mir seine Stimme bis zur nächsten Begegnung zu merken, am Dümmer oder anderswo.

TEAM SEGGI VOLL IM EINSATZ

WIE NATURSCHÜTZER AUS 13 LÄNDERN FÜR DAS ÜBERLEBEN EINES SUMPFVOGELS KÄMPFEN.

Von Christiane Habermalz

Es sind eher die bunten und spektakulären Vögel wie der Eisvogel oder Weißstorch, die es schaffen, zum Symbol für Naturschutz zu werden und Politik wie Öffentlichkeit zu mobilisieren. Doch der Seggenrohrsänger, der so heimlich lebt, dass man ihn kaum jemals sieht, bildet eine Ausnahme: Der *Aquatic Warbler*, wie er auf Englisch heißt, oder auch „Seggi", wie deutsche Naturschützer ihn liebevoll nennen, ist sogar der erste kleine braune Vogel, der Welt-Umweltpolitik geschrieben hat.

1998 traf sich das „*Aquatic Warbler Conservation Team*" zum ersten Mal. Seine Geschichte zeigt, dass Naturschutz immer etwas mit dem persönlichen Einsatz von Menschen zu tun hat.

Wer sich mit dieser Vogelart einlässt, braucht eigentlich gute Gummistiefel. Am besten hohe, die bis zu den Hüften reichen. Denn die kleinen, unscheinbaren Singvögel mit dem markanten längsgestreiften Scheitel mögen es nass. Doch die Gruppe von internationalen Ornithologen, die sich an diesem Tag zu einer Exkursion ins Untere Odertal an die deutsch-polnische Grenze aufgemacht hat, um die Lebensräume der letzten dort noch brütenden

Seggenrohrsänger zu besichtigen, stehen mit ihren Gummistiefeln buchstäblich auf dem Trockenen.

Kampf um den Wasserstand

Bekümmert stampft Marek Dylawerski, Koordinator der Schutzmaßnahmen für den Vogel in Pommern, mit dem Fuß auf den harten Boden: Da federt nichts. Knüppelhart. Die Vegetation, verschiedene Seggen und niedriges Röhricht, stimmt eigentlich. Genauso liebt es der Seggenrohrsänger. Um die Verbuschung durch zu viel Düngung aus der umgebenden Landwirtschaft zu verhindern, wird hier seit fünf Jahren regelmäßig gemäht. Doch ohne Wasser kein Moor – und keine Seggenrohrsänger.

Dylawerskis Plan war es gewesen, den Exkursionsteilnehmern die Erfolge des Schutzmanagements in Pommern vorzuführen, das von 2005 bis 2011 Teil eines EU-Life-Projekts zum Schutz des Seggenrohrsängers in Deutschland und Polen war. Dazu gehört ein künstliches Wasserstandsmanagement, das im Frühjahr für einen hohen Grundwasserspiegel sorgt. „Vor vier Wochen stand hier noch das Wasser“, erzählt Dylawerski. Doch immer wieder gibt es Konflikte mit dem benachbarten Bauern, einem Beerenfarmer. Der mag es nämlich lieber trocken – und hat bessere Beziehungen zur örtlichen Pumpstation. Offenbar hat der Landwirt erreicht, dass die Pumpen angeschaltet wurden, die den Wasserspiegel wieder absinken lassen. Dylawerski seufzt. „Jetzt müssen wir wieder anrufen und mit den Wassertechnikern verhandeln.“

Der Streit mit den Bauern um den Wasserstand in Krajnik ist ein typischer Konflikt, der deutlich macht, warum der Seggenrohrsänger zum seltensten Zugvogel Europas geworden ist – und warum er weltweit so stark bedroht ist. Denn er ist ein Lebensraumspezialist, der an Moore gebunden ist. Er liebt Feuchtgebiete mit niedrigen Seggen und mit Röhricht, in dem er seine Nester baut. Moore aber wurden in den letzten 100 Jahren von den Menschen systematisch durch Dämme und Gräben trockengelegt mit dem Ziel, aus den angeblich nutzlosen Sümpfen Land für die Landwirtschaft zu gewinnen.

Vor vier Jahren verschwand der Vogel aus Deutschland

„Melioration" heißt das, übersetzt „Verbesserung" – weltweit ging man daran, Sümpfe für die Landwirtschaft urbar zu machen. Allein in Deutschland wurden 98 Prozent der Moore trockengelegt. „Anfang des 20. Jahrhunderts gab es nur in Brandenburg noch Tausende Seggenrohrsänger", erzählt Benjamin Herold, Leiter eines EU-Life Projekts in der Region Schorfheide-Chorin, das auch zum Schutz des Seggenrohrsängers eingerichtet wurde. Doch zu spät – der letzte deutsche Seggenrohrsänger hat vor vier Jahren im Unteren Odertal gesungen. Sein Verschwinden machte bei uns keine großen Schlagzeilen.

Doch auch auf polnischer Flussseite ist es um die Art nicht gut bestellt. Weil die Weibchen so heimlich sind, dass man sie nie zu Gesicht bekommt, hat man sich angewöhnt, die Präsenz der Vögel in der Einheit „Singende Männchen pro Hektar" anzugeben. Mit 13 bis 15 Männchen ist die Pommersche Population des Seggenrohrsängers wohl kaum noch zu retten. Jedes Jahr schwindet die Zahl der Sänger – wohl, weil die Gruppe insgesamt zu klein ist, um sich zu erhalten.

Ohne internationale Kooperation keine Erfolge

Größere Brutgebiete gibt es dagegen noch im Nordosten Polens und in Weißrussland, kleinere Vorkommen in Litauen und in der Ukraine: Insgesamt 11.000 singende Männchen weltweit, schätzt Martin Flade, langjähriger Leiter des Biosphärenreservats Schorfheide-Chorin. Nicht viel, doch ohne die Menschen vom *„Aquatic Warbler Conservation Team"*, die hier zusammenkommen, wären es sicherlich heute noch viel weniger.

Die Zusammenkunft in Brodowin hat etwas von einem Familientreffen. Die Biographie von jedem der 30 Naturschützer ist in irgendeiner Form mit dem Seggenrohrsänger und seinem Schutz verbunden. Die Teilnehmer kommen aus Deutschland und Polen, Litauen, der Ukraine und Weißrussland, wo die Vögel brüten oder gebrütet haben, aber auch aus Frankreich und Spanien, wo die Vögel auf ihrem Zug rasten, und aus dem Senegal, wo sie überwintern. Die meisten kennen sich seit Jahren – und sie sind durch ihre Arbeit zu Experten für Feuchtgebiete und Moorschutz geworden.

Seggenrohrsänger

Wie Franziska Tanneberger, die über den Seggenrohrsänger promoviert hat – und sich heute beruflich intensiv mit Moorschutz und Wiedervernässung beschäftigt. Oder Ibrahima Diop, Offizier der senegalesischen Streitkräfte und bis vor drei Jahren Leiter des Djoudj-Nationalparks im Senegal-Delta, einem Feuchtgebiet in Afrika, in dem der größte Teil der Seggenrohrsänger den Winter verbringt.

Letzteres weiß man jedoch erst, seit der Deutsche Martin Flade und der Weißrusse Viktor Fenchuk zusammen mit Freiwilligen aus zahlreichen anderen Ländern die weiten Grassümpfe rund um die Mündung des Senegal-Flusses tagelang nach Seggenrohrsängern abgesucht haben – und fündig wurden. Das war im Jahr 2007. Nebenbei fanden sie auch zahllose andere bei uns brütende Wasservögel wie Schilfrohrsänger, Bekassinen, Schafstelzen, Feldschwirle. Nach

Brodowin gekommen sind auch Alexey Tishechkin und Alexander Kosulin aus Weißrussland, die vor 28 Jahren von der Existenz des Seggenrohrsängers in ihrem Land noch gar nichts wussten – und mittlerweile zu den international führenden Experten für den Vogel geworden sind.

Hochzeitsreise in den Sumpf

Dass die Welt überhaupt anfing, sich für den kleinen braunen Vogel und seine Probleme zu interessieren, ist einer Hochzeitsreise zu verdanken. Statt wie andere Paare nach Venedig, reisten der Ornithologe und Gynäkologe Karl Schulze-Hagen und seine Frau im Jahr 1983 in die Biebrza-Sümpfe im Nordosten Polens, damals noch sozialistisch und wenig aufgeschlossen für westliche Vogelfreunde. Bis heute ist das Gebiet eines der wichtigsten Brutgebiete des Seggenohrsängers mit geschätzt noch etwa 2500 singenden Männchen.

Die beiden streiften durch das Schilf auf der Suche nach Seggenrohrsängern, bis sie schließlich drei Nester gefunden und untersucht hatten. Dabei beobachteten sie, dass die kleinen Vögel ihre Jungen mit erstaunlich großen Insekten fütterten. „Daraus entstand die Idee, dass man die Tiere in Gefangenschaft halten könnte, um ihre Lebensweise zu erforschen“, erzählt Schulze-Hagen. „Denn man wusste so gut wie nichts über die Art.“

Ein paar Jahre später wandelte Schulze-Hagen seinen Keller kurzerhand in ein Seggenrohrsänger-Habitat um. Er pflanzte Seggen in große Kübel, sorgte für eine Beleuchtung mit Zeitschaltuhr, startete eine Insektenzucht und stellte einen Antrag bei den polnischen Behörden darauf, Jungvögel transferieren zu dürfen. Schon die Autofahrt durch Polen und die DDR mit entsprechenden Grenzkontrollen war ein Abenteuer – mit drei Nestern und zehn fast flüggen Jungvögeln darin auf der Rückbank, die permanent mit mitgebrachten Insekten gefüttert werden mussten.

Fünf der Vögel gingen an die Vogelwarte Radolfzell, die andern fünf quartierte Schulze-Hagen in seinem Keller ein. Im Frühjahr fingen sie an zu balzen und zu singen, bauten Nester und zogen Junge auf – es war das erste Mal, dass das Fortpflanzungsverhalten der scheuen Vögel so genau studiert werden konnte. Neun Jahre lang, bis 1990, bestand das Rohrsänger-Kellerbiotop. Ob seine Frau nie Mordgedanken hatte? Wenn, dann nicht wegen der Vögel, sondern wegen der Fliegenzucht, sagt Schulze-Hagen. Bis zu fünf verschiedene Insektenarten musste er vermehren. Und die Tiere mussten im Raum frei herumfliegen, damit die Vögel ihre Nahrung selber fangen konnten.

Schulze-Hagens Erkenntnisse sind bis heute für den Schutz der Vögel von großer Bedeutung. Er fand heraus, dass die Weibchen die Jungen alleine großziehen – daher sind sie auf die besonders insektenreichen Seggenbestände als Lebensraum angewiesen. Es gibt keine feste Paarbindung, die Männchen sind allein fürs Singen und für die Begattung zuständig. Letzteres tun sie dafür besonders gründlich: Während normalerweise bei Singvögeln die Kopulation in wenigen Sekunden über die Bühne geht, dauert sie bei den Seggenrohrsängern zwischen 20 und 45 Minuten.

Um diese Unmengen an Spermien produzieren zu können, das hat die Sektion von zwei toten Männchen gezeigt, besteht fast der ganze Bauch der Männchen nur aus Hoden. „Damit soll sichergestellt werden, dass auch wirklich der eigene Samen weitergegeben wird", erläutert Schulze-Hagen. Das nützt ihnen aber oft wenig: Genuntersuchungen an Jungvögeln haben gezeigt, dass in einem Nest oft jedes Junge von einem anderen Vater stammt.

Expedition mit dem Hubschrauber

Mit ihrem Fortpflanzungsverhalten sind die Vögel perfekt an insektenreiche Lebensräume angepasst, die häufig vom Wasser überflutet werden. Geht eine Brut wegen Überschwemmung verloren, sind jederzeit Männchen für eine Ersatzbrut zur Stelle. Und je größer die genetische Vielfalt der Jungvögel, desto wahrscheinlicher ist es, dass Erbanlagen dabei sind, die das Überleben sichern. Doch Schulze-Hagens Studien zeigen auch, warum Populationen von Seggenrohrsängern eingehen, wenn die Zahl der Vögel zu klein wird: Sie sind Gruppenbrüter. Es braucht immer eine kleine Gang, damit die Brut gelingt.

Dass der Seggenrohrsänger zum Emblem des internationalen Moorschutzes wurde, hat sehr viel mit Martin Flade zu tun. 1990, kurz nach dem Fall des Eisernen Vorhangs, fragte er sich während eines Studienaufenthaltes in Polen, ob es die Pripjet-Sümpfe direkt hinter der ukrainisch-weißrussischen Grenze wohl noch gebe. Aus dem Zweiten Weltkrieg kannte er die Schilderungen, wie die deutschen Truppen mit ihrem schweren Kriegsgerät heillos dort versunken waren – in einer Sumpflandschaft riesigen Ausmaßes entlang des Flusses Pripjet. Doch die polnischen Kollegen hatten ihm erzählt, die Sümpfe seien in der Nachkriegszeit alle entwässert worden, der Seggenrohrsänger gelte in Weißrussland als ausgestorben.

1995 gelang es Flade schließlich, Kontakt zu zwei Weißrussen aufzunehmen, Alexey Tishechkin und Alexander Kosulin, Zoologen an der Akademie der Wissenschaften in Minsk. Er bat sie, für eine Gruppe deutscher Ornithologen eine Hubschrauberexpedition zu den Pripjet-Sümpfen zu organisieren. Tishechkin und Kosulin hielten die Deutschen für verrückt und wollten nicht glauben, dass sie sich ausgerechnet für einen unscheinbaren braunen Vogel interessierten, von dem sie sicher, waren, dass es ihn in ihrem Land nicht gab. Aber sie besorgten den Hubschrauber, sammelten Geld dafür zusammen und streckten den fehlenden Teil aus eigener Tasche vor.

„Ich war verdammt froh, als diese Deutschen dann am verabredeten Tag tatsächlich aus dem Zug stiegen", erzählt Kosulin in Brodowin. Man flog gemeinsam los. Es wurde für alle ein unvergesslicher Tag. „Was wir 1995 in Weißrussland entdeckten, war für uns überraschend und faszinierend zugleich“, schrieb Flade später in einem Artikel für das Magazin „Der Falke“: „Wir sahen vom Hubschrauber aus erstmals die größte, weitgehend naturnah erhaltene Stromaue Europas. Ein Gewirr von Altarmen und Altwässern, eingebettet in eine Auwald-Wildnis und Röhrichte. So muss die Elbe im Mittelalter ausgesehen haben!“ Und, nach drei Tagen zu Fuß durch Schwärme von Mücken und durch Schlamm: die ersten singenden Seggenrohrsänger.

Wende in Weißrussland

In einem riesigen Moor namens Svanets fanden die Deutschen, was sie sich erhofft hatten: singende Seggenrohrsänger überall, aber auch zahlreiche Birkhühner, Wiesenweihen, Kornweihen, Sumpfohreulen, Doppelschnepfen, Tüpfelsumpfhühner und Rohrdommeln. „Wir stießen in wenigen Tagen auf die Hälfte des Weltbestandes der Seggenrohrsänger – um die 4500 singende Männchen“, erzählt Flade. „Aber wir mussten feststellen, dass auch hier die Meliorations-Maschine bereits in vollem Gange war.“

Wieder zurück in Deutschland bemühten sich Flade und seine Kollegen um politische Unterstützung für den Schutz der Gebiete. Doch das war schwierig: Weißrussland unter seinem bis heute amtierenden Präsidenten Alexander Lukaschenko galt als No-go-Area. Keine Umweltorganisation wollte sich mit einer Diktatur einlassen. Schließlich die Wende: Die private Michael-Otto-Stiftung erklärte sich bereit, Geld für das Projekt zu geben, und auch die britische RSPB stieg ein. Es gelang, in Weißrussland mithilfe von Alexander Kosulin und Alexey Tishechkin eine Nicht-Regierungsorganisation aufzubauen, die BirdLife Belarus (APB). Seitdem sind drei große Konferenzen in Weißrussland zum Schutz von Feuchtgebieten organisiert worden, andere Verbände und Stiftungen engagierten sich.

Für das international isolierte Regime in Minsk war der Naturschutz ein willkommenes Feld, um sich zu profilieren. Aus der APB ist die größte Umweltorganisation Weißrusslands geworden – sie trägt den Seggenrohrsänger in ihrem Logo. Ihrem Einfluss ist es zu verdanken, dass die letzten großen Seggenmoore und die Pribjet-Sümpfe in Weißrussland komplett unter Schutz gestellt und die Meliorations-Maßnahmen weitgehend beendet wurden. Den Seggenrohrsänger kennt mittlerweile in Weißrussland jedes Schulkind – er ist zum Symbol für den Naturschutz im Land geworden.

2003 kam der Vogel sogar auf die Tagesordnung internationaler Umweltpolitik: Zwölf Staaten schufen und ratifizierten extra für ihn ein Nebenabkommen zur Bonner Konvention über wandernde Arten. Ein kleines Wunder, denn solche Abkommen gelten meist spektakulären Arten wie Elefanten, Walen oder Großtrappen – es war das erste und einzige Mal, dass einem kleinen braunen Vogel diese Ehre zuteil wurde. „Der Seggenrohrsänger hat Naturschutzgeschichte geschrieben“, resümiert Flade.

Die Mali-Connection

Bei allen Erfolgen ist die Bilanz für den Seggenrohrsänger dennoch durchwachsen. Die Wiedervernässung von Mooren ist zwar mittlerweile überall in Europa ein großes Naturschutzthema geworden – doch sie ist kein leichtes Unterfangen in einer Europäischen Union, die den Landwirten Flächenprämien für trockengelegtes Moorland zahlt, jedoch nicht für die Wiedervernässung. Selbst wenn die Biomasse aus der Seggen- und Schilfmahd wirtschaftlich verwertet werden kann, sperren sich viele Agrarier aus altem Denken heraus gegen einen Schutz für das angeblich wertlose Land. Jahrhundertelang bestand die Identität vieler Landwirte darin, den Sümpfen urbare Flächen abzugewinnen. Das sitzt noch immer tief.

In Deutschland ist in den letzten Jahren ein kleiner Teil der früheren Moorfläche wiedervernässt worden. Doch weil der Wasserhaushalt durch die lange Trockenlegung nachhaltig gestört ist und Zuströme durch Dämme abgeschnitten sind, müssen Verantwortliche für Wiedervernässungsprojekte das Grundwasser über Pumpsysteme regulieren. Die Überdüngung aus der Landwirtschaft führt dazu, dass die Moore zu schnell mit Schilf und Buschwerk zuwachsen. Sie müssen also regelmäßig gemäht werden – oder durch Wasserbüffel beweidet.

Doch wie mäht man im Wasser auf torfigem Boden? Naturschützer haben dafür ein neues Verfahren entwickelt und Schneeraupen umfunktioniert. 40 dieser Ungetüme mähen mittlerweile europaweit wiedervernässte Flächen. In Polen ist man dabei, die bei der Mahd anfallende Biomasse zu Pellets für Heizöfen zu verarbeiten – oder das Reet wird, wie im privatwirtschaftlich betriebenen Moor Roswarowo, von Rohrwerbern geschnitten und für das Decken von Reetdächern verwendet. Weil die Ernte im Winter anfällt, macht die Bewirtschaftung den Seggenrohrsängern und anderen Schilfvögeln überhaupt nichts aus.

Weil der Seggenrohrsänger ein Zugvogel ist, nutzt am Ende der beste Schutz der Brutgebiete wenig, wenn die Überwinterungsgebiete in Afrika zerstört werden. Und auch hier ist Melioration ein großes Thema – im Senegal-Delta genauso wie im Niger-Delta in Mali. Die ukrainische Population des Seggenrohrsängers ist nahezu erloschen, obwohl es noch geeignete Brutgebiete gibt. Die Experten vermuten, dass es eher an deren Winterquartier in Mali liegt, das in den letzten Jahren offenbar fast vollständig für den Reisanbau umgewandelt wurde. Krieg und Terror tun ihr Übriges und machen das Land für Vogelschützer schwer zugänglich. „Das zeigt, wie schnell alle unsere Fortschritte beim Schutz der Vögel wieder in sich zusammenbrechen können", sagt Flade.

Kommt der Vogel je nach Deutschland zurück?

Über die 20 Jahre hinweg, in denen das „*Aquatic Warbler Conservation Team*“ nun aktiv war, ist der kleine braune Seggenrohrsänger zum Symbol für den Schutz von Feuchtgebieten weltweit geworden und für all die vielen Arten, die von ihnen abhängen. Seine Zukunft hängt mit davon ab, ob sich die Erkenntnis weiter durchsetzt, dass Moorschutz der Natur dient, aber auch dem Klimaschutz, weil Torfmoose in großem Stil Kohlendioxid binden.

Ob es für den Seggenrohrsänger in Deutschland noch Hoffnung gibt, ist offen. Wenn, dann wird dazu eine Herangehensweise nötig sein, das in diesem Jahr Wissenschaftler aus Weißrussland und Litauen zum Einsatz bringen. Sie wollen erneut weißrussische Jungvögel in ihren Nestern auf die Reise schicken – diesmal mit dem Ziel, die kleine, schwindende Population in Litauen zu verstärken.

Erst in den ersten Tagen nach dem Ausfliegen erfahren die Nestlinge ihre Ortsprägung – dann, so die Hoffnung der litauischen Ornithologen, müssten sie im nächsten Frühjahr statt nach Weißrussland nach Litauen zurückfliegen. Sollte das klappen, könnte so ein Transfer vielleicht eines Tages auch nach Deutschland stattfinden. Bis es so weit sein kann, müssen im Unteren Odertal auf deutscher und auf polnischer Seite wieder genügend große Flächen Moor wiedervernässt sein, um als Brutgebiete bereitzustehen. Naturschützer Benjamin Herold hofft, dass das Aussterben in Deutschland im Jahr 2015 noch umkehrbar ist: „Man darf mit weiteren Schutzmaßnahmen nicht warten, denn je länger das Verschwinden zurückliegt, desto schwerer ist es, den Seggenrohrsänger zurückzuholen.“

VÖGEL GANZJÄHRIG FÜTTERN – EINE SINNVOLLE SACHE

ES GIBT SO VIELE NEGATIVE EINGRIFFE IN DIE UMWELT – FÜTTERN IST EIN POSITIVER, BESONDERS FÜR SPATZEN.

Von Cord Riechelmann

Als der Ornithologe und Vogelzugforscher Peter Berthold 2006 in seinem Buch „Vögel füttern – aber richtig" (erschienen im Kosmos Verlag) dafür plädierte, Vögel in Garten und Stadt das ganze Jahr über zu füttern, wurde das von manchen Vogelfreunden hierzulande als eine Revolution empfunden. Das war sicher übertrieben, zeigt aber mit welcher Vehemenz in Deutschland um die Frage, ob man Vögel überhaupt füttern soll, und wenn ja, ob nur im Winter oder über das ganze Jahr, gerungen wurde und wird.

Wer seit längerem und oft mit Ornithologen und Birdern, wie die Hobbyornithologen dort heißen, in den USA zu tun hat, konnte den Konflikt kaum noch nachvollziehen. In Nordamerika ist es von Maine über New York bis Texas völlig normal, Vögel das ganze Jahr über zu füttern. Es wird einem in Amerika aber auch relativ leicht gemacht. Es gibt dort spezielle Futtermischungen für alle Jahreszeiten – Herbst, Winter, Frühjahr und Sommer – zu kaufen. In manchen Fällen werden sie auch speziell für bestimmte Arten angeboten. In einem Land, in dem das Birden eine bei uns kaum bekannte Popularität genießt, gibt es allerdings für die Futtermischungen auch einen großen Markt, zumindest verglichen mit hiesigen Verhältnissen.

Der Insektenschwund geht auch zu Lasten der Jungtiere

Wie man Bertolds Buch entnehmen konnte, werden auch in Großbritannien seit über 30 Jahren Vögel ganzjährig gefüttert, ohne dass man das Füttern infrage gestellt hätte.

Der Ornithologe will vor dem Hintergrund der angelsächsischen Erfahrungen die Argumente, die von deutschen Naturschützern gegen das Füttern vorgebracht werden, entkräften, ohne dabei Äpfel mit Birnen zu vergleichen. Denn in den meisten Fällen sind die ökologischen Gegebenheiten in deutschen wie britischen Städten und auf bewirtschafteten Ackerflächen durchaus ähnlich. Das Gleiche gilt für bestimmte Lebenspraktiken von Vögeln, in diesem Fall speziell von Singvögeln.

Eines der am heftigsten vorgebrachten Argumente gegen das Auslegen von Vogelfutter in Vogelhäusern, auf Balkonen oder einfach auf Fensterbrettern im achten Stock eines Berliner Mietshauses, bezieht sich auf einen spezifischen Wechsel in der Nahrung der Singvögel. Fast alle Singvögel müssen ihre Jungen nach dem Schlüpfen aus dem Ei in den ersten Wochen mit Insekten ernähren, während die erwachsenen Vögel alles mögliche zu sich nehmen können: Sämereien, Früchte, Gräser und auch tierische Fette.

Fallen auch Vögel auf Fast food herein?

Weil aber, so lautet ein Argument, die für die Winterfütterung typischen Meisenknödel nur Fette und Samen enthalten, würden sie, über das Frühjahr weiter ausgelegt, die Elternvögel dazu verführen, die Insektenjagd einzustellen und ihre Jungen mit Samen falsch zu ernähren. Wer einmal Krähen, die zu den Singvögeln zählen, dabei beobachtet hat, wie sie im Frühjahr während der Jungenaufzucht in einem Stadtpark im Gras der für sie mühseligen Insektenjagd nachgehen, kann diesem Argument nicht mehr folgen. Das Futter, von dem sich die Altkrähen ernähren, menschliche Abfälle zum Beispiel, nimmt im Frühjahr im Stadtpark eher zu als ab, und trotzdem suchen die Alten für die Jungen nicht Pommes, sondern Insekten. Es erscheint fast anmaßend, davon auszugehen, dass Vögel so blöd sind, dass sie nicht zwischen Nahrung für sich und Nahrung für ihre Jungen unterscheiden können.

Meisen zum Beispiel ernährten in England während der Jungenaufzucht die Kleinen mit Insekten und stärkten nur sich selbst an den weiterhin verfügbaren Fett-Samen-Mischungen der Knödel. Dramatisch wurde es nur, wenn die allgemeine Ernährungslage so schlecht wurde, dass außer den Knödeln kein anderes Futter zur Verfügung stand. Dann ernährten die Meisen ihre Jungen tatsächlich falsch oder ließen sie im Extremfall auch verhungern. Das ist ein Phänomen, das man auch von Seevögeln wie Trottellummen von den nordschottischen Inseln kennt: Wenn sie nicht mehr genug junge Fische im Meer finden, um ihre Brut zu ernähren, ernähren sie nur noch sich selbst.

Kohlmeise

Wer in der Stadt mit Spatzen zusammenleben will, muss füttern

Aus dieser Tatsache folgt dann auch Bertolts Argument für das Füttern von Vögeln. Insekten haben in den letzten Jahrzehnten so an Zahl abgenommen, dass es zur Menschenpflicht wird, Vögeln durch Zufütterung über die anstrengende Jungenaufzucht zu helfen. Zufüttern – selbst mit Meisenknödeln – kann die Elternvögel entlasten. Und wer es ganz richtig machen will, kann auch mit Insekten angereichertes Vogelfutter auslegen. Man tut damit nichts Schlechtes, aber man greift in die Natur ein. Womit man sich den Ärger von Hardcore-Darwinisten unter den Naturschützern zuziehen kann, die immer noch glauben, es gebe Naturgesetze, die unabhängig von Menschen ihre Kraft entfalten und für die Auswahl unter den Lebenden sorgen.

Darauf kann man in einer Reihe, die vom großen Allgemeinen zum kleinen Konkreten führt, antworten. Zum einen gibt es dort, wo es Menschen gibt, keine Natur mehr, die nicht von menschlichen Eingriffen betroffen ist. Die Intensivierung der Landwirtschaft stellt genauso einen menschlichen Eingriff in die Natur dar wie die Versiegelung von Grundflächen in Siedlungsgebieten oder auch gebaute und nicht benutzte Flughäfen auf vorher freien Grünflächen. Das Füttern von Vögeln ist dann nur ein Eingriff von der anderen Seite, von der Seite derer, die lieber mit Vögeln leben als ohne.

Mit den Spatzen gibt es mittlerweile auch eine Art, die als extremer Kulturfolger grundsätzlich auf das Füttern angewiesen ist. Ihre Zahl nimmt im Unterschied zu der von Meisen oder Grünfinken in Städten stetig ab – das hängt unter anderem mit der aktuellen Architektur zusammen, die ihnen die Nistmöglichkeiten raubt. Wer das Leben in Städten aber mit Spatzen als lebenswerter empfindet als ohne, wird nicht darum herumkommen, sie zu füttern – ohne Pause, das ganze Jahr über.

WO TRAUERSEE-SCHWALBEN RETTUNGS-FLÖSSE BEKOMMEN

EIN ERMUTIGENDES ARTENSCHUTZPROJEKT AM NIEDERRHEIN.

Von Claudia Ruby

Ein unermüdliches „Kiiik, Kiiik, Kikk“ erklingt über den Wiesen am Niederrhein. Der Ruf passt perfekt in die Landschaft, und doch ist er seltsam unvertraut. Trauerseeschwalben sind in Deutschland selten geworden. In der Roten Liste der Brutvögel Deutschlands stehen sie weit oben, in der Kategorie 1, „vom Aussterben bedroht“. Positive Nachrichten sind rar, doch es gibt sie.

In Nordrhein-Westfalen, dem am dichtesten besiedelten Bundesland, ist es mit menschlicher Hilfe gelungen, wieder eine stabile Kolonie zu etablieren. Im Kreis Kleve schlängeln sich Altrheinarme durch die Landschaft, Relikte aus längst vergangenen Zeiten, in denen der Rhein noch frei mäandrieren durfte. Stillgewässer mit einer dichten Ufervegetation, Auwaldreste und artenreiche Wiesen – genau der Lebensraum, den Trauerseeschwalben brauchen.

Der Biologe Achim Vossmeyer klettert über zwei Stacheldrahtzäune, überquert eine Wiese und steht dann am Ufer des Altarms

Millinger Meer. Mehr als zehn Trauerseeschwalben fliegen eifrig hin und her. Elegant segeln sie knapp über der Wasseroberfläche dahin, machen abrupt kehrt und schnappen im Flug nach Insekten. Andere stehen rüttelnd in der Luft, fast wie Falken. Kopf, Brust und Bauch der Vögel sind schwarz gefärbt, ein auffälliger Kontrast zu den hellen Flügelkanten. Ihrem Prachtkleid haben die Trauerseeschwalben den deutschen Namen zu verdanken. Der Kuckuck ruft, nicht weit vom Ufer entfernt stehen die typischen Kopfweiden.

Ein Naturidyll. Nur die Nester der Vögel sehen merkwürdig künstlich aus.

Mitten auf dem Gewässer liegen Brutflöße: fünf gekreuzte Holzplanken, mit je vier Nistplätzen am Ende. Die meisten der 20 Brutplätze sind belegt. Was für das menschliche Auge auf den ersten Blick irritierend wirkt, ist für die Trauerseeschwalben offenbar genau das Richtige. Auf einigen Nestern wird Mitte Juni noch gebrütet, auf anderen hocken bereits winzige Federbälle, die von den Altvögeln gefüttert werden. „Normalerweise bauen Trauerseeschwalben ihre Nester auf Schwimmpflanzen", erklärt Achim Vossmeyer vom Naturschutzzentrum im Kreis Kleve. „Wichtig ist, dass die Nester von Wasser umgeben sind."

Jahrhundertelang war das kein Problem, denn Teichrose, Krebsschere und andere Wasserpflanzen bildeten einen dichten Teppich auf dem Gewässer. Doch nach und nach wurden diese Schwimmblattpflanzen seltener.

Eine Diplomarbeit scheiterte, weil die Vögel verschwunden waren

Vor allem die Krebsschere reagiert äußerst empfindlich auf Verschmutzung und Einträge aus der Landwirtschaft. In der Region ist sie heute komplett ausgestorben, und mit ihr schwanden die Brutplätze für die Trauerseeschwalben. Von Jahr zu Jahr wurden weniger Küken flügge. Anfang der 1990er-Jahre machten schließlich räuberische Rabenkrähen den letzten Vögeln den Garaus. Normalerweise kann kein Räuber seine Beute ausrotten, aber in diesem Fall war die Kolonie bereits stark geschwächt.

Über den Ablauf weiß man heute erstaunlich gut Bescheid, denn eine Diplomandin der Universität Köln wollte ihre Abschlussarbeit über die bedrohten Trauerseeschwalben am Niederrhein schreiben. Täglich war sie unterwegs, um die Vögel zu beobachten. Doch genau in dem Jahr wurden alle Nester von Rabenkrähen geplündert. Einige Vögel hatten sich offenbar auf die leichte Beute spezialisiert. Kein Küken verließ das Nest, und auch die Diplomarbeit wurde nicht fertig. Die Studentin musste sich ein neues Thema suchen – sie wechselte in die Mikrobiologie.

„Einige Jahre gab es hier überhaupt keine Bruten mehr“, erzählt Achim Vossmeyer. Das blieb so, bis Biologen des Naturschutzzentrums – gefördert von der nordrhein-westfälischen Landesregierung – 1997 die ersten Brutflöße ausbrachten. Die Niederländer hat-

Trauerseeschwalbe

ten bereits positive Erfahrungen mit den künstlichen Nisthilfen gemacht, und auch am Niederrhein schienen die Trauerseeschwalben geradezu darauf gewartet zu haben. „Im Frühjahr kommen die Vögel aus ihren Überwinterungsgebieten in Afrika zurück und ziehen hier vorbei", sagt Achim Vossmeyer, „offenbar waren die Flöße so attraktiv, dass sie sich gleich niedergelassen haben." Neun der zehn Brutflöße wurden im ersten Jahr besiedelt, die Trauerseeschwalben zogen zwölf Küken groß. Ein enormer Erfolg.

In den Folgejahren rüsteten die Biologen auf: Je mehr Flöße sie ausbrachten, desto mehr Vögel siedelten sich an. Vier Kolonien gibt es heute auf den Gewässern im Kreis Kleve – es sind die einzigen in NRW. Die meisten Trauerseeschwalben brüteten 2003: 69 Brutpaare und 161 Küken zählten die Forscher. Doch nur 56 Jungvögel wurden flügge. Das sind zu wenige, um die Population zu erhalten. Auch in den Folgejahren blieb der Bruterfolg gering. „Es gab Jahre mit schlechter Witterung, aber das kann nicht der einzige Grund gewesen sein", sagt Achim Vossmeyer, der das Projekt seit mittlerweile zwölf Jahren betreut. Immer wieder verschwanden Eier oder Küken, ohne dass die Forscher eine Erklärung dafür hatten.

Mit Unterstützung der Stöckmann-Stiftung starteten die Biologen schließlich ein Forschungsprojekt. Neben den Brutflößen stellten sie Fotofallen auf. Einige der üblichen Verdächtigen wurden abgelichtet: Waldohreulen zum Beispiel. Es gab aber auch Übeltäter, mit denen niemand gerechnet hatte: Karpfen hatten die Brutflöße als Laichplatz auserkoren. Normalerweise heften sie ihre Eier an Wasserpflanzen, aber wo die fehlen, tut es offenbar auch ein Brutfloß. Bei der Prozedur erzeugen die Fische jedoch einen so heftigen Wellenschlag, dass die Vogeleier ins Wasser purzeln. Und so genial ein Vogelei auch konstruiert ist: Es dient der Fortpflanzung an Land. Unter Wasser ertrinken und ersticken die Küken im Ei.

Brutflöße 2.0 – die Trauerseeschwalben brauchen noch mehr Schutz

Neue Brutflöße sollten das Problem lösen. Das Modell 2.0 ist in vielerlei Hinsicht verbessert, vor allem aber verfügt es über einen kleinen Wall, den „Eirollschutz“, und ein Gittergerüst. Theoretisch können die Küken darunter Schutz suchen, tatsächlich nutzen es eher die Altvögel als Landeplatz. Das aufgerüstete Heim wurde gut angenommen, die Gelegeverluste gingen zurück. In den letzten Jahren brüteten wieder regelmäßig um die 50 Paare am Niederrhein. Der Bruterfolg ist groß genug, um die Population zu erhalten. Achim Vossmeyer ist zufrieden und auch ein bisschen stolz: „Wir bereiten ja nur das Bett“, sagt er, „den Rest müssen die Tiere selbst machen.“ Und trotz aller Erfolge hofft der Biologe, dass das Brutgeschäft eines Tages auch wieder ohne menschliche Geburtshelfer funktioniert. „Langfristig möchten wir die Flöße überflüssig machen.“

Die Altrheinarme am Niederrhein sollen wieder zu einem Lebensraum werden, in dem Trauerseeschwalben ihre Brutplätze in der Natur finden. Die Zeichen dafür stehen gar nicht schlecht: Die Gewässer sind sauberer geworden. Naturschützer suchen gemeinsam mit Landwirten nach Lösungen. Viele Wiesen rund um die Altrheinarme im Kreis Kleve werden inzwischen extensiv bewirtschaftet. Die Schwimmblattpflanzen könnten zurückkehren – wenn es nicht inzwischen ein neues Hindernis gäbe. Es ist etwa 65 Zentimeter lang, wiegt acht bis zehn Kilogramm und frisst rund zwei Kilo Pflanzenmasse pro Tag.

Nutrias sind Nagetiere, die eigentlich an Gewässern in Südamerika leben, doch Anfang des 20. Jahrhunderts brachen die ersten Tiere aus europäischen Pelztierfarmen aus. Und nach und nach gewöhnten sie sich an das hiesige Klima. Am Niederrhein machen sie sich über Rohrkolben und Schwimmpflanzen her. „Die Nutrias haben hier in den letzten 20 Jahren den gesamten Rohrkolbenbestand vernichtet, also genau die Vegetation, in der früher auch Trauerseeschwalben gebrütet haben", sagt Achim Vossmeyer.

Nutrias – eine Gefahr für Deiche und Vegetation?

Auch der Deichverband Xanten-Kleve ist längst auf das Problem aufmerksam geworden und organisiert den Fang von Nutria und Bisam, einer anderen eingewanderten Art. Denn die Tiere haben es nicht nur auf seltene Pflanzen abgesehen, sie graben Gänge und Höhlen in den Untergrund und schädigen so die Ufer der Gewässer. Problematisch wird es, wenn die Tiere irgendwann den Deich als Wohnraum entdecken und so den Hochwasserschutz gefährden. Im vergangenen Jahr wurden deshalb 1800 Nutrias in Lebendfallen gefangen und anschließend getötet. 7,50 Euro bekommt ein zugelassener Fänger pro Tier.

Rund 35.000 Euro pro Jahr investiert der Deichverband in den Fang von Nutria und Bisam. Aus Sicht der Artenschützer viel zu wenig, denn der Bestand wird damit nicht effektiv reduziert. Das ist auch Bernhard Schlüß, Geschäftsführer beim Deichverband Xanten-Kleve, klar: „Wir können den Bestand allenfalls konstant halten", sagt er und beklagt mangelnde Unterstützung aus der Politik. Dass es auch anders geht, zeigen die Niederlande. Dort gelten Nutrias als Schädlinge, die von hauptamtlichen Nutriajägern bekämpft werden. Mehrere Millionen Euro lassen sich die Niederländer das pro Jahr kosten. Wenn es um die Sicherheit der Deiche geht, verstehen unsere Nachbarn keinen Spaß. Schließlich liegt ein Viertel der Landesfläche unter dem Meeresspiegel.

Wann geht es auch mit den Wasserpflanzen wieder bergauf?

Auch Achim Vossmeyer wünscht sich manchmal niederländische Verhältnisse – doch wie so oft, wenn in Deutschland Tier- und Artenschutz aufeinanderprallen, zieht der Artenschutz den Kürzeren.

Ob Waschbär, Marderhund oder Nilgans – die eingewanderten Arten werden mehr oder weniger toleriert, obwohl sie vor allem heimische Vogelarten zum Teil empfindlich in Bedrängnis bringen. Für die Trauerseeschwalben sind die Nutrias kein Problem, solange die Artenschützer jedes Frühjahr Brutflöße ausbringen und den Vögeln ein sicheres Bett bereiten. In diesem Jahr ziehen die Trauerseeschwalben am Niederrhein fast 50 Küken groß.

Einige Nachzügler brüten noch, doch viele Jungvögel sind bereits flügge geworden. Bald werden sie sich auf den Weg an die Nordseeküste machen. Dort sammeln sich die Vögel, bevor sie im Herbst nach Afrika fliegen. Die Altvögel werden im nächsten Frühjahr wiederkommen. Die Jungvögel dagegen verbringen das erste Lebensjahr in Afrika, erst im übernächsten Sommer werden sie sich einen Brutplatz suchen – vermutlich auf einem der Flöße. Rohrkolben, Krebsschere und andere seltene Schwimmblattpflanzen dagegen haben vor allem wegen der Nutrias derzeit kaum Chancen, sich in den Altwässern am Niederrhein wieder auszubreiten.

LEHREN AUS DER CORONA-KATASTROPHE

ARTENREICHTUM UND DAS FUNKTIONIEREN VON ÖKOSYSTEMEN SIND MEHR ALS EIN SCHÖNER LUXUS. SIE SIND ÜBERLEBENSWICHTIG FÜR DIE MENSCHHEIT.

Von Thomas Krumenacker

Die SARS-CoV-2-Pandemie ist durch die Übertragung des Virus von einem Wildtier auf den Menschen entstanden, vermutlich über einen Zwischenwirt. Das war einfach, weil die anhaltende Zerstörung von Lebensräumen und der Handel mit Wildtieren eine immer größere Nähe zwischen wilden Tieren und Menschen schaffen und zugleich die Funktionsfähigkeit von Ökosystemen gefährden. Die Lehre aus der Krise: Artenreichtum und intakte Biodiversität sind mehr als ein schöner Luxus. Sie sind überlebenswichtig für die Menschheit.

Vor mehr als 15 Jahren steckten Wissenschaftler aus zahlreichen Ländern und aller möglichen Fachrichtungen im Auftrag der EU-Kommission ihre Köpfe zusammen. Ihre Aufgabe: Das Undenkbare zu denken. Unter dem bezeichnenden Projektnamen ALARM sollten sie herausfinden, wodurch die biologische Vielfalt und damit auch die Lebensgrundlage für Menschen am stärksten gefährdet wird. Die Forscher entwarfen auch mehrere Schock-Szenarien, in denen durchgespielt wurde, was passiert, wenn durch ökologische, wirtschaftliche oder soziale Krisen der Normalbetrieb unserer Gesellschaft entgleist.

Ein „Klimaschock-Szenario“ arbeitete mit der Annahme, dass der Golfstrom zusammenbricht und ein „Energieschock-Szenario“ spielte die Folgen für den Fall durch, dass durch den ungebremsten Verbrauch fossiler Brennstoffe Energie knapp wird und die Ölpreise außer Kontrolle geraten. Beide Szenarien führten zu massiven ökologischen und ökonomischen Belastungen. Den totalen wirtschaftlichen Kollaps mit unabsehbaren Folgen für Mensch und Umwelt erwarteten die Wissenschaftler in diesen Szenarien aber nicht. Diese Katastrophe blieb einem dritten im ALARM-Projekt durchgespielten Schock-Szenario vorbehalten: dem einer sich ungebremst ausbreitenden Pandemie.

„Szenarien sind keine Prognosen“, betonten die Wissenschaftler zwar. Aber das Pandemie-Szenario liest sich stellenweise dennoch wie die Beschreibung dessen, was wir seit einigen Wochen nun auch in Europa erleben. Die erwartete Massenflucht aus den Städten auf das Land mit einer weiteren Verbreitung des Virus etwa hat ihr aktuelles Gesicht in den Bildern von langen Staus zunächst um Rom und später Paris. Ob auch die im Szenario ermittelten dramatischen ökonomischen Folgen eintreten, bleibt abzuwarten. In der glimpflichen Variante des Szenarios führt die Krise zu einer vorübergehenden Rezession mit einem Einbruch des BIP um mehr als zehn Prozent und einem anschließenden langsamen Aufschwung. Die weniger glimpfliche Variante geht von einem in der modernen Geschichte beispiellosen völligen Zusammenbruch des Wirtschaftsgefüges aus.

Die Forscher ermittelten sogar einen Schwellenwert, ab dem mit dieser Variante zu rechnen sei – und der scheint angesichts dessen, was sich in den kommenden Wochen noch abspielen kann, keineswegs aus einer anderen Welt zu sein. Der Kollaps komme, wenn ein

Fünftel oder mehr der Bevölkerung aus den Produktions- und Vertriebsprozessen aussteigen würden: Weil sie tot oder krank sind – oder mit der Pflege kranker Angehöriger beschäftigt. Die meisten aber fielen aus, weil sie versuchen, einer Ansteckung zu entgehen, indem sie alle Ereignisse vermeiden, bei denen viele Menschen aufeinandertreffen: durch Flucht aus den Städten aufs Land oder durch Selbstisolation in ihren Wohnungen und Häusern ohne Home Office. Die Schlagwörter aus der Realität im Frühling 2020 dazu lauten: Ausgangsbeschränkungen, Heimquarantäne, Schul- und Kitaschließungen, Herunterfahren des öffentlichen Lebens – oder kurz: Social Distancing.

„Die biologische Vielfalt muss raus aus der Nische"

Auch die Analyse dessen, warum sich das Virus so rasch ausbreiten kann, klingt vertraut. Anfängliche Ignoranz, Zögerlichkeit beim Handeln und Überforderung umschreiben die Forscher mit dem Begriff „Überraschungsfaktor". „Das Ignorieren aufkommender Bedrohungen bei der Entscheidungsfindung kann die Widerstandsfähigkeit eines Systems verringern und seine Verwundbarkeit erhöhen, wodurch das, was ein geringfügiger zusätzlicher Druck hätte sein können, zu einem wahren Schock werden kann", heißt es in der Analyse. Im Klartext: Der Umgang mit der Pandemie entscheidet über das Ausmaß der Katastrophe.

Wie teuer es eine Gesellschaft zu stehen kommt, die biologische Vielfalt ungehemmt weiter zu zerstören, kann man also seit vielen Jahren nachlesen. Ebenso wie die Ratschläge der Forscher, wie dies zu verhindern sei. Denn als Konsequenz aus den Planspielen forderten die Wissenschaftlerinnen und Wissenschaftler, den Schutz der biologischen Vielfalt zu einer internationalen politischen Priorität zu erheben. Biodiversitätsschutz müsse aus der Nische der Naturschutzpolitik herauskommen, um wirksam zu sein.

„Die zentrale Herausforderung besteht darin, die Belange der biologischen Vielfalt in die alltäglichen Arbeitsmechanismen von Staat, Wirtschaft und Gesellschaft zu integrieren, und zwar über Reparaturmaßnahmen wie die Einrichtung von Schutzgebieten hinaus", lautete die Forderung aus dem größten Forschungsprojekt in der EU zum Schutz der Biodiversität. Die Bewahrung der biologischen Vielfalt müsse durch wirtschaftliche Anreize und rechtliche Rahmenbedingungen fester Bestandteil in allen Bereichen von Politik und Wirtschaft sein.

Umweltzerstörung und Corona-Krise gehören zusammen

Das Planspiel zeigt drastisch auf, wie grundlegend ökologische Krisen die Gesellschaft verändern können und wie hoch der Preis für ihre Bewältigung ist. Aber wie hängen Umweltzerstörung und die gegenwärtige Corona-Krise zusammen?

Der Schlüsselbegriff hier lautet „Zoonose" – also Krankheiten, die sich von Tieren auf Menschen übertragen. Das erfordert Nähe und Kontakt. Beides wird durch die immer stärkere Nutzung natürlicher Lebensräume durch Menschen gefördert. Die Gleichung ist im Prinzip simpel: Je mehr natürlicher Lebensraum für Tiere vernichtet wird, desto mehr Zoonosen gibt es, weil den überlebenden Tierarten nichts anderes übrig bleibt, als in größerer Nähe zu Menschen zu leben. „Wenn Menschen in neue Gebiete eindringen, ist es nicht unwahrscheinlich, dass sie mit Arten konfrontiert werden, die ihnen neu sind und gegen die deshalb bisher keine Immunabwehr besteht", sagt Joachim Spangenberg. „Die Wahrscheinlichkeit von Pandemien steigt mit zunehmender Vernichtung von Ökosystemen und Biodiversität", sagt der Biologe und Wirtschaftswissenschaftler, der maßgeblich am ALARM-Projekt beteiligt war.

„Studien haben gezeigt, dass kleiner werdende Lebensräume und damit einhergehende Verhaltensveränderungen von Tieren zum Risiko der Übertragung von Krankheiten von Tieren auf Menschen beitragen", unterstreicht auch Josef Settele, der als Co-Chair das Global Assessment des Weltbiodiversitätsrats IPBES zum Zustand der biologischen Vielfalt mit geleitet und das ALARM-Projekt koordiniert hat.

„Die Menschheit schafft geradezu die Bedingungen dafür, dass sich Krankheiten ausbreiten"

Er verweist auf einen weiteren Aspekt des Problems. Lebensraumverlust führe bei einigen Arten zu höheren Populationsdichten und damit erhöht sich auch die Wahrscheinlichkeit für einen Kontakt zu Menschen. Zudem überleben meist Arten wie Mäuse und Ratten, die ideale Krankheitsüberträger sind und die Nähe des Menschen suchen. „Die Menschheit schafft geradezu die Bedingungen dafür, dass sich Krankheiten ausbreiten. Wir reduzieren die Barrieren zwischen dem Menschen und den Wirtstieren, in denen solche Viren natürlicherweise zirkulieren", warnt Settele. „Wir mussten und müssen von der Ausbreitung einer pandemischen Influenza ausgehen, genauso wie von vielen Todesfällen; und wir können damit rechnen, dass es weitere Pathogene mit zum Teil noch gravierenderen Auswirkungen geben wird."

Übertragende Tierart für SARS-CoV-2 noch nicht gefunden

Dass es sich bei SARS-CoV-2 um einen zoonotischen Coronavirus handelt und nicht etwa um eine Laborzüchtung kann als gesichert gelten.

Welche Tierart beim Überspringen auf Menschen beteiligt ist, ist dagegen noch nicht abschließend geklärt. Gegenwärtig konzentrieren sich die Vermutungen vor allem auf zwei Tiergruppen: Fledermäuse und Schuppentiere. Die drei vorangegangenen schweren Ausbrüche zoonotischer Corona-Viren – SARS (Schweres Aktutes Atemwegssyndrom), MERS (*Middle East Respiratory Syndrome Co-*

ronavirus) und SADS (*Swine Acute Diarrhoea Syndrome*) wurden alle auf unterschiedliche Fledermausarten zurückgeführt. Mit SARS und SADS nahmen zwei von ihnen ihren Ursprung in China. Vor diesem Hintergrund warnten Forscher der Chinesischen Akademie der Wissenschaften in Wuhan – jener Stadt, in der die jetzige Pandemie ihren Ausgang nahm.

Tiermärkte und Massentierhaltung bieten Erregern ideale Verbreitungsmöglichkeiten

Es sei „sehr wahrscheinlich, dass künftige SARS- oder MERS-ähnliche Coronavirus-Ausbrüche von Fledermäusen ausgehen werden, und die Wahrscheinlichkeit, dass dies in China geschieht, steigt", schrieben die Forscher. Andere Virologen weisen darauf hin, dass auch in illegal nach China importierten Individuen des Malaiischen Schuppentiers (*Manis javanica*) Corona-Viren gefunden wurden, die große Ähnlichkeit mit SARS-CoV-2 zeigten, wenn auch Fledermaus-Viren SARS-CoV-2 am ähnlichsten seien. Beide Tiergruppen müssten als natürliches Reservoir für das Virus gelten, schreibt auch ein Wissenschaftlerteam der Yunnan University in einer soeben veröffentlichten Studie. Aber der Übergang auf den Menschen wird erst dann wahrscheinlich, wenn wir die Bedingungen dafür schaffen, auf Tiermärkten oder in der Massentierhaltung, die ideale Verbreitungsmöglichkeiten für die Erreger bieten.

Während die Suche nach der unmittelbaren Überträgertierart andauert, ist der geografische Ursprung des Ausbruchs zumindest für Wuhan dagegen bis auf wenige Meter genau bekannt. Experten des chinesischen Amts zur Seuchenkontrolle konnten nach Ausbruch des Virus Anfang 2020 auf dem inzwischen berüchtigten Huanan Seafood Market in der Stadt Wuhan in 33 Proben das Virus isolieren. 31 davon stammten aus Verkaufsständen im westlichen Teil des Markts, wie die amtliche Nachrichtenagentur Xinhua meldete.

In der Konsequenz wurden alle Wildtiermärkte in China auf unbestimmte Zeit geschlossen. Die in ganz Asien verbreiteten Mischmärkte aus Wild- und Zuchttieren sind nicht nur aus Artenschutzgründen eine Katastrophe. Sie sind auch Katalysatoren für das Überspringen von Viren auf Menschen.

Vogelartenvielfalt schützt menschliche Gesundheit

Wie „systemrelevant“ der Erhalt der Biodiversität für die Sicherung auch der menschlichen Gesundheit gerade mit Blick auf die Verbreitung von Viren ist, zeigt das West-Nil-Virus. Aus Afrika gelangte es vor allem über Zugvögel in andere Teile der Erde. In den USA kam es schon ab dem Beginn der 2000er-Jahre zu massiven Ausbrüchen, mehr als 1000 Menschen starben insgesamt daran. Bei der Untersuchung der Auswirkungen des Virus auf Vögel konnten US-Wissenschaftler einen aus anderen Bereichen der Infektionsbiologie bekannten Effekt bestätigen: Dort, wo es eine große Vielfalt von Wirtsarten für einen Krankheitserreger gibt, kommt es zu einer geringeren Häufigkeit von Krankheitsfällen durch den Erreger. Konkret fanden die Vogelforscher heraus, dass in Regionen, in denen die Vogelvielfalt größer war, es zu deutlich weniger Erkrankungsfällen bei Menschen mit dem West-Nil-Virus kam. Auch schritt die Ausweitung des Virus in vogelartenreichen Gegenden langsamer voran. „Unsere Untersuchung belegt eine wichtige Ökosystemleistung, die von der Biodiversität erbracht wird, und unterstützt die Haltung, dass der Schutz der Biodiversität in den Plänen für öffentliche Gesundheit und Sicherheit berücksichtigt werden sollte“, schrieben die Forscher.

Dieser Befund ist natürlich auch für Deutschland relevant. Hier wurde das West-Nil-Virus erstmals 2018 in Pferden und Vögeln nachgewiesen, im vergangenen Jahr wurden zum ersten Mal auch mehrere durch Mücken übertragene Erkrankungsfälle bei Menschen registriert.

Auch der Mensch braucht Ökosystemleistungen

Infektionskontrolle ist ein wichtiger, aber bei Weitem nicht der einzige Beitrag sogenannter Ökosystemleistungen durch tierische und pflanzliche Artenvielfalt. Tiere, Pflanzen und selbst Kleinstlebewesen halten das Netz des Lebens auf dem Planeten in Gang.

Und sie liefern Menschen überlebenswichtige Ressourcen: Nahrungsmittel, Energie, Medikamente und genetische Vielfalt sind Beispiele. So sind 70 Prozent der gegen Krebs eingesetzten Medikamente natürliche oder synthetische Produkte, die von der Natur inspiriert sind. Die Natur erhält durch ihre ökologischen und evolutionären Prozesse die Qualität der Luft, des Süßwassers und der Böden, von denen die Menschheit abhängt, verteilt Süßwasser, reguliert das Klima, sorgt für die Bestäubung und Schädlingsbekämpfung und reduziert die Auswirkungen von Naturgefahren", heißt es dazu im *Global Assessment* des Weltbiodiversitätsrats mit Blick auf diese Ökosystemleistungen. „Die Natur untermauert alle Dimensionen der menschlichen Gesundheit und trägt zu den nicht-materiellen Aspekten der Lebensqualität bei ..., die für die Lebensqualität und kulturelle Integrität von zentraler Bedeutung sind."

Vitamin C gibt es natürlicherweise nur in Obst und Gemüse

Die vielleicht bekannteste Form der Ökosystemleistung ist die Bestäubung. Weltweit werden fast 90 Prozent aller Blütenpflanzen und 75 Prozent aller wichtigen Nutzpflanzen von Insekten bestäubt. Ohne diesen „Service" würden wir verhungern oder anderweitig zugrunde gehen. Vitamin C beispielsweise gibt es natürlicherweise nur in Obst und Gemüse – und das ist bestäubungsabhängig. Der globale Wert der Bestäubung wird nach dem Bericht des Weltbiodiversitätsrats auf bis zu 600 Milliarden Euro pro Jahr beziffert.

Eine der wichtigsten Botschaften der Corona-Krise ist vielleicht die Einsicht, dass Artenreichtum und das Funktionieren von Ökosystemleistungen mehr sind als ein schöner Luxus. Intakte Ökosysteme sind überlebenswichtig auch für Menschen. Jüngste Forschungsergebnisse etwa zum Vogelschwund oder zu den weltweiten Einbrüchen der Insektenbestände bekommen vor dem Hintergrund der Corona-Krise eine neue Relevanz.

Fast alle Ökosysteme der Erde würden heute von menschlichem Einfluss dominiert, schrieben 2011 Settele und sein Kollege Volker Hammen in einer Analyse zum Zusammenhang zwischen Biodiversitätsverlust und menschlicher Gesundheit. Und sie erinnerten daran, dass auch die Menschen Teil des Netzwerkes des Lebens sind: „Aber alle Arten, auch die dominanten, sind immer noch auf die Leistungen und Funktionen angewiesen, die sie von den Ökosystemen benötigen, in denen sie leben." Das zu ignorieren, heißt Risiken, wie die durch Pandemien, in Kauf zu nehmen.

BAUERNHÖFE UND BRAUNKEHLCHEN

WARUM EINE ALLIANZ VON LANDWIRTEN UND NATURSCHÜTZERN ÜBERFÄLLIG IST.

Von Christian Schwägerl

Die deutschen Landwirte haben allen Grund, besorgt zu sein. Vor 30 Jahren gab es in Deutschland 629.000 Bauernhöfe, heute sind es nur noch 266.000. Im selben Zeitraum ist der Preisdruck auf die, die weitermachen, stark gestiegen. Sie sollen Lebensmittel nach hohen Standards erzeugen, aber kosten dürfen sie fast nichts. Zudem stehen Bauern im Kreuzfeuer pauschaler öffentlicher Kritik, so als ob es jedem Landwirt eine Freude wäre, die Böden zu überdüngen und dem letzten Rebhuhn den Garaus zu machen. Viele Bauernfamilien fürchten, dass auch wegen dieses schlechten Images keines der Kinder bereit sein wird, den Hof zu übernehmen und fortzuführen.

Das sind legitime Sorgen, die nicht nur die Bauern selbst, sondern die breite Bevölkerung umtreiben sollten. Landwirte erzeugen unsere Lebensmittel und prägen unsere Landschaft – damit sind sie einer der wichtigsten Berufsstände überhaupt.

Doch so legitim die Sorgen sind, so falsch sind Forderungen, die bei den vielbeachteten Traktordemonstrationen erhoben wurden. Auch dort wurde ein pauschales Feindbild gepflegt: Nixblickende „links-grüne" Großstädter mit einem vernebelt-romantisiertem

Bild vom Land wollen den Bauern mit mehr Auflagen beim Natur- und Klimaschutz die Lebensgrundlage entziehen.

Eine neue Vertrauensbasis ist nötig

Dieses Feindbild geht an das Sache vorbei. Dass es jetzt Insekten- und Naturschutz, strengere Düngeregeln und neue Akzente bei den Agrarsubventionen sein sollen, die das Wirtschaften der Landwirte gefährden, stellt eine fahrlässige Fehldeutung der Lage dar.

Freiwilligkeit statt neuer Gesetze haben die Demonstranten gefordert. Ehrlicher wäre es gewesen anzuerkennen, dass genau diese Strategie seit Jahrzehnten nicht funktioniert. Zwar gibt es sehr viele Landwirte, die guten Willens sind und nur wenige, denen der Umweltschutz rundum egal wäre. Aber inmitten von Marktkräften, die danach verlangen, auch noch aus dem letzten Quadratmeter das letzte Quäntchen Produkt herauszuholen, ist ein freiwilliges „Weiter so“ nur eines: ein Rezept für die fortgesetzte Verarmung der Natur auf dem Land und für fortdauernde Emissionen von Treibhausgasen und Nitrat in die Umwelt in einem nicht verträglichen Ausmaß.

Das bisherige Vertrauen darauf, eine vage beschworene „gute fachliche Praxis“ werde dazu führen, dass die Landschaft vielfältig bleibt und die riesigen Überschüsse an Düngemitteln, die in Gewässern und im Grundwasser landen, weniger werden, hat sich schlichtweg als illusorisch erwiesen.

Natürlich ist die Frage berechtigt, welche Auflagen und Kontrollen der richtige Weg sind. Landwirte sind bereits jetzt mit intensiven Protokoll- und Kontrollpflichten konfrontiert, die vor allem kleinere Betrieb überfordern. Wenn dann die Anlage eines Blühstreifens mit Dutzenden Formularen, Kontrollbesuchen von Beamten und Satellitenüberwachung aus der Luft einhergeht, fördert das nicht unbedingt, dass man sich mit dem Biotop als eigenem Werk identifiziert. Doch leider haben es die Landwirte und vor allem ihre

Interessenvertretungen so weit kommen lassen, dass die Gesellschaft – also die Kunden – misstrauisch geworden ist und alles ganz genau wissen will.

Es ist keine Lösung, Seelenfängern zu folgen

Wer dann aber, wie es nicht wenige der Lautstarken unter den Demonstranten taten und wie es manche Bauerngruppierung in ihrer wütenden Facebookblase praktiziert, geleugnet oder relativiert haben, dass es reale Probleme wie die Klimakrise, den Insektenschwund oder den Rückgang von Rebhuhn, Kiebitz und Braunkehlchen sowie Nitratbelastungen des Grundwassers überhaupt gibt, und wer in den Chor einstimmt, dass „naive links-grüne urbane Eliten“ gegen die Interessen des (ländlichen) Volks agierten, der verstärkt dieses Misstrauen noch. Er bedient damit nur die Interessen wissenschaftsfeindlicher Rechtspopulisten, deren Seelenfänger nun vor allem auf dem Land unterwegs sind, um von Angst und Unmut zu profitieren. Er bedient aber sicherlich nicht die Interessen seines Berufsstands (und erst recht nicht die Interessen seiner Kunden, die mit solchen Vorwürfen schlichtweg beleidigt werden).

Braunkehlchen

Eine ehrliche Diagnose müsste ganz anders lauten: Der Rückgang der Bauernhöfe und der Rückgang der Braunkehlchen und Rebhühner haben eine gemeinsame Ursache. Und deshalb haben Naturschützer und Landwirte auch gemeinsame Gegenspieler, denen beide Gruppen eigentlich gemeinsam entgegentreten sollten.

Der Gegner ist die Doktrin, die der ökonomischen Misere der Landwirtschaft ebenso wie der ökologischen Misere der Landschaft zugrunde liegt, und die über Jahrzehnte unsere Agrarpolitik bestimmt hat: „Wachse oder weiche" lautet sie, und auch der Deutsche Bauernverband hat das verinnerlicht und gepredigt. Die Doktrin besagt, dass die Natur nur eine ausbeutbare Ressource ist, dass ungenutzte Flächen wertlos sind und dass überlebensfähig nur immer größere Höfe mit immer mehr Tieren und immer mehr Umsatz sind, die durch Rationalisierung immer perfekter nach jenen Regeln funktionieren, mit denen Industriebetriebe durch wachsende Stückzahlen ihre Kosten senken und ihre Profite maximieren. Das sind Regeln, die nicht zu einer lebendigen Landschaft und einer nachhaltigen Praxis passen.

Nachhaltige Betriebe bleiben auf der Strecke

Derselben Logik bedienen sich die großen Lebensmittelketten, um einen brutalen Preiswettbewerb nach unten fortzusetzen, der dazu führt, dass Bauern viel weniger für ihre Ware bekommen, als sie bekommen sollten, um nachhaltig wirtschaften zu können. Um das auszugleichen, wird dann der Output vergrößert. Als zum Beispiel der Fleischkonsum in Deutschland zu stagnieren anfing, hat man deshalb damit begonnen, den Export von Milcherzeugnissen und Schweinefleisch nach China massiv auszubauen. Die Umwidmung der Landwirtschaft zur Energieerzeugung – Stichwort „Biogas" aus Mais – hat diesen Prozess noch verschärft. Es wird auch deshalb auf dem letzten Zentimeter bis zum Wegrand gepflügt.

Auf der Strecke bleiben Betriebe – ob „Bio" oder konventionell –, die bewusst nicht darauf setzen, immer größere Flächen mit immer größeren Fuhrparks zu bewirtschaften, oder die das dafür nötige wachsende Kapital nicht als Bankkredite aufnehmen können oder wollen. Auf der Strecke bleibt auch die Artenvielfalt. Der Überschuss an Dünger ist gewaltig, und er landet nicht nur im Grundwasser, sondern auch auf Flächen, auf denen früher Wildblumen gewachsen sind. Nach einigen Jahren Überdüngung wird man auf solchen Flächen nur noch Gras und vielleicht noch ein bisschen Löwenzahn finden, denn Butterblumen, Orchideen und Flockenblumen können sich nicht gegen deren Konkurrenz behaupten.

Soweit ist es gekommen: Während es früher als Verlust empfunden wurde, wenn aus artenreichen Blumenwiesen monotone Löwenzahnwiesen wurden, ist man heute schon froh, wenn es überhaupt noch Löwenzahn gibt. Parallel kann man das für die Betriebe sagen: Vor 30 Jahren gab es noch ein buntes Mosaik von Bauernhöfen aller Größen. Inzwischen freut man sich über Höfe, die so resistent sind wie der Löwenzahn. Und bald gibt es dann nur noch eine Monokultur von Betrieben, die durchrationalisiert sind und dasselbe mit der Landschaft tun?

Moore, Tümpel und Hecken sind für die Landwirtschaft überlebenswichtig

Die Lösung für die doppelte Misere von Landwirten und Landschaft kann eigentlich nur in einem Kurswechsel aller Beteiligten bestehen: Zuallererst sollten die Landwirte den Naturschutz und die Naturschützer die Landwirtschaft nicht als Feind betrachten, sondern das Bündnis suchen. Niemals war die Zeit besser als jetzt, um die lange bestehende Forderung durchzusetzen, dass Landwirte dafür entlohnt werden, wenn sie sich um die Landschaft und die Artenvielfalt kümmern. Biodiversität als Betriebszweig und als Dienstleistung, für die die Gesellschaft bezahlt –, das ist der einzige vielversprechende Weg nach vorne.

Natur- und Klimaschutz nicht als exotisches Zusatzprojekt, sondern als Säule des betriebswirtschaftlichen Kalküls, die substanziell, also zu einem Viertel bis zur Hälfte, zum Einkommen beiträgt – dahin muss die Reise gehen. Die Reform der „Gemeinsamen Agrarpolitik“ der EU im kommenden Jahr (2021) bietet dafür eine hervorragende Gelegenheit.

Bauern, die meinen, dass damit ihr Berufsstand dazu degradiert würde, in der Art von Parkwächtern eine Museumslandschaft zu konservieren, sind auf dem Holzweg: Auch unter ihren Vorfahren gab es schon viele, die den Wert von Hecken, Feldrainen und Feuchtgebieten für die Landwirtschaft zu schätzen wussten.

Dünger und Pflanzenschutzmittel haben es erlaubt, die Produktion massiv auszuweiten und die Ernährung zu sichern. Wer sie nur verteufelt, verkennt, dass seine eigene individuelle Existenz mit hoher Wahrscheinlichkeit maßgeblich ihnen zu verdanken ist. Doch der schnelle Weg zur Mengenproduktion hat die Landwirtschaft nicht nur biologisch verarmen lassen: Das Wissen um die Zusammenhänge und den Wert von Tümpeln hier und Feldrainen da ist verlorengegangen. In Berlin war die erste Generation von Landwirten auf der Straße, die bereits mit einer biologisch und ökologisch verarmten Landschaft großgeworden ist. Vielen fehlen die Vergleichsmaßstäbe: Kiebitzschwärme am Himmel, Blumenwiesen mit Tausenden Schmetterlingen, Niederungen mit nächtlichen Unken- und Wachtelkönigrufen und Rebhuhnscharen auf den Feldern, das ist für viele etwas Abstraktes, Stoff aus einer fernen Vergangenheit.

In Zeiten der Klimakrise, die auf dem Land wahlweise zu Dürre oder Überschwemmungen beitragen wird, kommt die Natur aber auf neue Weise zurück. Nun werden Lebensräume, die nicht direkt der Produktion dienen, auch wirtschaftlich überlebenswichtig. Feuchtgebiete nehmen bei Starkregen überschüssiges Wasser auf wie Schwämme und spenden dem Land bei Dürre die nötige Feuchtigkeit. Hecken und Feldraine schützen bei Stürmen gegen Erosion. Wenn Landwirte künftig dafür bezahlt werden, Biotope zu erhalten und zu pflegen, arbeiten sie zugleich an einer neuen, ihrer eigenen ländlichen Infrastruktur mit, die sich in Zeiten radikaler Umweltveränderungen noch als mindestens so wichtig erweisen wird wie die Infrastruktur der Straßen und die digitale Infrastruktur.

Naturschutz schützt Landwirtschaft

Es gibt viele Kräfte, die sich freuen, dass Landwirte und Naturschützer gegeneinander arbeiten und nicht miteinander. So kann man den Preisdruck aufrechterhalten, mit Subventionen vor allem industriellen Interessen dienen und zugleich Naturschutz als einen Luxus diffamieren, den man sich zusätzlich zum normalen Geschäft leisten können muss.

Nur gemeinsam können Landwirte und Naturschützer dem begegnen und Lebensmittelketten wie Agrarpolitiker so in die Mangel nehmen, wie es nötig ist. Faire Entlohnung für Lebensmittel und für einen Dienst an der Landschaft kommen nur bei einer solchen Allianz endlich in Reichweite. Und der Naturschutz würde den Platz bekommen, den er verdient: Als Schutz der Voraussetzungen von Landwirtschaft in Zeiten der Klimakrise. Und als Schutz einer Landschaft, für die nicht nur einzelne Grundbesitzer, sondern alle im Land gemeinsam verantwortlich sind.

Damit das gelingt, müssen auch Naturschutzvertreter an ihrer Sprache und ihren Botschaften arbeiten: Bäuerliche Betriebe und Braunkehlchen sind beide Opfer falscher Zwänge und falscher Politik. Auch wenn Landwirte sich nun vor den Karren falscher Interessen spannen lassen, hilft es nicht, ein pauschales Feindbild zu kultivieren oder den Landwirten nur von oben herab zu dozieren. Umgekehrt müssen die demonstrierenden Bauern sich fragen, wie es zusammenpasst, für sich selbst Respekt einzufordern, aber eine Bundesministerin respektlos niederzubrüllen, wie es der Bundesumweltministerin bei einer Demonstration widerfahren ist.

Beide Seiten sollten miteinander reden statt sich niederzuschreien und aufeinander zugehen statt gegeneinander zu mobilisieren. Erst wenn Landwirte und Naturschützer gemeinsam für eine nachhaltige Landwirtschaft und eine lebendige Landschaft auf der Straße sind, wird sich etwas zum Guten ändern.

UNTERSTÜTZEN SIE „DIE FLUGBEGLEITER“!

Die Beiträge der „Flugbegleiter“ in diesem Buch sind im Zeitraum 2018 bis 2020 online bei RiffReporter (www.riffreporter.de) erschienen, der mit dem Grimme Online Award ausgezeichneten unabhängigen Journalismusgenossenschaft. Jeden Mittwoch bietet das Team von zehn versierten Journalistinnen und Journalisten neue Beiträge zu Naturschutz, Vogelwelt, ornithologischer Forschung und Umweltpolitik. Ausgewählte Beiträge erscheinen auch in Partnermedien oder werden zum Thema von Veranstaltungen der Journalismusgenossenschaft RiffReporter, zu der die „Flugbegleiter“ zählen.

Doch guter Journalismus ist aufwendig – von der Recherche über Schreiben und Produktion bis zum Factchecking und zur Diskussion in sozialen Medien sind Journalisten und Journalistinnen darauf angewiesen, für ihre Arbeit bezahlt zu werden. Die Arbeit wurde von der UN-Dekade für Biologische Vielfalt ausgezeichnet, RiffReporter als Ganzes zum Beispiel mit dem Grimme Online Award geehrt. Hier bekommen Sie also Qualität – und da verhält es sich mit dem Journalismus nicht anders als mit nachhaltig produzierten Lebensmitteln. Qualität setzt eine faire Bezahlung voraus. Die Beiträge der „Flugbegleiter“ sind deshalb im Einzelkauf, als Projektabonnement oder im Rahmen einer Flatrate für das umfassende journalistische Angebot von mehr als 100 Autorinnen und Autoren erhältlich. Mit einem Abonnement kann jeder Leser und jede Leserin guten Umwelt- und Wissenschaftsjournalismus nicht nur beziehen, sondern auch stärken. Wenn Sie uns auf diesem Weg unterstützen, sagen wir jetzt schon: Danke!

AUTORINNEN UND AUTOREN

Joachim Budde arbeitet hauptsächlich im Radio, vor allem für die Sendungen „Forschung aktuell" und „Wissenschaft im Brennpunkt" im Deutschlandfunk, aber auch für WDR, BR und andere öffentlich-rechtliche Sender. Er kümmert sich bei den Flugbegleitern vor allem um die Insektenwelt und den Insektenschwund.

Christiane Habermalz ist Korrespondentin für Kultur- und Bildungspolitik des Deutschlandfunks und interessiert sich für Vögel seit ihrer Kindheit. Im Deutschlandradio Kultur hat sie über viele Jahre die Themenwoche „Große Vogelschau" verantwortet und beobachtet auch gerne die Vogelbeobachter. Von ihr stammt das Buch „Anstiftung zum gärtnerischen Ungehorsam: Bekenntnisse einer Guerillagärtnerin".

Markus Hofmann, Vogelbeobachter mit Schweizer Feldornithologie-Diplom, hat als Redakteur der Neuen Zürcher Zeitung über Umwelt- und Klimapolitik berichtet und arbeitet seit 2016 beim Schweizer Radio SRF.

Thomas Krumenacker ist freiberuflicher Journalist und Mitglied der Fachredaktion des Journals für Vogelbeobachter „Der Falke". Er schreibt für Medien wie die Süddeutsche Zeitung, ZEIT Online und Spektrum der Wissenschaft. Von ihm stammt das Buch „Vögel in Israel".

Anne Preger ist Wissenschaftsjournalistin. Sie hat Geoökologie studiert und beim WDR volontiert. 2016 wurde sie mit dem Umwelt-Medienpreis der Deutschen Umwelthilfe in der Kategorie Hörfunk ausgezeichnet. Sie berichtet u.a. bei Deutschlandfunk Nova und

WDR 5 jede Woche über Wissenschafts- und Umweltthemen. Außerdem erzählt sie längere Radiogeschichten, unter anderem im WDR ZeitZeichen.

Der Biologe **Cord Riechelmann**, zu dessen vielen Publikationen die Bücher „Krähen", „Wilde Tiere in der Großstadt" und „Bestiarium" zählen, lebt als Publizist und Autor in Berlin.

Johanna Rombergs journalistische Laufbahn ist eng mit dem Magazin GEO verbunden, für das sie seit 1987 als Autorin arbeitet. Schon von Kindesbeinen an hat sie sich als leidenschaftliche Vogelbeobachterin betätigt. Sie ist Autorin des Buchs „Federnlesen – vom Glück, Vögel zu beobachten".

Die Radio- und Fernsehjournalistin **Claudia Ruby**, Mitglied im Vorstand der Wissenschaftspressekonferenz (WPK), hat ihre Biologie-Diplomarbeit über die „Diversität der Avifauna verschiedener Waldhabitate in Kolumbien" geschrieben.

Christian Schwägerl, Vogelbeobachter seit frühester Kindheit und Biologe mit M. Sc.-Abschluss, arbeitet für Medien wie FAZ, GEO und Yale E360. Er ist Mitgründer von RiffReporter und hat Bücher über das Anthropozän, globale Konfliktrisiken und die Zukunft digitaler Technologien publiziert.

Carl-Albrecht von Treuenfels kann man als Doyen des deutschen Vogeljournalismus bezeichnen. Der frühere Präsident des WWF Deutschland und Autor zahlreicher Bücher hat für die FAZ über 500 Beiträge verfasst – darunter Dutzende Porträts des jeweiligen „Vogel des Jahres".

Bildnachweis
Mit 33 Illustrationen von Paschalis Dougalis

Impressum
Umschlaggestaltung von typoint, Berlin

Unser gesamtes Programm finden Sie unter **kosmos.de**
Über Neuigkeiten informiert Sie regelmäßig unsere Newsletter,
einfach anmelden unter **kosmos.de/newsletter**

Gedruckt auf chlorfrei gebleichtem Papier

FSC www.fsc.org MIX Papier aus verantwortungsvollen Quellen FSC® C005833

ISBN 978-3-440-16972-8
Redaktion: Heiko Fischer
Herausgeber: Christian Schwägerl
Gestaltung und Satz: TEXT & BILD, Michael Grätzbach, Kernen i. R.
Produktion: Markus Schärtlein
Druck und Bindung: Těšinska tiskárna, a. S.
Printed in The Czech Republic / Imprimé en République tchèque